Christiane Weber

Fritz Leonhardt
»Leichtbau – eine Forderung unserer Zeit. Anregungen für den Hoch- und Brückenbau«

Materialien zu Bauforschung und Baugeschichte 18

Christiane Weber

Fritz Leonhardt

»Leichtbau – eine Forderung unserer Zeit. Anregungen für den Hoch- und Brückenbau«

Zur Einführung baukonstruktiver Prinzipien im Leichtbau in den 1930er- und 1940er-Jahren

KIT Scientific Publishing

Von der Fakultät Architektur, Bauingenieurwesen und Umweltwissenschaften der Technischen Universität Carolo-Wilhelmina zu Braunschweig zur Erlangung des Grades einer Doktoringenieurin (Dr.-Ing.) genehmigte Dissertation

Eingereicht am	18. Mai 2010
Disputation am	17. August 2010
Berichterstatter	Prof. Berthold Burkhardt, TU Braunschweig Prof. Dr. Johann Josef Böker, Karlsruher Institut für Technologie

Karlsruher Institut für Technologie (KIT)
KIT Scientific Publishing
Straße am Forum 2
D-76131 Karlsruhe
www.ksp.kit.edu

KIT – Universität des Landes Baden-Württemberg und nationales Forschungszentrum in der Helmholtz-Gemeinschaft

KIT Scientific Publishing 2011
Print on Demand

Gestaltung: Christoph Engel

ISSN 0940-578X
ISBN 978-3-86644-781-3

Mit Fritz Leonhardt wird in diesem Band der Karlsruher Reihe der Materialien zu Bauforschung und Baugeschichte eine Persönlichkeit vorgestellt, die ganz wesentlich an der Gründung und Formung des »Südwestdeutschen Archivs für Architektur und Ingenieurbau« (saai) in Karlsruhe verantwortlich zeichnete. Aus diesem Grunde hatte ihm das saai, das seinen Nachlaß für die wissenschaftliche Bearbeitung bereithält, anlässlich seines einhundertsten Geburtstags eine umfassende Ausstellung gewidmet, die ausführlich in Stuttgart, in Teilen anschließend auch in mehreren anderen Orten gezeigt wurde. Ganz wesentlich für das Zustandekommen dieser Ausstellung waren die wissenschaftlichen Vorarbeiten von Christiane Weber gewesen, die sie im Jahre 2010 als Dissertation in der Fakultät für Architektur, Bauingenieurwesen und Umweltwissenschaften der Technischen Universität Braunschweig vorgelegt hat und die nun im Druck erscheint.

In seinem Schaffen war Fritz Leonhardt, dem Konstrukteur vor allem zahlreicher Brückenbauten, nicht nur die statische Lösung einer gegebenen Aufgabe, sondern gerade das Zusammenspiel von »bautechnischer Innovation und architektonischer Formensprache« im Sinne einer Ingenieursästhetik von Wichtigkeit gewesen, und der Begriff der Baukultur spielt eine wichtige Rolle in einem ganzheitlichen Denken, das auch die sinnvolle wie schöne Einbindung von Ingenieursbauten in die umgebende Landschaft ganz im Sinne von Ressourcenschonung und Umweltverträglichkeit fordert. In diesem Sinne bleibt die Auseinandersetzung mit dem Werk Leonhardts auch zum Zeitpunkt der Diskussion um »Stuttgart 21« von großer Bedeutung.

Johann Josef Böker
Karlsruhe, im November 2011

DANKSAGUNG

An erster Stelle gilt mein Dank Prof. Dr. Johann Josef Böker, dem Leiter des Instituts für Baugeschichte am Karlsruher Institut für Technologie (KIT), der mir den Freiraum gewährt und wertvolle Hinweise gegeben hat, um diese Arbeit zum Abschluss zu bringen. Prof. Berthold Burkhardt, der Leiter des Instituts für Tragwerksplanung der Technischen Universität Braunschweig, hat mich als Architektur- und Kunsthistorikerin – ausgestattet mit einem Stipendium der Landesgraduiertenförderung des Landes Niedersachsen für zwei Jahre – auf das interessante Feld des Leichtbaus geführt. Sehr gefreut habe ich mich über seine schnellen und präzisen Korrekturen in der Endphase der Dissertation. Seine Anmerkungen als Experte auf dem Gebiet der leichten Flächentragwerke haben die Arbeit wesentlich bereichert.

Dank schulde ich den Kollegen vom Südwestdeutschen Archiv für Architektur und Ingenieurbau (saai) am KIT Karlsruhe, Dr. Gerhard Kabierske und Dr. Joachim Kleinmanns. Der fachliche Austausch und die moralische Unterstützung meiner Kollegen am Institut für Baugeschichte, Dr.-Ing. Dorothea Roos und PD Dr. Ulrich Maximilian Schumann, war sehr wichtig und hilfreich. Dafür meinen herzlichsten Dank! Im Rahmen des Aufarbeitungs- und Ausstellungsprojekts zu Fritz Leonhardt haben mich viele wissenschaftliche und studentische Hilfskräfte am saai unterstützt: ich danke Aliz Müller, Peter Liptau, Ulf Peter Hille, Juljana Wegmann, Sabrina Muttarrusso sowie David Reich, Sandra Adolf und Vera Dohmen vom Institut für Baugeschichte. Sehr froh war ich über die technische Unterstützung bei Reproduktionen, die mit der Zentralen Fotowerkstatt der Fakultät für Architektur Karlsruhe so reibungslos lief. Mein Dank gilt Bernd Seeland, Christoph Engel sowie deren Mitarbeitern.

Von besonderer Bedeutung war für mich der Austausch mit Bauingenieuren und Technikhistorikern. Der Vertreter der Bauingenieure im wissenschaftlichen Beirat des saai, Dr.-Ing. Klaus Stiglat, sowie die Ingenieure Dr.-Ing. Friedmar Voormann (Karlsruhe), Dr.-Ing. Karl-Eugen Kurrer (Berlin) und Dipl.-Ing. Holger Svensson von der Geschäftsleitung des Büros Leonhardt, Andrä & Partner (Stuttgart) haben mir die Geschichte des Bauingenieurwesens und zahlreiche technische Zusammenhänge eröffnet, wofür ich ihnen sehr dankbar bin. Im Hinblick auf eine nicht ingenieurtechnische Leserschaft wurden freilich einige Details vereinfacht dargestellt.

Immer willkommen fühlte ich mich im Universitätsarchiv an der Technischen Universität Stuttgart. Dem Leiter Dr. Norbert Becker und insbesondere Dr. Volker Ziegler gilt mein aufrichtiger Dank dafür, dass ich noch während des laufenden DFG-geförderten Erschließungsprogramms der MPA-Bestände (ehemalige Materialprüfungsanstalt, heute Otto-Graf-Institut Stuttgart) Einsicht in die Unterlagen nehmen durfte. Sehr wertvoll für mich waren die Gespräche mit beiden Historikern zur Bedeutung und Rolle der MPA Stuttgart in den 1930er- und 1940er-Jahren.

In folgenden Archiven und Institutionen erfuhr ich zudem freundliche Unterstützung: in der Plansammlung des Stadtarchivs München durch Angela Stilwell, beim Amt für Brücken und Stadtbahnbau Köln durch Dipl.-Ing. Uwe Grimsehl, im Historischen Archiv des Südwestdeutschen Rundfunks (SWR) Stuttgart durch Dr. Jörg Hucklenbroich, beim Stadtarchiv Stuttgart durch Dr. Roland Müller, im Büro Leonhardt, Andrä & Partner durch Antje Ellendt, Isolde Dettenberger und Birgit Meyer, im Bundesarchiv Berlin durch die dortigen Mitarbeiter und im Historischen Archiv der Stadt Köln durch die Leiterin Dr. Bettina Schmidt-Czaia und ihre Mitarbeiterin Andrea Wendenburg sowie am Institut für Leichtbau Entwerfen und Konstruieren durch Henning Dürr und Gabriele Metzger.

Mein ganz besonderer Dank gilt Christoph Engel, dem es gelungen ist, aus einer Dissertationsschrift dieses schöne Buch zu gestalten, sowie den Mitarbeiterinnen des KIT-Verlages Brigitte Maier und Sabine Mehl, die immer freundlich, hilfsbereit und verständnisvoll gegenüber unseren Gestaltungswünschen waren, und zu guter Letzt allen Lektorinnen und Lektoren, den professionellen und jenen, die es auf sich genommen haben, die Arbeit immer wieder zu lesen.

1) Leonhardt 1940.

A) Fritz Leonhardt in seinem Büro, um 1950

EINFÜHRUNG

Fritz Leonhardt (1909–1999) ist einer der bekanntesten Konstrukteure des 20. Jahrhunderts in der Bundesrepublik Deutschland. [A] Er hat einen wesentlichen Beitrag zum Ingenieurbau geleistet, vor allem im Brückenbau und im Besonderen bei der Entwicklung des Spannbetons. Einer breiten Öffentlichkeit ist Leonhardt ein Begriff durch den Fernsehturm in Stuttgart, den weltweit ersten Sendeturm in Stahlbeton. Fritz Leonhardt war Praktiker mit dem starken Willen zur Verbesserung von Systemen in Theorie und Anwendung. Eine seiner wesentlichen Optimierungsstrategien war der Leichtbau, dem diese Arbeit gewidmet ist. Ausgangspunkt der Überlegungen war Leonhardts wegweisender Aufsatz aus dem Jahr 1940 mit dem Titel »Leichtbau – eine Forderung unserer Zeit« [1]. In diesem Aufsatz setzt sich Fritz Leonhardt als einer der ersten Ingenieure theoretisch mit dem Thema Leichtbau auseinander. Angeregt wurde meine Beschäftigung mit diesem Aufsatz Fritz Leonhardts und mit seinem Beitrag zum Leichtbau durch jahrelange Recherchen zu Leichtkonstruktionen. Die dabei auftretende Frage nach der Realisierbarkeit der in utopischen Entwürfen angedachten Konstruktionen führte zur intensiven Auseinandersetzung mit der Geschichte des Ingenieurbaus und dem jeweiligen Stand der Bautechnik. Daraus ergab sich die Beschäftigung mit Fritz Leonhardt, der als einer der bedeutendsten Konstrukteure nach dem Zweiten Weltkrieg Leichtkonstruktionen wie den Deutschen Pavillon auf der Weltausstellung in Montréal baulich realisierbar machte. Die Analyse seines Werkes führte zu der Erkenntnis, dass die bautechnischen Innovationen, die solche spektakulären Konstruktionen erst ermöglichten, im Ingenieurbau in den 1930er- und 1940er-Jahren entwickelt wurden.

In dieser Hinsicht ist die vorliegende Arbeit auch als Beitrag zu den personellen und ideellen Kontinuitäten zwischen der Weimarer Republik und der jungen Bundesrepublik Deutschland über den Einschnitt des »Dritten Reiches« hinweg zu lesen. In Werk und Denken des Ingenieurs Fritz Leonhardt soll dieser Nachweis erbracht werden.

ZUM THEMA

Eine statistische Betrachtung von Leichtkonstruktionen der Zwischenkriegszeit führt zu dem Ergebnis, dass vor allem im Stahlleichtbau, bei Seil- und Flächentragwerken im Zeitraum von 1900 bis 1950 zahlreiche Entwürfe für Leichtbauten entstanden. Es handelt sich dabei vor allem um Seilkonstruktionen, die Architekten der Avantgarde seit Beginn des 20. Jahrhunderts für neue Bauaufgaben vorschlugen: Pavillonkonstruktionen für Welt- und Gewerbeausstellungen wie der Pavillon des Temps Nouveau in Paris von Le Corbusier 1937 und weitgespannte Hallen für Flugzeuge wie der Flugzeughangar, den die Brüder Wesnin 1924 vorschlugen. Für repräsentative Bauaufgaben der Massengesellschaft wie Versammlungshallen und Stadien gingen insbesondere in der Sowjetunion Konstruktionen mit Seilen als Wettbewerbsbeiträge ein. Ein Beispiel dafür sind die Beiträge für den Palast des Sowjets 1931 von Alexander Sergejewitsch Nikolski und Le Corbusier. Bei diesen Entwürfen, deren Leichtigkeit durch die Seilkonstruktion bildhaft zelebriert wird, ist auffällig, dass – im Gegensatz zu den weitgespannten Schalenkonstruktionen aus Stahlbeton – bei einer relativen Fülle von Projekten nahezu kein Entwurf realisiert wurde.

An dieser Stelle geraten die Aspekte des konstruktiven Ingenieurbaus in den Fokus: Es liegt die Vermutung nahe, dass die Realisierbarkeit der weitgespannten Seil- und Flächentragwerkskonstruktionen in erster Linie vom Stand des damaligen Ingenieurbaus abhing. Denn es ist die Aufgabe des Ingenieurs, die von den Architekten projektierten Visionen in realisierbare Konstruktionen umzusetzen. Dabei lässt sich verallgemeinern, dass der Anteil der Ingenieurleistung desto höher ausfällt, je gewagter die Konstruktion ist. Aus diesem Grund führten die Recherchen zum Thema Leichtbau zur immer intensiver werdenden Auseinandersetzung mit der Rolle der Ingenieure, zumal sich feststellen ließ, dass die Erörterung von leichten Konstruktionen im Hochbau zum Großteil den Ingenieuren vorbehalten blieb. Sie publizierten ihre technischen Neuerungen in Fachzeitschriften wie »Die Bautechnik« und »Der Stahlbau«.

Auf der Suche nach solchen Publikationen stieß die Autorin auf den bereits erwähnten Aufsatz »Leichtbau – eine Forderung unserer Zeit« des jungen Ingenieurs Fritz Leonhardt. Seine theoretische

2) Leonhardt 1939.

3) Mit dem Begriff »Zweite Stuttgarter Schule« ist die Fortführung und Weiterentwicklung der sogenannten »Ersten Stuttgarter Schule« in der ersten Hälfte des 20. Jahrhunderts (mit den Vertretern Paul Bonatz, Paul Schmitthenner, Hugo Keuerleber und Heinz Wetzel) im Bereich der Architektur gemeint. Diese Bezeichnung verwendet bereits Rolf Gutbrod 1985 in einem Vortrag »Was blieb von 50 Jahren«, publiziert im Katalog der Ausstellung »Rolf Gutbrod. Bauten in Stuttgart« im Museum am Weißenhof, Stuttgart 1990, S. 6–13.

Analyse zu diesem Thema erwähnte praktische Anwendungsvorschläge wie die sogenannte Stahlzellendecke. Diese Stahlleichtkonstruktion basiert auf dem System eines räumlichen Tragsystems, das für spätere Flächentragwerke grundlegend werden sollte. Dass Fritz Leonhardt mit seiner Dissertation »Die vereinfachte Berechnung zweiseitig gelagerter Trägerroste. Das Modellverfahren und Begründung der vereinfachten Berechnung« [2] ein Verfahren zur näherungsweisen Dimensionierung und Berechnung solcher Konstruktionen vorlegte, führte zur Erkenntnis, dass in den praktischen wie theoretischen Entwicklungen des Ingenieurbaus der 1930er- und 1940er-Jahre der Schlüssel zu finden ist, der die rasche Verbreitung des Leichtbaus nach dem Zweiten Weltkrieg erklären könnte. Hieraus resultiert die Konzentration auf den Ingenieur Fritz Leonhardt, um mittels vertiefender Quellenrecherche die Entwicklung und Anwendung leichter Konstruktionen nachzuvollziehen.

Sich gerade dieser Frage zuzuwenden innerhalb eines Lebenswerks, das vor allem durch Fritz Leonhardts Entwicklungen im Spannbetonbau geprägt ist, mag im ersten Moment überraschen. Doch gerade die Auseinandersetzung mit den unterschiedlichsten Aspekten seines Schaffens ließ die Beschäftigung mit den frühen Arbeiten in den Jahren 1934–1945 als Forschungsdesiderat erkennen, da zu diesen Projekten bisher keinerlei wissenschaftliche Ergebnisse vorlagen. Als Stahlbauer war Fritz Leonhardt bis zu diesem Zeitpunkt nahezu unbekannt. Seine intensive Beschäftigung mit dem Thema Leichtbau war angesichts seiner Professur auf dem Lehrstuhl für Massivbau in Vergessenheit geraten. Dass im Rahmen der die Ausstellung 2009 »Fritz Leonhardt 1909–1999 — Die Kunst des Konstruierens» begleitenden wissenschaftlichen Symposien mehrfach genau diese Fragestellung von Wissenschaftlern sowohl aus dem Bereich der Technikgeschichte als auch von anderen Historikern als besonders relevant herausgehoben wurde, bestätigte die Sicht der Autorin.

Beachtenswert ist zudem der historische Kontext: Da die Rolle der Bauingenieure in der Zeit des Nationalsozialismus bis heute ein großes Desiderat der bautechnikhistorischen Forschung darstellt, bot es sich an, anhand einer jungen Ingenieurpersönlichkeit die Zwänge und Verflechtungen zu untersuchen, denen sich ein Bauingenieur in dieser Zeit ausgesetzt sah. Von architekturhistorischer Seite galt es zu überprüfen, ob die gemeinhin gültigen Vorstellungen von einer Architektursprache innerhalb des nationalsozialistischen Systems auch auf die Formensprache des Ingenieurbaus zu übertragen sind oder ob hier nicht aus ganz anderen Gründen völlig gegensätzliche Prämissen – wie das Thema Materialersparnis – eine wesentlich größere Rolle spielten.

In den 1960er- und 1970er-Jahren verband Fritz Leonhardt eine enge Zusammenarbeit mit dem führenden Leichtbauexperten Frei Otto. Schon bei den ersten Zeltkonstruktionen auf der Bundesgartenschau in Köln 1957 waren die Ingenieure des Büros Leonhardt und Andrä (L+A) für die Tragwerksplanung verantwortlich. Anhand der vorliegenden Quellen, insbesondere aus dem saai und dem Büro Leonhardt, Andrä & Partner (LAP), konnte der Anteil der Ingenieure an diesen Leichtkonstruktionen herausgearbeitet werden. Die Aspekte der Systemübertragung vom Brücken- zum Leichtbau sollen dabei an konkreten Beispielen erläutert werden.

In bildungspolitischer Hinsicht ist der Einfluss Fritz Leonhardts als Dekan und Rektor der Technischen Hochschule Stuttgart beachtenswert. Die Etablierung des weltweit einzigartigen Instituts für Leichte Flächentragwerke (IL) an der Universität Stuttgart wurde von Leonhardt wesentlich gefördert. Im Ausblick werden daher die Gestaltungsmöglichkeiten Fritz Leonhardts bei der Etablierung dieser Institution besprochen und sein Einfluss sowohl auf die »Stuttgarter Schule des konstruktiven Ingenieurbaus« als auch die »zweite Stuttgarter Architekturschule« [3] belegt.

Diese Arbeit versucht eine Antwort auf die Frage nach der Relevanz des Leichtbaus für Architektur und Bauingenieurwesen zu geben. Die Fragestellung nach der Genese baukonstruktiver Prinzipien bezieht entscheidend die Entwicklung technischer Innovationen im Bauwesen mit ein. Damit wird der Bereich der Bautechnikgeschichte tangiert. Die divergenten Zugänge – der Architekturgeschichte einerseits und der Bautechnikgeschichte andererseits – in fachübergreifender und transdisziplinärer Arbeit zusammenzuführen war eine der Herausforderungen des Forschungsprojekts zu Leben und Werk Fritz Leonhardts. Erst die unterschiedlichen Blickwinkel der Disziplinen ermöglichten in der Zusammenschau eine neue Sicht und Bewertung seiner Leistung als Bauingenieur. Bereits als Vorwort zu seiner Autobiografie schrieb Leonhardt 1984:

4) Leonhardt 1984, S. 9.

5) IRB 2002.

6) Siehe Schriftenverzeichnis Fritz Leonhardts im Anhang.

7) Leonhardt 1984.

8) Zellner 2001, S. 289–342.

9) Stiglat 2004, S. 232 ff.

10) Cozzi 1996/97.

11) Der Stahlbau, 68, 1999, Nr. 7.

12) Andrä 1999.

13) Schmidt 1994, Schmidt 2003.

»Dies war wirklich ein Leben in einer umwälzenden Zeit: Kindheit im Ersten Weltkrieg, Jugend in der Not der Weimarer Republik, Austauschstudent in USA in dortiger Depression und während der Machtergreifung Hitlers, im Dritten Reich als Brückenbauer der Autobahnen, Zweiter Weltkrieg mit seinem Trümmerfeld am Ende, Wiederaufbau im Wirtschaftswunder, in Forschung und Lehre, Rektor einer Universität während der Studentenunruhen und schließlich Beratender Ingenieur mit Aufgaben fast in der ganzen Welt.« [4]

Leonhardts Leben unter drei unterschiedlichen Regierungs- und Gesellschaftsformen ist als beispielhaft anzusehen für die Karriere eines Bauingenieurs des 20. Jahrhunderts in Deutschland. Daher ist eine Betrachtung seines Lebenswerks, vor allem seine Anfänge im Leichtbau in den Jahren 1934–1945, nicht ohne den historischen Kontext zu leisten. Seitenblicke, die über den rein architekturhistorischen Blickwinkel hinausgehen, führten zum Teil zu überraschenden Erkenntnissen im Bereich der planungsrelevanten Vorgaben innerhalb des nationalsozialistischen Systems. Insbesondere die viel diskutierte Frage nach personellen und institutionellen Kontinuitäten zwischen dem NS-System und der jungen Bundesrepublik Deutschland war dabei von Bedeutung. Erst die Zusammenführung der architekturhistorischen, bautechnikhistorischen und historischen Aspekte ermöglicht die Analyse des Phänomens Leichtbau in seiner Zeit.

STAND DER FORSCHUNG ZU FRITZ LEONHARDT

Die Literatur zu Fritz Leonhardt ist sehr umfangreich. Vor allem was sein Bauschaffen betrifft, sind bauzeitliche Publikationen in ingenieurtechnischen Zeitschriften wie »Die Bautechnik«, »Der Stahlbau«, »Beton- und Stahlbetonbau« oder der VDI-Zeitschrift zahlreich. Wie viele Ingenieure veröffentlichte Fritz Leonhardt zusammen mit seinen Mitarbeitern unmittelbar nach Fertigstellung oder sogar zum Bau begleitend technische Berichte. Diese Berichte sind in der Literaturdokumentation des Fraunhofer-Informationszentrum Raum und Bau (IRB) bis zum Jahr 2002 [5] gesammelt, im Schriftenverzeichnis ergänzt und nach Erscheinungsjahren sortiert. [6] Sie belegen Leonhardts Beitrag zur bautechnischen Entwicklung im 20. Jahrhundert.

Die erste und wichtigste Quelle bietet Fritz Leonhardts Autobiografie, die unter dem bezeichnenden Titel »Baumeister in einer umwälzenden Zeit. Erinnerungen« 1984 in Stuttgart erstmals erschienen ist. [7] Aufsätze anderer Autoren, die das Gesamtwerk Fritz Leonhardts zu bewerten suchen, gab es bisher lediglich von Wilhelm Zellner [8] sowie von Klaus Stiglat, der ein 1994 mit Fritz Leonhardt geführtes Interview in seinem Sammelband »Bauingenieure und ihr Werk« [9] veröffentlicht hat. Eine 1996/97 eingereichte Dissertation von Julia Cozzi [10] an der Universität von Venedig geht nicht über die Autobiografie Leonhardts von 1984 hinaus, auf die sie sich als einzige Quelle beschränkt. Einen guten Überblick gibt das 1999 anlässlich Fritz Leonhardts 90. Geburtstags herausgegebene Heft »Der Stahlbau«, das Aufsätze seiner Wegbegleiter zusammenstellt. [11] Für die Bearbeitung des Frühwerks und des Leichtbaus ist dabei der Beitrag von Hans-Peter Andrä zu den Hochbauten von besonderem Interesse. [12] Als Architekturhistoriker hatte sich bis 2004 lediglich Dietrich W. Schmidt in zwei kleinen Aufsätzen mit Fragen der Ästhetik im Werk Fritz Leonhardts auseinandergesetzt. [13]

Eine Einordnung und Bewertung fehlte bisher selbst bei den wichtigsten Bauten, was sich u. a. auch dadurch erklären lässt, dass es an bundesdeutschen Universitäten und wissenschaftlichen Hochschulen bisher nur an der Brandenburgischen Technischen Universität (BTU) Cottbus einen Lehrstuhl für Bautechnikgeschichte und Tragwerkserhaltung gibt, an dem zu bautechnischen und materialspezifischen Fragestellungen geforscht wird. Dass

14) Stiglat 2004, S. V.

15) Kurrer 2002, S. 17.

16) »Geschichte der Bautechnik – Standortbestimmung und Perspektiven«, BTU Cottbus, Lehrstuhl für Bautechnikgeschichte und Tragwerkserhaltung, 27. – 29. März 2003.

17) Ditchen 2009.

18) Kleinmanns/Weber 2009.

19) Leonhardt 1940.

20) Kurrer 2009.

21) Weber/Voormann 2009.

22) Karl-Eugen Kurrer, »Fritz Leonhardts Bedeutung für die konstruktionsorientierte Baustatik«, Vortrag im Rahmen der Reihe »Fritz Leonhardt – Aspekte seines Werks« zur Ausstellung »Fritz Leonhardt 1909–1999. Die Kunst des Konstruierens«. LBBW-Forum Stuttgart, 16. Juli 2009.

23) Marco Pogacnik, »The Stuttgart Principles of Lightweight Structures«, Vortrag im Rahmen des Fritz-Leonhardt-Symposiums »Building the 3rd Millennium. International Conference on Architecture and Engineering in Commemoration of the Centenary of Fritz Leonhardt«, Universität Stuttgart, 16. Juli 2009.

die wissenschaftliche Bearbeitung des Lebenswerks von Ingenieuren ein Forschungsdesiderat sei, wurde vom wissenschaftlichen Beirat des Südwestdeutschen Archivs für Architektur und Ingenieurbau bereits mehrfach angemahnt – so von Klaus Stiglat, dem stellvertretenden Beiratsvorsitzenden in seinem Sammelband zur Geschichte der Bauingenieure: »Nahezu zweihundert Jahre Bauen der Ingenieure haben, so musste ich feststellen, keine sehr tiefen Spuren hinterlassen. (...) Auch in der Literatur ist dieses Thema, sieht man von Einzelfällen ab (...), nicht dem Beitrag der Ingenieure entsprechend behandelt.« [14)]

Auch Karl-Eugen Kurrer, Leiter des VDI-Arbeitskreises Technikgeschichte in Berlin, betont in seinen zahlreichen Publikationen und Vorträgen, dass dieses Forschungsfeld »bislang nur geringe Zuwendung erfuhr«. [15)] Die Frage nach dem Selbstverständnis der Bauingenieure wurde auch in einem Rundgespräch der Deutschen Forschungsgemeinschaft (DFG) an der BTU Cottbus zur Geschichte der Bautechnik als Desiderat formuliert. [16)]

Einen ersten Schritt geht eine parallel zur vorliegenden Arbeit an der Abteilung für Geschichte der Naturwissenschaften und Technik am Historischen Institut der Universität Stuttgart entstandene Dissertation. Henryk Ditchen setzt sich darin mit der »Beteiligung der Stuttgarter Ingenieure an der Planung und Realisierung der Reichsautobahnen unter besonderer Berücksichtigung der Netzwerke von Fritz Leonhardt und Otto Graf« auseinander. [17)]

So stellt die 2009 zur Ausstellung »Fritz Leonhardt 1909–1999. Die Kunst des Konstruierens« unter dem gleichen Titel herausgegebene Begleitpublikation [18)] den bislang wesentlichsten Schritt zur Aufarbeitung dar. Forscher aus den Bereichen Architektur- und Baugeschichte, Historiker, Spezialisten für Technikgeschichte und Denkmalpflege sowie Ingenieure beleuchten darin in Einzelaufsätzen ausgewählte Werke und Werkgruppen unter wissenschaftlichen Aspekten. Ergänzt durch persönliche Erinnerungen von Wegbegleitern sowie ein von der Autorin und Mitherausgeberin des Katalogs zusammengestelltes umfangreiches Schriftenverzeichnis mit Werkauswahl, bietet dieser Katalog in Verbindung mit der Ausstellung eine neue Sicht auf den Ingenieur und Menschen Fritz Leonhardt.

Auf die in der vorliegenden Dissertation zu analysierenden Stahlleichtkonstruktionen und insbesondere auf Leonhardts Aufsatz »Leichtbau – eine Forderung unserer Zeit« [19)] verweist der Bautechnikhistoriker Karl-Eugen Kurrer [20)] sowie die Autorin selbst in dem mit dem Bauingenieur Friedmar Voormann zusammen verfassten Aufsatz zu den ersten Bauten und Projekten Leonhardts. [21)] Karl-Eugen Kurrer sprach in seinem Vortrag im Rahmen der bauhistorischen Reihe über »die vier Fälle der konstruktionsorientierten Baustatik« und benannte den 1. Fall »Das Leichte, das schwer zu machen ist – Leichtbau. Stahlsparen im Brückenbau und wie die Trägerrosttheorie dabei half«. [22)]

Auch im Rahmen des an der Universität Stuttgart vom Institut für Leichtbau Entwerfen und Konstruieren ausgerichteten Symposiums sprach Marco Pogacnik über »The Stuttgart Principals of Lightweight Structures« [23)], wobei er eindrücklich die Bedeutung Fritz Leonhardts für die »Stuttgarter Schule des konstruktiven Ingenieurbaus« herausstellte.

Die »Stuttgarter Schule des konstruktiven Ingenieurbaus« wird in Bauingenieurkreisen oft auch einfach »Stuttgarter Schule« genannt. Sie ist nicht zu verwechseln mit dem in der Architekturgeschichtsschreibung etablierten Begriff der »Stuttgarter Schule«, der sich auf die »Stuttgarter Architekturschule« um die Professoren Paul Bonatz und Paul Schmitthenner bezieht. Diese Begriffsunklarheit ist nur ein Beispiel der sprachlichen Differenzen in den unterschiedlichen Disziplinen Architekturgeschichte und Bautechnikgeschichte, die jedoch bei genauerer Betrachtung das Potenzial einer weiteren Ausformulierung der Zusammenarbeit zwischen Ingenieuren und Architekten im Kontext der Stuttgarter Technischen Hochschule bietet.

24) www.saai.de, Abruf: 01. 10. 2009.

25) Böker 2009, S. 6.

26) Die Materialien wurden von Antje Ellendt aus dem Büro LAP beim Umzug der Brückenbauabteilung für das saai gesichert und in mehreren Tranchen in den Jahren 2007 und 2008 übergeben.

27) Siehe hierzu: Christiane Weber u. a., Findbuch Bestand Fritz Leonhardt, Karlsruhe 2009.

28) Ausstellung Centre national d'art et de culture Georges Pompidou: »L'Art de l'ingénieur. Constructeur, entrepreneur, inventeur«, Paris, 25. Juni – 29. September 1997.

29) Als große Ausnahme sind die im Rahmen der Ausstellungsvorbereitung recherchierten Modelle einzelner Kölner Brücken zu sehen. Das Modell der Severinsbrücke war zu sehen in der Ausstellung » Fritz Leonhardt 1909–1999 — Die Kunst des Konstruierens« Köln, 13. August bis 7. November 2009.

QUELLENLAGE

Bestand Fritz Leonhardt im Südwestdeutschen Archiv für Architektur und Ingenieurbau

Das Südwestdeutsche Archiv für Architektur und Ingenieurbau (saai) wurde 1989 auf Beschluss der Landesregierung Baden-Württemberg im Aufgabenbereich des Ministeriums für Wissenschaft, Forschung und Kunst gegründet und ist eines der führenden Architekturarchive in Deutschland. Die Sammlung an Plänen, Zeichnungen, Skizzen, Modellen und Fotos setzt sich aus Nachlässen von Architekten und Ingenieuren vorwiegend aus dem südwestdeutschen Raum zusammen. [24]

Es ist Aufgabe des saai, diese Materialien, insbesondere Nachlässe von Persönlichkeiten, deren Werk einen Bezug zur Baugeschichte des Landes Baden-Württemberg hat, zu sammeln, zu archivieren und wissenschaftlich auszuwerten sowie in Ausstellungen der Öffentlichkeit zu präsentieren und damit einen Beitrag zum Verständnis von Baukultur und Kulturgeschichte des Landes Baden-Württemberg zu leisten. Die wissenschaftliche Bearbeitung der Bestände wird von einem Team aus Architektur- und Kunsthistorikern geleistet, die unterstützt werden durch den wissenschaftlichen Beirat, der sich aus Ingenieuren, Architekten und Wissenschaftlern zusammensetzt. Fritz Leonhardt war von der Gründung des saai 1989 bis 1995 Mitglied dieses wissenschaftlichen Beirats. Er hat sich mit großem Engagement für die Belange der Ingenieure eingesetzt, die er berechtigtermaßen in den Sammlungen als unterrepräsentiert reklamierte. Um seinen Kollegen ein Beispiel zu geben, verfügte er testamentarisch, nach seinem Tode sein persönliches Werkarchiv in die Sammlung des saai zu übergeben. [25]

Gemäß dieser Verfügung wurde 2001 der Nachlass übernommen. Dieser befand sich teils im Büro LAP, teils im Besitz der Familie Leonhardt in Stuttgart sowie in deren Ferienhäuschen in Schömberg im Schwarzwald. Der Bestand wurde im Laufe der Vorbereitungen zur Ausstellung in den Jahren 2007 und 2008 durch weitere Materialien aus dem Büro LAP ergänzt. [26]

Der Bestand Fritz Leonhardt [27] umfasst nicht das relevante Planungsmaterial zum gebauten Werk des Ingenieurs, da die Einstellung, das eigene Schaffen zu dokumentieren und aufzubewahren, in Ingenieurkreisen wenig verbreitet ist. Planmaterialien sind nur vereinzelt überliefert. Dabei handelt es sich vor allem um Pausen der Pläne zu frühen Projekten Fritz Leonhardts aus der Zeit vor 1945, die Leonhardt selber in seinem Privathaus aufbewahrt hatte. Diese Pläne sind von ihm selbst nach Projekten sortiert und in eigenen Mappen abgelegt worden. In diesem Konvolut sind einige hochinteressante Planungen aus der Zeit vor 1945 überliefert, die in den vergangenen Jahren bereits von mehreren Architekturhistorikern im Zusammenhang monografischer Forschungen zu Hermann Giesler, Konstanty Gutschow sowie Paul Bonatz eingesehen wurden und die von besonderer Relevanz für die vorliegende Arbeit sind.

Die Planungen, die nach Wiedereröffnung des Büros »Dr.-Ing. Fritz Leonhardt« 1947 in Stuttgart entstanden, sind nur in Ausnahmefällen durch Pläne im saai belegt. Hierfür muss auf die Überlieferung in staatlichen Archiven zurückgegriffen werden. Bei Brückenbauwerken, die noch unter Verkehr stehen, sind die Werkplanungsmaterialien in den jeweiligen Ämtern für Straßen- oder Brückenbau vorhanden. Lediglich von einer sehr geringen Anzahl ausgewählter Projekte wurden, vermutlich auf Fritz Leonhardts Anweisung, einzelne Pläne aus Mikroverfilmungen des Büros LAP zurückvergrößert. Entweder geschah dies im Zusammenhang mit der von Rainer Graefe 1997 geplanten Ausstellung zum Werk Fritz Leonhardts, für die ein Vorschlag der auszustellenden Bauten von Fritz Leonhardt persönlich vorliegt, der sich mit den überlieferten Planmaterialien annähernd deckt, oder für die 1997 im Centre Pompidou in Paris gezeigte Ausstellung »L'Art de l'ingénieur. Constructeur, entrepreneur, inventeur« [28], für die Leonhardt ausgewählte Werke vorschlug. Als repräsentative Auswahl enthalten diese Kopien keine Werk- oder Montagepläne. Detailpläne fanden sich vereinzelt unter den Lehrmaterialien oder dem Schriftwechsel beigelegt. Projektbezogene Dokumente sind in Form von Gutachten oder statischen Voruntersuchungen im saai überliefert. Sie wurden als gebundene Dokumentationen von Leonhardt selbst aufbewahrt.

Modelle, Mock-ups oder Bauteile fehlen im Bestand Fritz Leonhardt. Auch die Überlieferung in staatlichen Archiven sowie den zuständigen Ämtern für Brückenbau, die das Planmaterial zum Unterhalt der Brücken bewahren, beinhaltet kaum Modelle. [29] Einzig bei Projekten, die in Zusammenarbeit mit Architekten entstanden sind, können über die Archi-

30) Modelle und Bauteile der Dächer für die Olympischen Spiele in München 1972.

31) Siehe Schriftenverzeichnis Fritz Leonhardt im Anhang.

32) Der Bauingenieur Dr.-Ing. Klaus Stiglat ist Leonhardts Nachfolger im wissenschaftlichen Beirat des saai.

tektenbestände Planungsmaterialien und dreidimensionale Objekte erschlossen werden – so über den Bestand Günter Behnisch im saai [30] oder die Sammlung Frei Ottos.

Den Großteil des Bestandes macht das umfangreiche Bildmaterial aus: Die Diasammlung – Farbdias in Holzkästen aus den Jahren 1934 bis 1989 – dokumentiert Leonhardts persönlichen Lebensweg, seine Reisen, sein Interesse für historischen Ingenieurbau sowie seine Bauten und Baustellen. Erschlossen werden kann diese Sammlung durch gebundene chronologische Dialisten, die Leonhardt selbst verfasst hat.

Parallel dazu sind Leonhardts persönliche Fotoalben zu sehen, die in ebenso willkürlicher Mischung privates Leben und berufliche Erfolge dokumentieren – besonders interessant durch die eigenhändige zeithistorische bzw. zeitnahe Beschriftung Leonhardts.

Um den Bauingenieur Fritz Leonhardt als Persönlichkeit in seiner Zeit zu verstehen, sind seine persönlichen Briefe aufschlussreich. Leonhardt hat handschriftliche Briefe, die er als Austauschstudent 1932/33 an seine Eltern und Kommilitonen geschickt hatte, gesammelt und aufbewahrt. Aus seinen frühen Jahren sind Durchschläge der maschinenschriftlichen Privatkorrespondenz überliefert, die Leonhardt offensichtlich seiner Frau Lieselotte diktiert hat. Dieses Konvolut aus den Jahren 1934 bis 1949 gibt einen einmaligen Eindruck der Lebensumstände eines jungen Ingenieurs während des »Dritten Reichs« und in der unmittelbaren Nachkriegszeit. Da die Materialien alphabetisch nach Adressaten sortiert sind und offensichtlich bewusst von Leonhardt selbst erhalten wurden, ist eine Auswahl von seiner Seite anzunehmen. Leonhardt schien sich seiner politischen Verführbarkeit durch die nationalsozialistische Propaganda im Rückblick nicht zu schämen, in seiner 1984 veröffentlichten Autobiografie spricht er das Thema offen an. Auch die Übergabe persönlicher Dokumente, wie seines NSDAP-Ausweises, belegt diesen offensiven Umgang.

Zusammen mit sämtlichen Zeugnissen und persönlichen Dokumenten wie den zahlreichen Ehrungen, die ihm gegen Ende seines Lebens zuteil wurden, ist das saai damit im Besitz seines umfassenden biografischen Nachlasses.

Das zweite umfangreiche Konvolut des Bestandes stellen die Lehrmaterialien Fritz Leonhardts dar. In über 8 lfm Akten sind herausragende Beispiele des Ingenieurbaus, typologisch sortiert, gesammelt und von Leonhardt selbst kommentiert zusammengestellt. Dabei liegt ein Schwerpunkt auf dem eigenen Werk im Brücken- und Turmbau. Historische Beispiele dienen der Herleitung von Konstruktion und Form, Bauten von Zeitgenossen dem Vergleich – nicht selten von Leonhardt als »gelungen« oder »unschön« gewertet. Diese Wertungen sind ebenso subjektiv und gefühlsbetont wie Fritz Leonhardts Begriff von Ästhetik.

Thematisch zusammengestellte Diareihen zu Konstruktionsweisen und Typen ergänzen diese einzigartige Sammlung, die einen Einblick in das Lehren und Denken Fritz Leonhardts als Hochschullehrer gibt.

Seine gesammelten Vorträge sowie die Typoskripte und Reinzeichnungen zu seinen Publikationen sind ebenfalls Zeugnis seiner engagierten Lehre und seines umfangreichen wissenschaftlichen Publizierens. Das Schriftenverzeichnis bezeugt dies eindrucksvoll. [31] Zahlreiche der aufgelisteten Aufsätze liegen im saai in der typologisch sortierten Aufsatzsammlung vor.

Neben Dokumenten zu Leonhardts Mitwirken in den zahlreichen nationalen und internationalen Vereinigungen zum Ingenieur- und Brückenbau sind auch thematisch sortierte Zeitungsausschnittsammlungen zu ausgewählten Forschungsthemen wie zur Schüttbauweise, zum Spannbetonbau oder zu Seilkonstruktionen von Leonhardt zusammengestellt worden und nun im saai bewahrt. Diese Unterlagen werden im Rahmen dieser Arbeit ausgewertet.

Zusätzlich wurde dem saai die wissenschaftliche Bibliothek Fritz Leonhardts übergeben. Diese Büchersammlung, die Publikationen vorwiegend zum Ingenieurbau, aber auch zu Architektur, Architektur- und Regionalgeschichte und zum Thema Ästhetik beinhaltet, ist von besonderem Interesse, da Leonhardt in seinen Büchern oft Kommentare an den Rand notierte, in denen er den Buchinhalt in seinem Sinne korrigierte oder richtigstellte. Diese Sammlung ist nicht komplett in das saai übergegangen. Leonhardts bibliophile Sammlung zum historischen Ingenieurbau wurde von Klaus Stiglat übernommen. [32] Dieser Teil ist für eine zukünftige Übernahme durch

33) Aliz Müller u. a., Findbuch Bestand Fritz Leonhardt, Karlsruhe 2011.

34) Siehe hierzu Werkauswahl im Anhang der Publikation Kleinmanns/Weber 2009, S. 201–213. Es musste eine Auswahl getroffen werden, da ein komplettes Werkverzeichnis über 8000 Einzelprojekte verzeichnet hätte, wie sich anhand der Projekteingangsdaten des Büros LAP grob abschätzen lässt.

35) Bundesarchiv Berlin. Bestand R 4601 Generalinspektor für das Deutsche Straßenwesen. Der Bestand umfasst die Materialien des Generalinspektors für das Deutsche Straßenwesen, berufen 1933, seit November 1933 Übernahme aller Kompetenzen auf dem Gebiet des Straßenwesens. Siehe hierzu:www.bundesarchiv.de, digitales Findbuch 2006.

36) Stadtarchiv München. Bestand GB Generalbaurat. Dieser Bestand ist nicht digital erschlossen. Innerhalb des Planbestands wurden von der Autorin die für die Planungsgeschichte und das Büro Dr.-Ing. Fritz Leonhardt relevanten Pläne aufgenommen.

37) Universitätsarchiv Stuttgart. Bestand 33/1 Materialprüfungsanstalt. Dieser Bestand wird zurzeit von Dr. Volker Ziegler im Rahmen eines DFG-geförderten Erschließungsprojekts aufgearbeitet und verzeichnet.

das saai vorgesehen. Die von der Familie Leonhardt und den Vertretern des Büros LAP entnommenen Bücher sind nicht dokumentiert und können nicht rekonstruiert werden.

Der Bestand Fritz Leonhardt im saai wurde seit 2006 von der Autorin und ihren Mitarbeiterinnen gesichtet und sortiert. Im Rahmen des Projekts wird ein Findbuch entstehen, das den Zugang ermöglicht.[33] Dabei wurde die von Leonhardt selbst vorgenommene Ordnung rekonstruiert und weitestgehend übernommen.

Lediglich aus der schon reduzierten Bibliothek wurden Leonhardts eigene Schriften herausgenommen. Publikationen, die sich monografisch auf einzelne Projekte Leonhardts beziehen, sind alphabetisch nach Standort des Bauwerks sortiert, um die Suche nach einzelnen Projekten zu erleichtern. Ebenso wurde mit doppelten Abbildungen sowie den nicht in die Lehrmittelsammlung einsortierten Fotos vorgegangen. Auch diese sind nun alphabetisch über die Orte zu erschließen; private Bilder sind chronologisch abgelegt.

Eine große Erleichterung für die Erschließung der Materialien soll die Datenbank des saai darstellen. Für das Ausstellungsprojekt und die wissenschaftliche Nutzung wurde vorerst eine Werkauswahl in Form einer Indesigndatei zusammengestellt, die die wichtigsten Projektdaten beinhaltet.[34] Diese Daten sollen in die zukünftige Projektdatenbank übertragen werden.

Da bisher keine Signaturen vergeben wurden, werden die Materialien, soweit sie als Quellen in dieser Arbeit verwendet werden, nur mit dem Nachweis »saai Karlsruhe« angegeben.

Weitere Quellen

Neben dem oben beschriebenen Bestand Fritz Leonhardt im saai wurde die Überlieferung in zahlreichen staatlichen Archiven herangezogen. Zu den ersten frühen Projekten, die im Rahmen der Tätigkeit Fritz Leonhardts bei der Reichsautobahndirektion in Stuttgart sowie im Reichsverkehrsministerium Berlin entstanden, liegen die Hauptquellen im Bundesarchiv in Berlin; speziell im Bestand »Generalinspektor für das deutsche Straßenwesen«.[35] Für die frühen Planungen des Ingenieurbüros Dr.-Ing. Fritz Leonhardt aus den Jahren 1939–1943 sind die meisten Unterlagen im Bestand »Generalbaurat der Hauptstadt der Bewegung« im Stadtarchiv München überliefert.[36] Was die bautechnische Fragestellung betrifft, hat sich der erst seit Kurzem wieder erschließbare Bestand der Materialprüfungsanstalt Stuttgart (MPA, seit 1952 Otto-Graf-Institut) im Universitätsarchiv Stuttgart als sehr ergiebige Quelle erwiesen.[37] Da Leonhardt schon bei der Reichsautobahndirektion und später in seinem eigenen Büro sehr eng mit der MPA zusammengearbeitet hat, bietet dieser Bestand einen hervorragenden Einblick in die bautechnischen Untersuchungen der damaligen Zeit, die häufig von Fritz Leonhardt und seinen Kollegen in Auftrag gegeben worden waren.

Was die nach dem Krieg erfolgten Planungen angeht, sind die zuständigen Ämter für Straßen- und Brückenbau sowie bei Hochbauten die Bauordnungsämter zuständig. Die Überlieferung liegt meist bei den städtischen Archiven, so in Stuttgart, Köln oder Hamburg.

Nur zum Teil sind über Bestände von beteiligten Architekten Pläne in Architekturarchive wie das saai in Baden-Württemberg oder das Hamburgische Architekturarchiv gelangt. Einige dieser Bestände befinden sich noch in Privatbesitz.

Eine weitere wichtige, wenn auch sehr schlecht erschlossene Quelle ist das Firmenarchiv des Büros LAP. Leider wurden im Büro LAP die umfangreichen Planmaterialien zu Projekten, bei denen die Gewährleistung abgelaufen ist, entsorgt mit dem Argument, dass deren Lagerung jeglichen Rahmen sprengen würde. Nur in Ausnahmefällen bewahrt LAP Dokumente, meist statische Berechnungen, und in seltensten Fällen Auszüge aus dem Schriftwechsel im firmeneigenen Archiv auf. Von den Plänen wurden zum Teil Mikroverfilmungen angefertigt, deren Erschließung jedoch problematisch ist, da das Ver-

38) Bauzeitliche Fachzeitschriften wurden von Leonhardt persönlich nach Themen gesammelt. Siehe hierzu: Christiane Weber u.a. 2009.

zeichnis für das vordigitale Zeitalter verloren ist. Für die Planungen zum Deutschen Pavillon in Montréal sind wichtige Unterlagen von der Autorin erschlossen worden.

Weitere Archive von Firmen, die an Bauten Fritz Leonhardts beteiligt waren, sind bei den vielfach erfolgten Firmenübernahmen oder -schließungen der letzten Jahrzehnte verloren gegangen. So die Sammlungen der Firma Züblin oder Wayss & Freytag. Teile des Firmenarchivs der Firma Dyckerhoff & Widmann, die im Bereich des Stahlbetonbaus relevant waren, werden mittlerweile im Deutschen Museum München aufbewahrt und sind zurzeit in Bearbeitung. Sehr ergiebig sind Sekundärquellen wie Patentschriften, bauzeitliche Fachzeitschriften sowie Firmenschriften. Diese sind genauso wie Technik- und Konstruktionshandbücher meist in der Arbeitsbibliothek Fritz Leonhardts im saai vorhanden.[38] Sie geben Aufschluss über Leonhardts Interessen und seinen Kenntnisstand.

1) Stiglat 2004, S. 256.

2) Manegold 1970. S. 25.

3) Voigt 1979, S. 189.

4) Voigt 1981, S. 10.

5) Voigt 1979, S. 214 ff.

6) Voigt 1979, S. 144.

7) Ditchen 2009, S. 32.

8) Ditchen 2009, S. 34.

UMFELD UND EINFLÜSSE

Fritz Leonhardts Biografie ist symptomatisch für die Karriere eines Bauingenieurs im 20. Jahrhundert. 1909 in Stuttgart als Sohn eines Architekten geboren, erfuhr er dort seine schulische Ausbildung. 1927 begann er an der damaligen Technischen Hochschule in Stuttgart mit dem Studium des Bauingenieurwesens. Seine prägenden Lehrer waren Emil Mörsch, Professor für Massivbau, [1] und Hermann Maier-Leibnitz, Professor im Fach Stahl- und Industriebau. Beide gelten als herausragende Vertreter des deutschen Ingenieurbaus und prägten wesentlich das Bauingenieurstudium an der Technischen Hochschule Stuttgart.

Die »Stuttgarter Schule des konstruktiven Ingenieurbaus«

Die Technische Hochschule in Stuttgart wurde 1829 als Vereinigte Kunst-, Real- und Gewerbeschule gegründet. Diese Gründung stand in der Tradition der Pariser École centrale des travaux publics, die 1794 eröffnet worden war, um den durch technische und wirtschaftliche Entwicklung steigenden Bedarf an Ingenieuren und Naturwissenschaftlern zu befriedigen. [2] In der Folge wurden Anfang des 19. Jahrhunderts auch in den deutschen Staaten naturwissenschaftlich-technische Bildungsanstalten im Sinne der Aufklärung geschaffen. Auch im Königreich Baden-Württemberg, das zu dieser Zeit noch ein reiner Agrarstaat war, wurde nach den Napoleonischen Kriegen deutlich, dass die beginnende Industrialisierung durch ein spezifisch technikorientiertes Bildungsangebot gefördert werden musste, um Württemberg im Wettbewerb der wirtschaftlich aufstrebenden Länder eine bessere Position einzuräumen.

Mit Gründung der Vereinigten Kunst-, Real- und Gewerbeschule reagierte man auf die Notwendigkeit, nach der siebenklassigen Realschule eine höhere Bildung in naturwissenschaftlichen und gewerblichen Lehrfächern anzubieten. Das Angebot musste ständig erweitert und dem sich ändernden Bedarf angepasst werden, was 1840 zur Umbenennung der Gewerbeschule in Polytechnische Schule führte. Gelehrt wurden neben allgemeinbildenden, sprachlichen und kaufmännischen Fächern vor allem Natur- und Technikwissenschaften: Mathematik, Physik, Chemie, mechanische und chemische Technologie sowie Baukunde und Zeichnen. [3] Mithilfe dieses umfassenden Angebots wurden die dringend benötigten Ingenieure für die aufstrebenden Betriebe in Baden-Württemberg ausgebildet. 1862 musste das Lehrprogramm nochmals umgestellt werden und die Differenzierung in eine Mathematische und eine Technische Abteilung wurde vollzogen. Die Technische Abteilung wiederum war in Fachschulen für Architektur, Ingenieurwesen, Maschinenbau und chemische Technologie unterteilt. Nach dieser Umstrukturierung nahm die Polytechnische Schule einen Aufschwung; sowohl die Zahl der Lehrer als auch die der Studenten stieg deutlich an. [4] 1876 ernannte die württembergische Regierung die Bildungseinrichtung zum Polytechnikum. Bereits zu diesem Zeitpunkt mit dem Status einer Technischen Hochschule ausgestattet, erfolgte die offizielle Ernennung dazu 1890, das Promotionsrecht wurde im Jahr 1900 erteilt. [5]

Waren im Jahr 1840 im Fach »Baukunde« Architektur und Bauingenieurwesen noch gemeinsam unterrichtet worden, führte der zunehmende Spezialisierungsdruck schon bald zur Differenzierung der Fächer: 1847 etablierte sich das Maschinen- und Bauingenieurwesen als eigenes Fach. [6] Mit dieser Spezialisierung reagierte die Polytechnische Schule auf den zunehmenden Bedarf an Bauingenieuren im öffentlichen wie privaten Sektor. Der Ausbau der Infrastruktur des Landes erforderte Staatsbeamte für Straßen-, Brücken- und Wasserbau und Ingenieure für den Eisenbahnbau. 1890/91 waren bereits sechs Professoren und zwei Privatdozenten für das Fach Bauingenieurwesen an der Technischen Hochschule beschäftigt. [7] Sie unterrichteten 17 unterschiedliche Themen, von Wasserbau über Straßen- und Eisenbahnbau bis hin zu Maschinen-, Elektrotechnik- und Eisenhüttenkunde. Ein Schwerpunkt lag im Brückenbau mit Fächern wie »Graphische Statik von Brückenkonstruktionen, Brückenbau« und »Brückenkonstruktionsübungen«.

Neben der Lehre etablierte sich die wissenschaftliche Forschung an der Technischen Hochschule, um die Baukonstruktionen durch die Weiterentwicklung der Theorie der Baustatik zu optimieren. Die Bauindustrie hatte daran ein ausgeprägtes Interesse, und so konnten zahlreiche Versuche zur Materialoptimierung im Brückenbau durchgeführt werden, die der Technischen Hochschule bereits Anfang des 20. Jahrhunderts einen hervorragenden Ruf im konstruktiven Ingenieurbau einbrachten. [8]

9) Stiglat 2004, S. 256.

10) Mörsch 1902.

11) Fritz Leonhardt, Vorlesungsmitschriften »Gewölbte Brücken«, WS 1929/30 und SS 1930. (Universitätsarchiv Stuttgart, SN 7/5).

A) Emil Mörsch

Emil Mörsch

1916 wurde mit Emil Mörsch einer der bedeutendsten Bauingenieure seiner Zeit auf den Lehrstuhl für Statik, Eisenbetonbau und gewölbte Brücken berufen. [A] Mörsch hatte sich einen Namen gemacht als Theoretiker und Praktiker auf dem Gebiet des modernen Eisenbetonbaus. Im Brückenbau ausgebildet bei den Württembergischen Staatseisenbahnen, war er seit 1901 Leiter des Konstruktionsbüros bei der Firma Wayss & Freytag, einer der führenden Firmen auf dem neuen Feld der Eisenbetonkonstruktionen. Bereits auf dieser Stelle hatte er sich mit theoretischen Fragen des neuen Werkstoffs beschäftigt. An der Materialprüfungsanstalt in Stuttgart (MPA) wurden im Auftrag der Firma Grundlagenversuche durchgeführt, die letztendlich in der »Mörsch'schen Theorie des Eisenbetons« resultierten. [9] Schon 1904 war Emil Mörsch wegen dieser Verdienste zum Ordinarius für Brückenbau und Eisenbeton an die Eidgenössische Technische Hochschule in Zürich berufen worden. Nach erneuter Tätigkeit bei der Firma Wayss & Freytag nahm er 1916 den Ruf nach Stuttgart an, wo er bis zu seiner Emeritierung 1939 tätig war. Dort erarbeitete er das mehrbändige Werk »Der Eisenbetonbau«. [10] Mit diesem Standardwerk errangen Emil Mörsch und das Bauingenieurwesen an der Technischen Hochschule Stuttgart einen weltweit führenden Rang im Eisenbetonbau.

Hermann Maier-Leibnitz

1919 waren in der Abteilung Bauwesen an der TH Stuttgart zwei Lehrstühle für Statik eingerichtet worden. Emil Mörsch führte den Lehrstuhl für Baukonstruktionen A und unterrichtete zu der Zeit, als Fritz Leonhardt als Student dort eingeschrieben war, »Statik und Baukonstruktionen A«, »Eisenbetonbau«, »Gewölbte Brücken« und »Ausgewählte Kapitel aus dem Ingenieurbau«. Die beiden ersten Vorlesungen hat Leonhardt nachweisbar besucht, im Universitätsarchiv Stuttgart finden sich seine handschriftlichen Vorlesungsmitschriften. [11]

Der Lehrstuhl für Baukonstruktionen B umfasste den Stahl-, Holz- und Industriebau und war mit Hermann Maier-Leibnitz besetzt. Dieser hatte in Stuttgart und Danzig Bauingenieurwesen studiert und bei Emil Mörsch 1917 promoviert. Als Oberingenieur war er zunächst bei der aufstrebenden Maschinenfabrik Esslingen angestellt. Nach dem Ersten Weltkrieg wurde er 1919 an die TH Stuttgart berufen, wo er wie Emil Mörsch in Theorie und Forschung seine praktischen Erfahrungen erfolgreich mit seiner theoretischen Forschung verbinden konnte.

12) Bach 1908, S. 1.

13) Gimmel 1949 (Universitätsarchiv Stuttgart, 17/52/16), S. 6.

14) Gimmel 1949, S. 5.

15) Bach 1908, Anhang S.38.

16) Ditchen 2009, S. 54 f.

17) Voigt 1981, S. 24.

B) Otto Graf

Die Materialprüfungsanstalt (MPA) an der TH Stuttgart

Für diese Verbindung von Theorie und Praxis war und ist die Materialprüfungsanstalt (MPA) in Stuttgart der Schlüssel. Sie wurde 1884 auf Initiative des Württembergischen Bezirksvereins Deutscher Ingenieure und des Polytechnikums in Stuttgart gegründet. [12] Als ihr Gründervater wird der Maschinenbauer Carl Bach angesehen.

Carl Bach

Carl Bach hatte Maschinenbau am Polytechnikum in Dresden und am Polytechnikum in Karlsruhe studiert. Nach mehrjähriger Tätigkeit in der Industrie wurde er 1878 als Professor für Maschinenbau an das damalige Polytechnikum in Stuttgart berufen. Seine Lehre dort zielte auf die Verbindung von theoretischen, statischen und dynamischen Berechnungen mit einer experimentellen Überprüfung. Die für diese Versuche erforderliche Einrichtung wurde mit der MPA Stuttgart schließlich geschaffen. Ab dem Studienjahr 1885/86 übernahm Carl Bach als Direktor die Leitung der MPA. Da er während seiner Beschäftigung an der Lausitzer Maschinenfabrik AG die Differenzen zwischen theoretischer Forschung und anwendungsbezogenem Konstruieren erfahren hatte, lag ihm viel an der Verbindung der Hochschullehre mit der praktischen Forschung. Außerdem wollte Carl Bach mit seinen Forschungen einen Beitrag zur Material- und Konstruktionsoptimierung und Klassifizierung im Maschinenbau, speziell bei Dampfmaschinen, leisten. [13]

Im folgenden Jahrzehnt wurde von der Industrie neben den maschinenbautechnischen Forschungen zunehmend die physikalisch-technische Forschung für das Bauingenieurwesen und den Hochbau eingefordert. Nachdem 1895 Beratungen zur Übernahme dieser Aufgaben durch Carl Bachs MPA begonnen hatten, konnte 1897 der Neubau des Ingenieurlaboratoriums an der Technischen Hochschule in Stuttgart-Berg in Angriff genommen werden. In diesem Laboratorium wurden technologische Untersuchungen an Konstruktionsmaterialien durchgeführt und Übungen angeboten, zu denen ab dem Studienjahr 1898 die Studierenden des Fachs Bauingenieurwesen verpflichtet waren. Damit zeichnete sich die Ausbildung an der Technischen Hochschule Stuttgart durch einen hohen Anspruch an Praxisnähe und Wissenschaftlichkeit aus, was ihr in Verwaltung und Industrie ein hohes Prestige verlieh. [14] Der wirtschaftliche Aufschwung in Württemberg um und nach 1900 ermöglichte zudem einen höheren Finanzierungsanteil der MPA durch die Industrie. So konnte der Mitarbeiterstab bis 1907 auf acht fest angestellte Ingenieure ausgebaut werden und ein zusätzliches Gebäude in Stuttgart-Berg wurde in Betrieb genommen. [15]

Otto Graf

Im Zuge dieses Ausbaus der MPA Stuttgart erfolgte die Ausweitung der bautechnischen Forschungen, v. a. in Bezug auf die Anwendung neuer Baustoffe im Bauwesen. Die führende Persönlichkeit für diesen Bereich wurde Otto Graf. [B] 1881 in Schömberg bei Freudenstadt im Schwarzwald geboren, hatte Otto Graf an der Höheren Maschinenbauschule in Stuttgart studiert und bei der Maschinenfabrik Augsburg-Nürnberg eine erste Anstellung gefunden. 1903 wechselte er als Ingenieur an die MPA Stuttgart. Er übernahm dort die wissenschaftliche Erforschung des relativ neuen Baumaterials Eisenbeton, da die zunehmende Bautätigkeit im Vorfeld des Ersten Weltkriegs die Erforschung der technischen Grundlagen dringend erforderlich machte. In enger Zusammenarbeit mit Emil Mörsch, der zu diesem Zeitpunkt Leiter des Konstruktionsbüros bei der Firma Wayss & Freytag und in der Folge Professor für Brückenbau und Eisenbeton an der ETH Zürich war, wurden an der MPA mit deren Prüfmaschinen und Messgeräten neue Verfahren entwickelt zur Optimierung des Eisenbetons als Baumaterial. Otto Graf erwarb sich damit schon vor dem Ersten Weltkrieg einen Ruf als anerkannter Spezialist in der Materialforschung des Bauwesens.

Während des Ersten Weltkriegs wurde Otto Graf als Ingenieur im Kriegsdienst eingesetzt, um Forschungen für das Ingenieur- und Pionierkorps zu koordinieren. [16] 1919 kehrte er an die MPA Stuttgart zurück, wo Carl Bach die wirtschaftlich schwierige Nachkriegszeit mit großem persönlichem Engagement überbrückte, indem er die MPA mit Spenden und durch die Gründung der »Vereinigung von Freunden der Technischen Hochschule«, deren erster Vorsitzender und Förderer der Industrielle Robert Bosch war, betriebsfähig hielt. [17]

Mit dem Ende der Inflation nahm die deutsche Wirtschaft und mit ihr die MPA Stuttgart einen erneuten Aufschwung. In den Jahren nach 1923 erweiterte man die Ingenieurlaboratorien in Stuttgart-Berg und

18) Kurrer 2004, S. 148.

19) Baumann/Graf 1927, S. 1470.

20) Bach 1929, S. 8.

21) Ditchen 2009, S. 60.

22) Gimmel 1949, S. 14 f.

23) Kabierske 2009, S. 171.

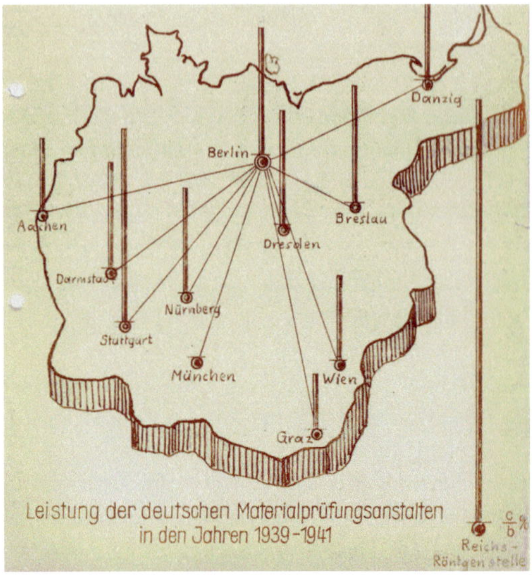

C) Deutsche Materialprüfungsanstalten im Vergleich

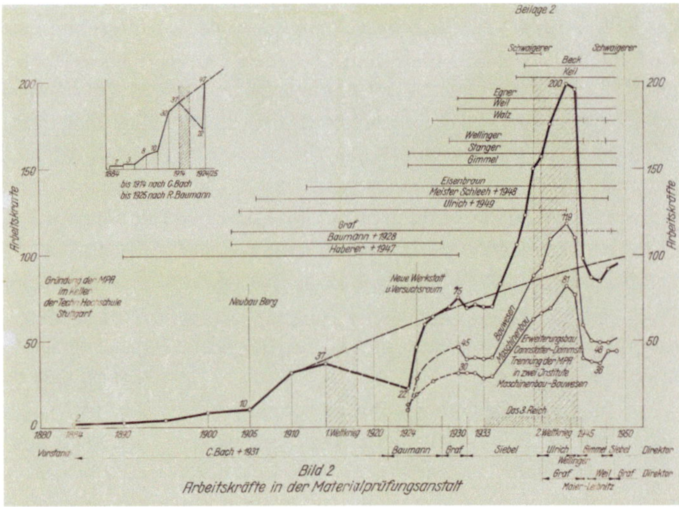

D) Entwicklung der Arbeitskräfte an der MPA Stuttgart

baute zahlreiche Hallen mit neuen Prüfeinrichtungen, wie diejenige zur Prüfung von Straßendecken. Die Leitung der MPA übergab Carl Bach 1924 seinem langjährigen Mitarbeiter Richard Baumann. Nach dessen frühem Tod 1928 ergaben sich zwei selbstständige Abteilungen: die Abteilung Maschinenbau und die Abteilung Bauwesen, die von Otto Graf kommissarisch übernommen wurde. Graf hatte in den Jahren nach dem Ersten Weltkrieg seine Forschungen zum Eisenbeton fortgesetzt, seit 1916 wieder in enger Kooperation mit Emil Mörsch, der den Lehrstuhl für Massivbau an der TH Stuttgart angetreten hatte. Zudem bestanden Kontakte zu Hermann Maier-Leibnitz, seit 1919 Professor für Stahl-, Holz- und Industriebau an der Abteilung für Bauingenieurwesen, für den Otto Graf Forschungen zum Stahl- und Holzbau durchführte.

Karl-Eugen Kurrer sieht in dieser Konstellation die Geburt der »Stuttgarter Schule des Konstruktiven Ingenieurbaus«.[18] In zahlreichen Publikationen, wie den Heften des Deutschen Ausschusses für Eisenbeton, wurden die Forschungsergebnisse der MPA Stuttgart der Fachwelt mitgeteilt. Gefördert durch zunehmende Aufträge aus der Industrie, konnten die Prüfungsanlagen weiter ausgebaut werden und Prüfstände zum Testen von dynamischen Belastungen wurden angeschafft.[19] Dadurch errang die MPA deutschlandweit die führende Rolle im Bereich der Materialprüfungen im Bauwesen.[20] Als infolge der Weltwirtschaftskrise von 1929 die Aufträge aus der Industrie abnahmen, konzentrierte sich Otto Graf auf die Publikation der Forschungen und auf seine Lehrtätigkeit an der TH Stuttgart. Dort wurde er 1930 zum außerordentlichen Professor mit einem Lehrauftrag in »Baukunde und Materialprüfungen« berufen. Praktische Übungen, die die Studierenden auf ihre Tätigkeit als Bauleiter vorbereiten sollten, waren wesentlicher Bestandteil seiner Lehre. Diese Verbindung aus Theorie und Praxis verfolgte Otto Graf auch im umgekehrten Sinne, indem er einfache Methoden zur Qualitätsprüfung von Baustoffen für die Baustelle entwickelte.[21] Als 1931 Erich Siebel zum Leiter der MPA berufen wurde, leitete Otto Graf weiter die selbstständige Abteilung für Bauwesen.

Die enge Zusammenarbeit der MPA mit den Professoren der TH Stuttgart blieb auch nach 1933 ein Kennzeichen der Stuttgarter Hochschule. Besonders die Weiterentwicklungen im Straßenbau, die durch die Oberste Bauleitung der Reichsautobahn (OBR) Stuttgart in Auftrag gegeben wurden, sicherten der MPA in den folgenden Jahren einen dynamischen Aufschwung. Auch Fritz Leonhardt konsultierte für alle materialtechnischen Fragen die MPA Stuttgart unter Otto Graf. 1944 war die Forschungs- und Materialprüfungsanstalt Stuttgart mit 119 Mitarbeitern eines der größten Institute für die Werkstoffprüfung im Bauwesen.[22] [C] [D]

Die Zusammenarbeit der Stuttgarter Ingenieure mit der MPA fand ihre Fortsetzung nach dem Zweiten Weltkrieg, bedingt durch die stark ausgeprägten personellen Kontinuitäten im Bauwesen, die von den Entnazifizierungsmaßnahmen nur temporär tangiert worden waren. Gerhard Kabierske spricht in diesem Zusammenhang von der sogenannten »Schwaben-Connection«, zu der auch die im noch folgenden Abschnitt »Reichsautobahn« ausgeführten Netzwerke der Reichsautobahn um Fritz Todt und Karl Schaechterle zählen.[23] Das Institut für Bauforschung und Materialprüfung des Bauwesens innerhalb der MPA Stuttgart wurde 1952 in »Otto-Graf-Institut« umbenannt.

24) Zellner 2001, S. 290.

25) Kabierske 2009, S. 166.

26) saai Karlsruhe, »Fritz Leonhardt in Amerika 1932/33. Ein junger Bauingenieur aus Deutschland sieht die Neue Welt«, Ausstellung in der Badischen Landesbibliothek Karlsruhe, 22. September – 21. November 2009.

27) Leonhardt 1982, S. 282.

28) Leonhardt 1984, S. 25.

29) Kabierske 2009, S. 166.

30) 2 Pläne »Golden Gate Bridge« (saai Karlsruhe).

31) Fotoalbum USA-Reise (saai Karlsruhe).

32) Leonhardt 1982, S. 279 ff.

E) George Washington Bridge in New York, fotografiert von Fritz Leonhardt 1932/33

F) New York von der Brooklyn Bridge aus, fotografiert von Fritz Leonhardt 1932/33

Der Einfluss des US-amerikanischen Ingenieurbaus

Fritz Leonhardt schloss sein Studium an der TH Stuttgart nach nur 4 Jahren 1931 ab. Obwohl er als Jahrgangsbester sein Diplom erhalten hatte, fand er wie viele seiner Kommilitonen in der Depression nach der Weltwirtschaftskrise von 1929 keine adäquate Anstellung. [24] Er arbeitete befristet als Statiker bei den Süddeutschen Hammerwerken in Bad Mergentheim, [25] bis ihm 1932 angeboten wurde, für die Technische Hochschule Stuttgart ein Auslandsprogramm mit der Purdue-University in West Lafayette, Indiana, aufzubauen. Ausgestattet mit einem Reisestipendium für eine Überfahrt mit dem Norddeutschen Lloyd reiste Leonhardt in die USA.

Er studierte ein Semester an der Purdue-University und verbrachte ein weiteres halbes Jahr mit einer ausgedehnten Rundreise von 24 000 km durch Nordamerika und Mexiko, um die bedeutendsten Ingenieurbauten der USA zu besichtigen. [26] Sein besonderes Interesse galt den großen, weitgespannten Hängebrücken, da die USA seit Mitte des 19. Jahrhunderts in diesem als Königsdisziplin der Brückenbauer verstandenen Gebiet Maßstäbe setzten.

In New York besichtigte Leonhardt die eben fertiggestellte George Washington Bridge, eine erdverankerte Hängebrücke über den Hudson River, die 1927–1931 unter dem Chefingenieur Othmar H. Ammann gebaut worden war. [E] Ammann sprengte mit dieser Brücke, die 1067 m weit spannte, erstmals die 1000-m-Marke. [27] Die Brücke beeindruckte bis zur – schon von Anfang an konzipierten – Aufstockung der Fahrbahn durch eine sehr schlanke Fahrbahntafel ohne Versteifungsträger. Die Pylone waren ursprünglich granitverkleidet geplant, die Stahlfachwerkkonstruktion wurde allerdings später unverkleidet gelassen. Othmar H. Ammann, gebürtiger Schweizer und einer der führenden Brückenbauer der USA, hatte den jungen Fritz Leonhardt persönlich empfangen und ihn vom Bauleiter über die Brücke führen lassen. Fritz Leonhardt selbst berichtet, dass er die Konstruktionspläne vor Ort einsehen durfte. [28] Die genaue Kenntnis dieser Brücke sollte Leonhardts Karriere als junger Brückeningenieur nach seiner Rückkehr nach Deutschland wesentlich fördern.

Auch den Besuch bei seinem Onkel Otto Nissler verband Leonhardt mit beruflichen Interessen. Otto Nissler war Konstruktionsingenieur und arbeitete bei der New Bethlehem Steel Corporation. [29] In dieser großen Stahlbaufirma wurden zum Zeitpunkt von Leonhardts Besuch Teile der Golden Gate Bridge für San Francisco gefertigt. Diese Hängebrücke, die in den Jahren 1933–1935 errichtet wurde, sollte mit 1280 m einen neuen Spannweitenrekord aufstellen. Leonhardt konnte mit seinem Onkel die Fabrikation besichtigen und nahm sich möglicherweise dabei den Satz Schwarzpausen der Brücke mit nach Hause, der mit seinem Nachlass in das saai gelangt ist. [30] Bilder in seinen Fotoalben dokumentieren den Reiseverlauf und die Orte und Brücken, die er besichtigt hat, wie in Detroit die Ambassador Bridge, wo ihn ein Foto selbstbewusst vor dem großen Stahlpylon zeigt. [31]

Leonhardt konnte sich an diesen Großbrücken den neuesten Stand der Technik ansehen, denn die USA waren in den 1930er-Jahren weltweit führend im Großbrückenbau: Die Erschließung des weiten Landes mit Straßen und Eisenbahnen bedingte die Überbrückung zahlreicher großer Flüsse. Für diese Brücken waren im 19. Jahrhundert Holz- und Eisenkonstruktionen erstellt worden. Für besonders weite Spannweiten wurden Hängebrücken eingesetzt. 1869–1883 baute der aus dem thüringischen Mühlhausen stammende Ingenieur Johann August Röbling für New York mit der Brooklyn Bridge eine erdverankerte Hängebrücke mit einer Hauptspannweite von 487 Metern. [F] Es kamen Stahlseile zum Einsatz, die im sogenannten Luftspinnverfahren vor Ort gefertigt worden waren. Die erste Hälfte des 20. Jahrhunderts war ein ständiger Wettlauf um die größten Spannweiten: Die 1927–1929 von Leon Solomon Moisseiff konstruierte Ambassador Bridge in Detroit hatte eine Hauptspannweite von 564 m, die George Washington Bridge in New York von Othmar H. Ammann 1927 bis 1931 errichtet, spannte schon 1067 m weit. Die Golden Gate Bridge in San Francisco von Joseph Bearmann Strauss, deren Teilfertigung Leonhardt 1933 in Pennsylvania gesehen hatte, sollte mit einer Hauptspannweite von 1280 m und einer Gesamtlänge von 2737 m einen neuen Rekord aufstellen. [32] All diese Entwicklungen nahm der junge Ingenieur Fritz Leonhardt wissbegierig auf.

Zwischen seinen Reisen studierte er ein Semester an der Purdue-University. In dieser Zeit knüpfte er enge Kontakte zu Professor Solomon C. Hollister [G], die er auch nach seiner Rückkehr nach Deutschland, selbst nach Ausbruch des Zweiten Weltkrieges, weiter pflegte. Zusammen mit dem Briefwechsel, den Leonhardt mit seinem Onkel Otto Nissler unterhielt,

33) Briefe 1933–1948 (saai Karlsruhe).

34) Z. B.: Niederschrift der Besprechung des Prüfungsausschusses für die Elbehochbrücke Hamburg an der Materialprüfungsanstalt der Technischen Hochschule Stuttgart, 6. April 1940 (Universitätsarchiv Stuttgart, 33/1/743), S. 4.

35) Leonhardt 1984, S. 21.

36) Seidler 1986, S. 107.

37) Windisch-Hojnacki 1989, S. 50.

38) Seidler 1986, S. 98.

39) Seidler 1986, S. 103.

G) Prof. Solomon C. Hollister, Leonhardts Mentor an der Purdue-University

H) Fritz Todt, von Todt signiertes und Fritz Leonhardt gewidmetes Porträt

lässt sich über diese Kontakte nachvollziehen, wie der junge Ingenieur interessiert die internationale Entwicklung verfolgte. [33] Auch in Protokollen von Besprechungen im Reichsverkehrsministerium und an der MPA Stuttgart gibt es immer wieder Hinweise, dass Fritz Leonhardt amerikanische Entwicklungen oder Patente als Beispiele vorgetragen hat. [34] Darin dokumentiert sich anschaulich der Wissenstransfer zwischen den im Großbrückenbau führenden USA und den aufstrebenden deutschen Ingenieuren, selbst unter politisch sehr ungünstigen Umständen.

Die Reichsautobahn

Im Oktober 1933 kehrte Fritz Leonhardt aus den USA zurück nach Deutschland.

Während seines Auslandsaufenthalts hatte sich die politische Lage verändert, was Leonhardt über einen regen Briefverkehr mit seinen Eltern und durch das Interesse seiner amerikanischen Kommilitonen nachvollziehen konnte. Bei seiner Rückkehr existierte die Weimarer Republik nicht mehr. Nach deren wirtschaftlich schwierigen Endzeiten, in der junge Bauingenieure häufig keine Arbeit fanden – von Leonhardts Absolventenjahrgang hatten zunächst nur 3 von 40 eine Anstellung [35] –, griffen die von den Nationalsozialisten in Gang gesetzten Konjunkturprogramme.

Der Bau der Autobahnen, im März 1934 durch das Gesetz über die einstweilige Neuregelung des Straßenwesens und der Straßenverwaltung initiiert, war eine dieser Maßnahmen. Bereits in der Weimarer Republik hatten private Autobahnbaugesellschaften an diesem Projekt gearbeitet. Der Aufschwung, den das durch die Nationalsozialisten verstaatlichte Unternehmen Reichsautobahn nahm, erschien vielen von Leonhardts Berufsgenossen als das Ende der Depression, da nun 400 000 neue Arbeitskräfte für den gesamten Straßenbau eingesetzt wurden. [36]

Fritz Todt

Als Organisator des gesamten Straßenwesens hatte Adolf Hitler schon 1933 mit Fritz Todt einen fähigen Fachmann aus der Industrie berufen. [H] [37] Dieser war bis zu seiner Berufung durch Hitler Technischer Geschäftsführer bei der bekannten Straßenbaufirma Sager & Woerner gewesen.

Seit 1922 Mitglied der NSDAP, hatte sich Fritz Todt durch seine Denkschrift »Straßenbau und Straßenverwaltung«, genannt »Der Braune Bericht«, den er 1932 dem Leiter der Politischen Kommission des Braunen Hauses, Rudolf Heß, vorgelegt hatte, einen Namen als Fachberater für Straßenbau im Amt für Wirtschaftspolitik und Arbeitsbeschaffung der NSDAP gemacht. Als Generalinspektor für das Straßenwesen übertrug ihm Hitler 1933 die Leitung des Unternehmens Reichsautobahnen. Dieses war als Zweigunternehmen aus der Deutschen Reichsbahn-Gesellschaft gegründet worden. [38] Innerhalb eines Jahres baute Fritz Todt einen Mitarbeiterstab von 3000 Ingenieuren und Verwaltungsbeamten auf. [39] Dabei waren Ingenieure als Entscheidungsträger

40) Seidler 1986, S. 75.

41) Seidler 1986, S. 42.

42) Seidler 1986, S. 75.

43) Ludwig 1974, S. 79 ff.

44) Seidler 1986, S. 41.

45) Im saai Karlsruhe befindet sich ein Briefwechsel Fritz Leonhardts mit Ilsebill Todt, der Tochter Fritz Todts. In Leonhardts Büro in Stuttgart hing das Porträt (Abb. 10) von Fritz Todt bis 1999. Siehe Kabierske 2009, S. 171.

46) Nach dem »Anschluss« Österreichs gab es 17 OBR im Deutschen Reich. Siehe: Organigramm zur Organisation der Reichsautobahn, in: Windisch-Hojnacki 1989, S. 53.

47) »Schaechterle war damals mein Chef bei der Autobahn, dem ich viel Förderung verdanke.« Handschriftliche Ergänzung von Fritz Leonhardt, eingeklebt in das Buch Schaechterle/Leonhardt 1937 (saai Karlsruhe).

48) Zur Biografie Schaechterles: Stiglat 2004, S. 358 und Leonhardt 1990. In diesem Aufsatz würdigt Leonhardt das Werk Karl Schaechterles.

I) Karl Schaechterle

J) Karl Schaechterle unter Mitarbeit von Fritz Leonhardt, Rohrbachtalbrücke bei Stuttgart, Schaubild von Hans Freese

in führenden Positionen tätig und konnten höhere Dienstposten im öffentlichen Dienst besetzen. Bisher hatten sie nur in untergeordneten Funktionen beschäftigt werden können, da die höheren Ämter des öffentlichen Dienstes mit Juristen besetzt worden waren.[40] Denn obwohl seit Beginn der Industrialisierung die technischen Berufe, wie sie an den Polytechnischen Schulen gelehrt wurden, an Bedeutung gewannen, war der gesellschaftliche Vorrang weiterhin der an den Universitäten erworbenen humanistischen Bildung eingeräumt worden. Einspruch gegen dieses Verfahren hatten zunehmend die Berufsverbände, wie der 1856 gegründete Verein Deutscher Ingenieure (VDI) erhoben. Fritz Todt unterstützte die Forderungen des VDI und »setzte sich für ihn ein, weil er die eigenständige Organisation der Ingenieure brauchte, um sein Ziel, den gesellschaftlichen Status des Technikers und sein Ansehen in der Öffentlichkeit zu heben, zu erreichen. (...). Er forderte für die Ingenieure eine breite Allgemeinbildung, damit sie mit den Verwaltungsbeamten gleichziehen könnten.«[41]

Mit dem System der Reichsautobahn »schuf Fritz Todt erstmals den neuen Typus einer Ingenieurverwaltung.«[42] Einige Ingenieure sahen somit im Nationalsozialismus nicht nur die Rettung aus der Arbeitslosigkeit – Ende der Weimarer Republik belief sich die Zahl der Arbeitslosen auf über 6 Millionen, darunter unverhältnismäßig viele Ingenieure –, sondern auch die Aufhebung gesellschaftspolitischer Schranken.

Dieser Eindruck wurde verstärkt durch die zunehmende Wertschätzung des Technikerberufs innerhalb der nationalsozialistischen Politik. Vor 1933 und in den ersten Jahren danach hatte der technikfeindliche völkische Flügel der NSDAP noch über Einfluss verfügt.[43] Mit den Autarkiebestrebungen Deutschlands und der beginnenden Aufrüstung setzte sich jedoch Mitte der 1930er-Jahre die Haltung durch, in der Technik einen wichtigen Faktor zur Umsetzung der politischen Ziele des NS-Staates zu sehen.

Was die Bauingenieure betrifft, so hatte zudem mit Fritz Todt ein Vertreter aus ihren Reihen ein wichtiges politisches Amt: Todt war 1934 zusätzlich zum Reichsverwalter des Amts für Technik ernannt worden.[44] Zugleich löste er 1934 Gottfried Feder als Leiter des Nationalsozialistischen Bundes Deutscher Technik (NSBDT) ab. Der NSBDT war der Dachverband, unter dem die einzelnen berufsständischen Vereine – so auch der VDI – weiter bestehen konnten. Es handelte sich dabei um ein Arrangement Todts, der damit die bestehenden effizienten Strukturen nutzte und die Techniker nicht durch die Zerschlagung oder Gleichschaltung ihrer Verbände in einer Monopolorganisation brüskierte. Diese Haltung brachte ihm viel Sympathie vonseiten der Ingenieure ein. Auch Fritz Leonhardt schätzte Fritz Todt, der 1942 bei einem Flugzeugabsturz ums Leben kam, über dessen Tod hinaus.[45]

Fritz Leonhardt war einer der jungen Ingenieure der sogenannten Kriegsjugendgeneration des Ersten Weltkriegs, die die Depression nach der Weltwirtschaftskrise 1929 am härtesten traf und die vom wirtschaftlichen Aufschwung nach 1933 am stärksten profitierten. Noch in den USA hatte er durch den Briefwechsel mit seinen Eltern und seinen Bundesbrüdern der studentischen Verbindung Vitruvia von den verbesserten Berufschancen erfahren. Obwohl er möglicherweise kurzzeitig erwogen hatte, als Ingenieur in den USA zu bleiben, kehrte er im Oktober 1933 nach Deutschland zurück und wurde Anfang 1934 Mitarbeiter der OBR in Stuttgart. Dies war eine von 15 Obersten Bauleitungen, die ab Mitte des Jahres 1934 die regionale Bauausführung zu verantworten hatten.[46] Sein Vorgesetzter war Karl Schaechterle, ein renommierter Brückenbauer der Deutschen Reichsbahn. Karl Schaechterle sollte Leonhardts erster Förderer werden.[47]

Karl Schaechterle

Karl Schaechterle hatte an der TH Stuttgart Bauingenieurwesen studiert.[1] Er legte 1900 die erste und 1905 die zweite Staatsprüfung ab und konnte damit bei der damals noch Königlich Württembergischen Staatseisenbahn in Stuttgart als Brückeningenieur eintreten. In dieser Position war er mit den Ingenieuren Emil Mörsch und Otto Graf an der Ausführung des Stuttgarter Hauptbahnhofs beteiligt.[48] Ihm oblag die Planung und Berechnung der schiefwinkligen Überwerfungsbauwerke des Rangierbahnhofs im Vorfeld des Hauptbahnhofs. Bei diesem Projekt arbeitete er erstmals mit dem Architekten des Bahnhofs, Paul Bonatz, zusammen. Nach der Teilnahme am Ersten Weltkrieg wurde Karl Schaechterle Mitarbeiter der Deutschen Reichsbahn, die 1921 aus den einzelnen Landeseisenbahnen entstanden war. Innerhalb der Reichsbahndirektion Stuttgart stieg er rasch zum Dezernenten für Brücken-, Hoch- und

49) Ditchen 2009, S. 75.

50) Stiglat 2004, S. 358.

51) Ditchen 2009, S. 76.

52) Schaechterle/Leonhardt 1937. Donaubrücke Leipheim: S. 96 f, Abb. 203–204. Rohrbachtalbrücke: S. 104 f, Abb. 221. Sulzbachtalbrücke: S. 136 f, Abb. 304–309.

53) Plan »Talübergang Denkendorf« (saai Karlsruhe). Das Kürzel »Leo« wurde im Büro LAP für Fritz Leonhardt verwendet und auch er selbst bezeichnet sich mit dieser Abkürzung.

54) Stiglat 2004, S. 368.

55) Leonhardt 1984, S. 64.

56) Kabierske 2009, S. 168.

57) Graubner 1931, S. 7.

K) Karl Schaechterle unter Mitarbeit von Fritz Leonhardt, Sulzbachtalbrücke bei Denkendorf in der Nähe von Stuttgart

L) Paul Bonatz (links), künstlerischer Berater im Reichsverkehrsministerium, mit Fritz Leonhardt (rechts) auf der Baustelle der Hängebrücke in Köln-Rodenkirchen

M) »Paul Bonatz beim Steinerücken«, Foto im privaten Album Fritz Leonhardts

Tunnelbau auf.[49] An dieser Stelle setzte er sich vehement für die Verwendung des Eisenbetons ein, dessen Vorteile er in der langjährigen Nutzungsdauer und den geringen Unterhaltskosten sah. Die technischen Innovationen in diesem Bereich, die an der TH Stuttgart entwickelt wurden, brachte er vielfach zur Anwendung. Dabei entstand eine enge Zusammenarbeit mit Emil Mörsch an der Abteilung für Bauingenieurwesen sowie Otto Graf und Carl Bach an der MPA.[50]

Karl Schaechterle baute in seiner Zeit bei der Deutschen Reichsbahn ein weitreichendes Netzwerk an Kontakten zu Württembergischen Bauunternehmungen und den Institutionen der TH Stuttgart und der MPA auf. Diese Strukturen und seine umfangreiche Sachkenntnis im Brückenbau konnte er bei seiner Tätigkeit für die Reichsautobahn, deren Personal sich aus den Mitarbeitern der Deutschen Reichsbahn rekrutierte, sehr erfolgreich nutzen.[51]

In Schaechterles Mitarbeiterstab plante Leonhardt für die Reichsautobahn Brückenbauten; so war er u. a. am Bau der großen Sulzbachtalbrücke bei Denkendorf [K], der Donaubrücke Leipheim und der Rohrbachtalbrücke bei Stuttgart [J] beteiligt. Fast alle diese Großbrücken hat Leonhardt 1937 in dem zusammen mit Karl Schaechterle verfassten Buch »Die Gestaltung der Brücken« als vorbildhafte Beispiele angeführt.[52] Die erste Brücke, an der er beteiligt war, war die Sulzbachtalbrücke bei Denkendorf in der Nähe von Stuttgart. In Leonhardts Nachlass findet sich die Pause eines Werkplans mit dem nachträglichen Verweis »meine erste Brücke 1934 bei Schaechterle, geschichtlich interessant – Leo Juli 85«.[53]

Karl Schaechterle schätzte den jungen Fritz Leonhardt. Als Schaechterle 1935 von Fritz Todt in das Reichsverkehrsministerium (RVM) berufen wurde, nahm er Fritz Leonhardt mit. Schaechterle übernahm in Berlin die Leitung des Referats für Brücken, das er sich mit Gottwalt Schaper teilte, der in der Weimarer Republik Leiter des gesamten Brücken- und Ingenieurhochbaus der Deutschen Reichsbahn gewesen war.[54]

Schaechterle übertrug dem jungen Ingenieur Fritz Leonhardt die Aufgabe, die von den einzelnen OBR vorgelegten Pläne für die Erörterung mit den künstlerischen Beratern im Reichsverkehrsministerium aufzubereiten.[55]

Denn Fritz Todt hatte 1935 den Architekten Paul Bonatz [L] [M] und den Landschaftsarchitekten Alwin Seifert ins Reichsverkehrsministerium als Berater berufen, um die architektonische Qualität des Reichsautobahnbaus zu heben. Grund dafür war die Kritik Adolf Hitlers an den ersten Brückenbauten der Reichsautobahn zwischen Heidelberg und Frankfurt.[56]

Paul Bonatz

Sämtliche Brückenentwürfe mussten nun Paul Bonatz zur Begutachtung vorgelegt werden. Mit Paul Bonatz hatte Fritz Todt den wichtigsten Repräsentanten der »Stuttgarter Schule« ins Reichsverkehrsministerium geholt. Die Technische Hochschule Stuttgart war in der Zwischenkriegszeit ein wichtiges Zentrum der Architektenausbildung in Deutschland und wird oft vereinfacht zum Gegenpol zu der am Bauhaus in Dessau gelehrten Klassischen Moderne stilisiert. Der gebürtige Lothringer Paul Bonatz hatte an der Technischen Hochschule in München studiert und wurde Assistent von Theodor Fischer, als dieser 1902 nach Stuttgart berufen wurde. 1908 konnte Paul Bonatz, der dem Deutschen Werkbund beigetreten war, dessen Lehrstuhl an der TH Stuttgart übernehmen. Zudem hatte er 1910 in Stuttgart zusammen mit Friedrich Eugen Scholer das Architekturbüro Bonatz & Scholer gegründet, mit dem er 1911 den Wettbewerb für den Neubau des Stuttgarter Hauptbahnhofs gewann, der erst 1928 vollendet werden konnte. In der Zwischenkriegszeit war Bonatz als Architekt tätig, u. a. bei der Gestaltung zahlreicher Staustufen am Neckar.

Seine akademische Tätigkeit nutzte er, um die Stuttgarter Architektenausbildung zu reformieren. Zusammen mit Paul Schmitthenner und Heinz Wetzel lehrte er ein werk- und materialgerechtes Bauen, das im handwerklichen Detail die Grundlage des architektonischen Gestaltens sah. Diese von der Dessauer Moderne abweichende Haltung führte zur offenen Konfrontation der Architekten der »Stuttgarter Schule« mit dem Werkbund während der Planung und des Baus der Weißenhofsiedlung 1927 in Stuttgart.

Bonatz sah in der Zusammenarbeit mit Ingenieuren einen wichtigen Grundsatz der Architektenausbildung: »Eine besondere Neuerung im Unterricht im Entwerfen ist die Zusammenarbeit mit einem Ingenieur, der in allen Fragen der Konstruktion mitwirkt.«[57] Auf der Seite der Ingenieure betonte Fritz

58) Bundesarchiv Koblenz, NS 26 vorl. 1188. Zit. nach Windisch-Hojnacki 1989, S. 282 (FN 167).

59) Schaechterle/Leonhardt 1937, S. 9.

60) Leonhardt 1984, S. 9.

61) Schaechterle/Leonhardt 1937, S. 10.

62) Schaechterle/Leonhardt 1937, S. 10.

63) Schaechterle/Leonhardt 1937, S. 10.

64) Teilnehmerliste (Bundesarchiv Berlin R 4601/812).

65) Schreiben Fritz Todt an von Kruederer, 23. November 1937 (Bundesarchiv Berlin R 4610/816).

66) Handschriftliche Ergänzung von Fritz Leonhardt im Einband des Buches Seidler 1986. (saai Karlsruhe).

N) Postkarte der Schulungsburg Plassenburg aus dem privaten Fotoalbum Fritz Leonhardts

Todt den gestalterischen Anspruch an den Ingenieurbau als kulturelle Leistung im Sinne der damaligen Ideologie folgendermaßen: »Wo immer der Ingenieur baut, greift er ein in die Gegebenheiten der Natur, in die Landschaft und in den Boden, in entwicklungsmässig bedingte Zusammenhänge, auf denen Leben und Kultur eines Volkes sich aufbauen. Die Erkenntnis, dass Landschaft und Boden Grundlagen des menschlichen Lebens und Ausdruck der Kultur eines Volkes sind, dass sie die Menschen nähren und formen, die Heimat sind und damit Träger völkischen Lebens, verpflichtet aber den Ingenieur, sein Schaffen ganz in den Dienst der Kultur seines Volkes zu stellen, seine Werke so in die Natur einzuordnen, dass Landschaft und Boden erhalten bleiben, seine Bauten aber auch so zu formen und zu gestalten, dass darüber hinaus neue Kulturwerte entstehen.« [58)]

Diese ideologische Überhöhung kam den Ingenieuren sehr gelegen, denn sie erfüllte deren Wunsch nach Anerkennung ihrer schöpferischen Leistung, wie sie Karl Schaechterle und Fritz Leonhardt in der Einleitung zu ihrem Buch »Die Gestaltung der Brücken« 1937 formulierten: »Der schöpferisch schaffende Ingenieur ringt wie der Künstler für seine Idee um die endgültige, reine und klare Form. Auf der Unterstufe der verstandesmäßig entwickelten Zweckform erhebt sich die Oberstufe der künstlerischen Gestaltung, die Zweckerfüllung mit Schönheit verbindet.« [59)]

Dabei spielt der Begriff der Schönheit bzw. des – wie es Leonhardt nennt – schönheitlichen Gestaltens eine wesentliche Rolle, die auch für Ingenieurbauten eingefordert wird: »Wahre Schönheit erschöpft sich nicht in gefälliger äußerer Form (...), ist nicht nur Schale, sondern auch gesunder kraftvoller Kern, erblüht aus der Übereinstimmung von Form und Gehalt. (...) Augenfällig erkennen wir das an der Brücke, bei der Konstruktion und Form sich decken.« [60)]

Wichtig ist den Ingenieuren die Abkehr von der anfänglich technikfeindlichen Haltung der NS-Ideologie. Schaechterle und Leonhardt halten explizit fest: »Die Technik ist nicht kulturfeindlich. (...) Die technische Durchdringung unserer Zeit soll nicht Untergang der Kunst, sondern kraftvoller Antrieb zu neuer Formbildung sein.« [61)]

Die Rolle des Architekten wird von den beiden Ingenieuren differenziert betrachtet: »Auch der Architekt fand lange Zeit kein inneres Verhältnis zu den Schöpfungen des Ingenieurs und glaubte, sie durch architektonische Zutaten oder durch Aufkleben von Schmuck verschönern zu müssen. (...) Erst allmählich hat man erkannt, dass architektonisches Beiwerk nicht nur überflüssig, sondern der Wirkung abträglich ist und hat es gewagt, die Ingenieurbauwerke von den Fesseln einer wesensfremden Architektur zu befreien.« [62)]

Die Zusammenarbeit wird präzisiert: »...(dabei) muss der Künstler die Gebundenheit des Ingenieurs an Stoff und Naturgesetz, der Ingenieur die persönliche Einstellung des Künstlers zum Werk als seelischen Wert verstehen und achten lernen. (...) Das vertrauensvolle Zusammenarbeiten, die Verbindung der praktisch-technischen und der künstlerischen Seite des Bauens zu einer harmonischen Einheit hat sich als fruchtbar erwiesen, um die Aufgaben in ihrer Gesamtheit zu erfassen und zu lösen.« [63)]

Fritz Todt richtete auf der Reichsschule der Deutschen Technik Plassenburg bei Kulmbach seit März 1936 regelmäßig Schulungen für die Fachingenieure aus, um – nach offizieller Diktion – allen Ingenieuren in seinem Ministerium die kulturpolitische Dimension ihres Schaffens nahezubringen. [N)] Als für den 10. Reichsschulungskurs der Straßenbauingenieure vom 28. November bis 6. Dezember 1937 neben Beamten auch Vertreter aus der Wirtschaft zugelassen wurden, wurde von der Reichsautobahndirektion Berlin Fritz Leonhardt abgeordnet, in der Teilnehmerliste aufgeführt als »Reg.-Baumeister/ Hilfsarbeiter«. [64)] Auf der Plassenburg hörte Leonhardt Vorträge des Architekten Friedrich Tamms und des Landschaftsarchitekten Alwin Seifert und nahm an pflanzenkundlichen Führungen des Barons Hans-Joachim von Kruederer teil. Eingerahmt wurde das Programm von Themen zur »Geschichte der Ostpolitik«, [65)] um den Ingenieuren die Ziele des Regimes, dem sie dienten, zu vermitteln.

Die politische Dimension dieser Schulungen verharmloste Fritz Leonhardt rückblickend nicht nur in seiner Autobiografie. In der Todt-Biografie von Franz W. Seidler fügte er handschriftlich als Kommentar an: »Plassenburg – es fehlen die Vorträge Landschaft, Ing.(enieur) Biologie, Pflanzensoz.(iologie). Bonatz – Seifert – Baron von Kruederer, Lorenz etc.« [66)] Diese Anmerkung könnte man so lesen, dass für Leonhardt und seine Ingenieurkollegen die fachliche Fortbildung und ästhetische Schulung im Vordergrund standen, die politische Indoktrinierung wird in der Rückschau ausgeblendet.

1) Die 41 Publikationen des IL stellen den Höhepunkt der bisherigen Auseinandersetzung mit dem Thema Leichtbau dar, insbesondere die Bände IL 21 bis IL 25 unter dem Titel »Form – Kraft – Masse«: IL 21 »Grundlagen« (1979), IL 22 »Form« (1988), IL 23 »Konstruktion« (1992), IL 24 »Das Prinzip Leichtbau« (1996) und IL 25 »Experimente« (1988).

2) Schaechterle/Leonhardt 1937.

3) Handschriftliche Ergänzung von Fritz Leonhardt, eingeklebt in das Buch Schaechterle/Leonhardt 1937 (saai Karlsruhe).

4) Schaechterle/Leonhardt 1937, S. 9.

5) Schaechterle/Leonhardt 1937, S. 36.

6) Schaechterle/Leonhardt 1937, S. 36.

7) Schaechterle/Leonhardt 1937, S. 40.

8) Schaechterle/Leonhardt 1937, S. 9.

9) Bonatz 1942, S. 51.

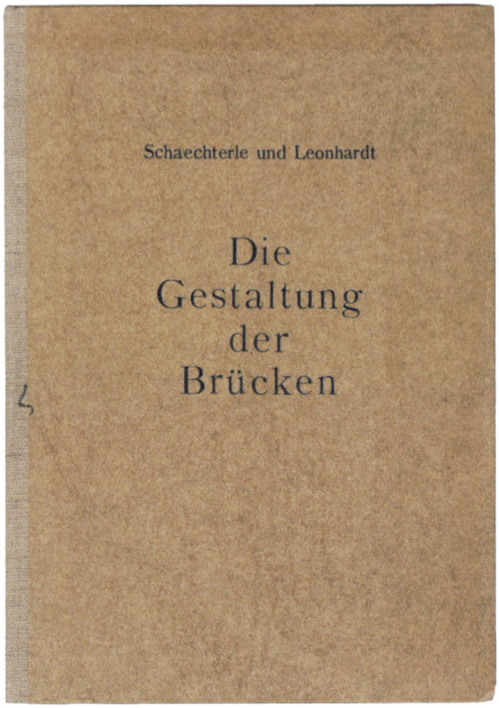

A) Karl Schaechterle, Fritz Leonhardt, Die Gestaltung der Brücken, Berlin 1937

B) Abbildung der Mainbrücke in Würzburg 1474–1573

DIE LEICHTBAUTHEORIE FRITZ LEONHARDTS

Fritz Leonhardt hat keine Leichtbautheorie im eigentlichen Sinne verfasst, wie sie etwa Frei Otto in den 1960er-Jahren an seinem Institut für Leichte Flächentragwerke (IL) an der Universität Stuttgart ausformulierte. [1] Es lassen sich aber zahlreiche theoretische Äußerungen zum Leichtbau in seinen Publikationen finden. Als Ingenieur gingen seine Überlegungen immer von Fragestellungen der unmittelbaren Praxis aus. So gibt es in der Frühzeit seines Schaffens keine Definition von Leichtbau hinsichtlich des Verhältnisses von Form, Kraft und Masse. Dennoch kann man in seinen frühen Publikationen eine intensive Auseinandersetzung mit den Begriffen »leicht« und »einfach« finden, immer im Zusammenhang mit dem von ihm formulierten Begriff der »Schönheitlichkeit« im Ingenieurbau. Diese Äußerungen gehen einher mit dem Versuch, das Konstruieren als künstlerische Disziplin zu etablieren.

Das Buch »Die Gestaltung der Brücken«

Die Bemühungen Todts und seiner Berater Paul Bonatz und Alwin Seifert um die ästhetische Gestaltung von Ingenieurbauten fielen bei Leonhardt auf fruchtbaren Boden: 1937 veröffentlichte er zusammen mit Karl Schaechterle das Buch »Die Gestaltung der Brücken«. [A] [2] Leonhardt, der seiner handschriftlichen Anmerkung auf dem Umschlag zufolge das Buch »1936 im Wesentlichen selbst« [3] geschrieben hat, gibt im ersten Teil eine historische Einführung zum Brückenbau. Denn: »Die alten Meister der Baukunst waren Handwerker und Künstler zugleich.« [4] In ihnen sah er seine großen Vorbilder, weshalb für ihn die Auseinandersetzung mit der gebauten Vergangenheit die Grundlage für das selbsttätige Entwerfen und Konstruieren bildete. [B] Dieser historischen Einführung folgen die Werkstoffe und Werkformen: Mauerwerk, Beton, Eisenbeton, Stahl und Holz werden in ihrer Materialcharakteristik und ihren konstruktiven Eigenschaften vorgestellt.

Unter der Überschrift »Gemischte Verwendung der Werkstoffe« gibt es bereits Gestaltungshinweise: »Die Schönheit der Stahlbrücken kann durch Verwendung von Natursteinmauerwerk bei Pfeilern und Widerlagern gesteigert werden. (...) Die Formen des Eisenbetons sind in Stein undenkbar, eine Verblendung mit Naturstein wirkt deshalb unwahr.« [5]

Ganz aus der Praxis gedacht ist der Abschnitt »Wirtschaftliche Gesichtspunkte«, wo Aspekte der »Wirtschaftlichkeit auf kurze und auf lange Sicht« erwogen werden. [6] Im Kapitel »Bauaufgaben« finden sich Ausführungen zu den Verkehrsbedürfnissen, den statischen und konstruktiven Belangen und zur künstlerischen Gestaltung und Einordnung in die Landschaft. Hier findet sich eine Definition für den Leichtbau: »Die Tragfähigkeit und Standfestigkeit der Bauwerke mit einem Mindestaufwand zu gewährleisten, ist die verantwortungsvolle Aufgabe des Statikers und Konstrukteurs. (...) Ein Brückentragwerk, das auf die unbedingt notwendige Zahl der Bauglieder zurückgeführt und in allen Einzelheiten auf die einfachste Form gebracht ist, wird stets auch formschön gestaltet sein.« [7]

Diese Ausführungen sind beachtenswert in einer Zeit, in der Architektur und Bauwesen als Ausdruck nationalsozialistischen Machtanspruchs instrumentalisiert wurden. Augenfällig an Leonhardts und Schaechterles Ausführungen ist – anders als bei Todts propagandistischem Duktus – die klare, technikbezogene Sprache und die Betonung der einfachen Form nicht nur als zweckmäßigste Lösung, sondern auch als ästhetische Entscheidung. »Ohne gute Form wird die Lösung einer Bauaufgabe stets unbefriedigend bleiben. Sichtbare Zweckmäßigkeit ist eine Vorstufe der künstlerischen Gestaltung, bei der zur reinen Zweckform noch etwas hinzukommt, was von höherer Ordnung ist und außerhalb des Rationalen liegt und dem Werk einen Kunstwert gibt.« [8]

Im zweiten Teil des Buches werden Entwurfsmethoden des Brückenbaus dargelegt und im Folgenden Prototypen für alle Arten von Autobahnbrücken angeführt: von kleinsten Überführungsbauten bis hin zu monumentalen Talbrücken. [C] [D] Dies war im Sinne von Fritz Todt, der selbst die gering geschätzten Bauaufgaben in seine Vorstellung von ästhetischer Erziehung miteinbezog: »Und wenn wir den steingemauerten Vorkopf (eines Bachdurchlasses) nur für die paar Bauern machen, die hier ihr Feld pflügen, diese werden daraus lernen, auch ihre kleinsten Aufgaben anständig zu machen, und wenn es nur die Mauer um den Misthaufen ist; wir wollen die Menschen wieder zur Baukultur erziehen.« [9]

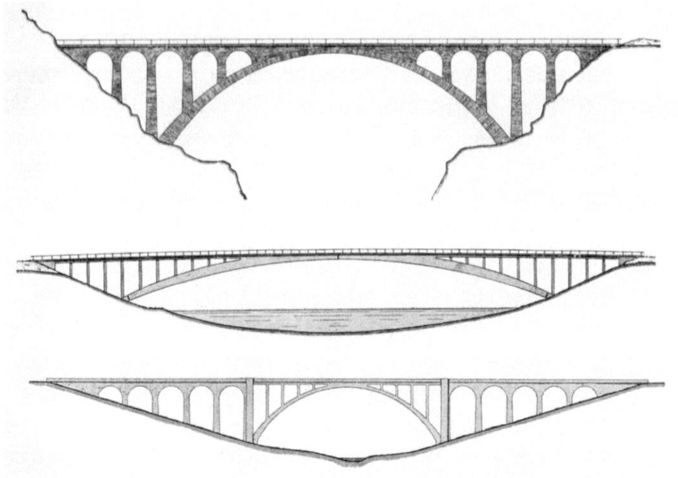

C) Varianten für Bogenbrücken

Abb. 114. Wegunterführung mit Halbkreisgewölbe. Links massive Brüstung, rechts Gesims und stählernes Geländer

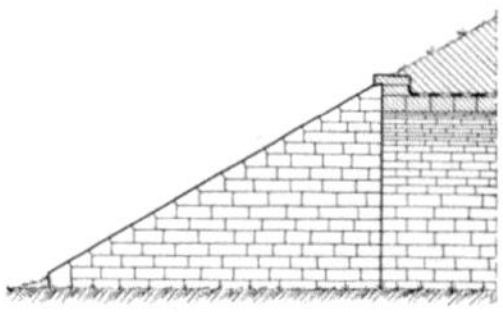

Abb. 115. Wegunterführung mit senkrechten Böschungsflügeln, überschüttet

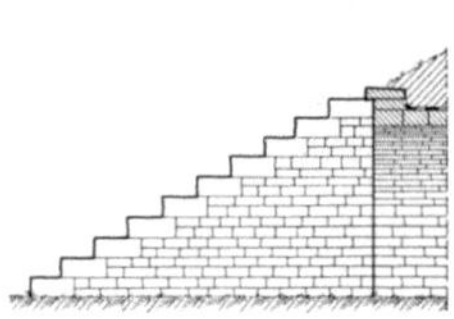

D) Varianten für Wegunterführungen

E) F) Regelmäßiges Schichtmauerwerk und unregelmäßiges Schichtmauerwerk, gebosst

G) In natürlicher Größe errichtetes Modell aus Holz

10) Zu Paul Bonatz als Begutachter der Brückenentwürfe siehe: Gerber 1967 und Katalog Voigt/May 2011.

11) Kabierske 2009, S. 164.

12) Zellner 2001, S. 295.

13) Leonhardt 1982.

14) Leonhardt 1982, S. 31 ff.

15) Leonhardt 1982, S. 26.

16) Vgl. dazu: Leonhardt 1982, S. 110 und Schaechterle/Leonhardt 1937, S. 96.

H) I) Durchlass aus Quadermauerwerk (oben) und (unten) als schlechtes Beispiel, »Ein Erzeugnis naturfremder Reißbrettarbeit«

Der Einfluss von Paul Bonatz und der »Stuttgarter Schule«

Leonhardts Haltung hinsichtlich der Begriffe »Schönheit« und »Einfachheit« ist durch den Architekten Paul Bonatz in der Tradition der ersten »Stuttgarter Schule« geprägt. [10] In dessen Äußerungen spiegelt sich deutlich der Einfluss auf den jungen Ingenieur. Speziell an den Bildern zur Oberflächen- und Detailausführung, die Leonhardt und Schaechterle als Beispiele anführen, lässt sich dieser ablesen. [E] [F] [H] [I]

Gerhard Kabierske sieht in dieser Hinsicht auch den Einfluss seines Vaters Gustav Leonhardt, der, selbst Architekt, bei seinem Sohn schon früh eine Sensibilisierung für ästhetische Fragen zu erreichen suchte. [11] Wilhelm Zellner spricht von »einer frühen Prägung für das Schöne«, die Leonhardt im Laufe seiner Karriere zu zahlreichen Aufsätzen über »schönheitliche Gestaltung von Bauwerken« und zu »Grundfragen der Ästhetik« motiviert hätte. [12]

Leonhardts bekanntes Buch »Brücken«, [13] das er 1972 publizierte, beginnt mit einem umfangreichen Kapitel »Zu den Grundfragen der Ästhetik«, [14] das viele der 1937 formulierten Grundsätze übernimmt. So heißt es dort im Abschnitt »Zweckerfüllung«: »Das Tragewerk sollte in reiner, klarer Form in Erscheinung treten und das Gefühl der Stabilität vermitteln.« [15] Die an dieser Stelle verwendeten Begriffe »Gefühl« sowie die Adjektive »rein« und »klar« sind bezeichnend für Fritz Leonhardts emotionalen Umgang mit ästhetischen Fragestellungen. Man kann deshalb bei ihm nicht von einer Theorie der Ästhetik sprechen, auch wenn er sich oft zu diesem Thema geäußert hat.

Die im Buch »Brücken« sich anschließenden Methoden des Entwerfens im 3. Kapitel »Wie entsteht der Entwurf einer Brücke« und im 4. Kapitel »Hinweise zu Gestaltungsregeln für Brücken« finden sich schon im IV. Kapitel »Das Entwerfen« in »Die Gestaltung der Brücken« von 1937. In diesem Kapitel werden beispielsweise vor Ort installierte 1:1-Modelle als Entscheidungshilfe empfohlen. [G] Obwohl die damalige Sortierung nach den Materialkategorien »Brücken aus Mauerwerk«, »Brücken aus Eisenbeton« und »Stählerne Brücken« 1982 ersetzt ist durch die typologische Abfolge der Brückenkonstruktionen, verwendet Leonhardt zum Teil sogar dieselben Abbildungen und Piktogramme wie in dem 1937 erschienenen Werk, so zum Beispiel bei den Autobahnüberführungen. [16]

Die 1937 geäußerten Überlegungen hinsichtlich der kulturellen Bedeutung des Ingenieurbaus spiegeln das sich ausprägende Selbstbewusstsein der Ingenieure in den 1930er- und 1940er-Jahren, das durch Fritz Todt ideologisch vorformuliert wurde. Diese Einstellung wird das Selbstbild des Ingenieurs Fritz Leonhardt sein Leben lang prägen. Sein Selbstverständnis als »Baumeister«, als bewusst gestaltender Entwerfer, lässt sich in dem Berufsbild des Ingenieurs erkennen, wie es in den 1930er-Jahren entwickelt und propagiert wurde. Inwieweit Fritz Leonhardt diesen Grundsätzen in den ersten Jahren, in denen er unter dem nationalsozialistischen Regime bauen und planen konnte, treu blieb, wird im Kapitel »Erste Leichtkonstruktionen« an seinen Bauten und Projekten im Detail untersucht.

17) Materialprüfungsanstalt an der Technischen Hochschule Stuttgart. Institut für die Materialprüfungen des Bauwesens. Prüfbericht. Antragsteller Direktion der Reichsautobahnen, Berlin. »Modellversuche über die Wirkung von lastverteilenden Querverbänden.« 2. April 1938. (Universitätsarchiv Stuttgart, 33/1/1245).

18) Leonhardt 1939.

19) Leonhardt 1940.1, S. 1.

20) Leonhardt 1940.1, S. 2.

21) Leonhardt 1940.1, S. 2.

22) Leonhardt 1940.1, S. 1.

23) Schaechterle/Leonhardt 1936 und Schaechterle/Leonhardt 1938.

24) Leonhardt 1940.1.

25) Materialprüfungsanstalt an der Technischen Hochschule Stuttgart. Institut für die Materialprüfungen des Bauwesens. Prüfbericht. Antragsteller Direktion der Reichsautobahnen, Berlin. »Modellversuche über die Wirkung von lastverteilenden Querverbänden.« 2. April 1938. (Universitätsarchiv Stuttgart, 33/1/1245).

26) 3 Akten im Universitätsarchiv Stuttgart, 33/1/744–746.

27) Ditchen 2009. Die erst seit Mitte 2009 wieder erschließbaren Bestände der MPA im Universitätsarchiv Stuttgart konnte Ditchen jedoch nur noch teilweise berücksichtigen.

28) Kurrer/Pelke/Stiglat 2009, S. 795 f.

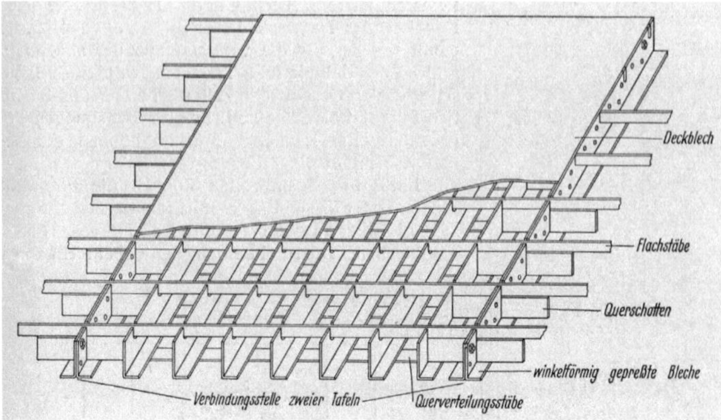

J) Stahlzellendecke als Brückenfahrbahn

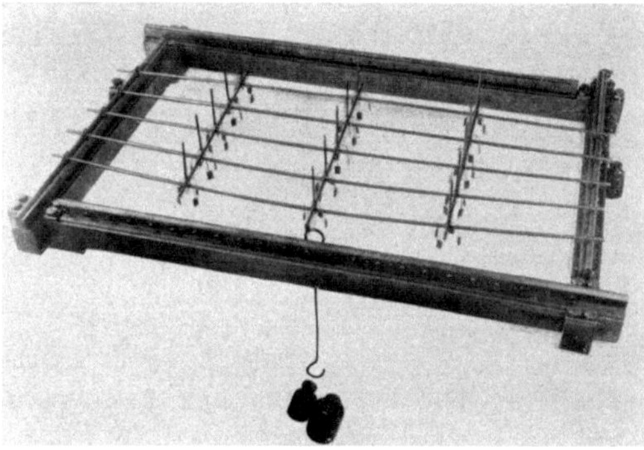

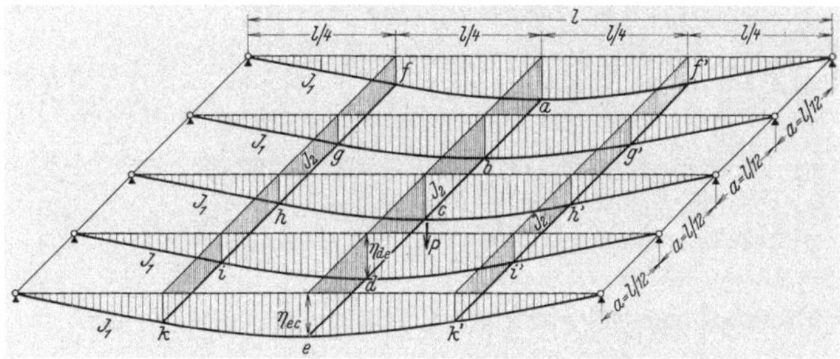

K) L) Trägerrostmodell zur Messung und Berechnung der Einflusslinien

Die Dissertation »Die vereinfachte Berechnung zweiseitig gelagerter Trägerroste«

Wie viele seiner späteren Publikationen ist die Dissertation, die Fritz Leonhardt 1936 und 1937 verfasst hat, einem Thema gewidmet, das sich unmittelbar aus der Baupraxis ergab. In seiner Anfangszeit bei der OBR Stuttgart hatte sich Fritz Leonhardt im Auftrag von Karl Schaechterle mit der Entwicklung leichter Stahlzellendecken, einer speziellen Art von Leichtfahrbahntafeln mit dreidimensionaler Lastabtragung, für den Autobahnbau beschäftigt. [J] Ziel dieser technischen Entwicklungen war die Einsparung von Stahl im Bauwesen, da im Zuge der Autarkiebestrebungen des Deutschen Reiches das zur Verfügung stehende Stahlkontingent für die militärische Aufrüstung eingesetzt werden sollte. Technologische Forschungen wurden daher politisch gefördert. Nachweisbar sind zahlreiche Aufträge des Reichsverkehrsministeriums zu materialtechnischen Untersuchungen an leichten Brückenkonstruktionen, die der MPA Stuttgart erteilt wurden. [17]

In seiner Dissertation »Die vereinfachte Berechnung zweiseitig gelagerter Trägerroste«, die vom Deutschen Ausschusses für Stahlbau (DASt) gefördert wurde, beschrieb Leonhardt eine Methode zur vereinfachten Berechnung dieser Leichtfahrbahntafeln. 1938 reichte er diese Arbeit bei seinem Lehrer Emil Mörsch an der TH Stuttgart ein. [18]

Ziel ist es, so wird in der Einleitung erklärt, eine Methode zur Dimensionierung von Fahrbahntafeln unter Berücksichtigung der dreidimensionalen Lastabtragung zu entwickeln. Bisher sei die Berechnung dieser Tragwerke unter der Annahme durchgeführt worden, dass: »die Querträger gelenkig an die Hauptträger angeschlossen sind, das heißt: Lasten zwischen zwei Trägern wurden nur auf diese Träger nach dem Hebelgesetz verteilt und die Querverteilung der biegefest durchlaufenden Träger wurde vernachlässigt.« [19] Obwohl eine Berechnungsmethode vorliege, die diese Querverteilung berücksichtigte, sei diese sehr selten angewandt worden, da sie zu kompliziert und aufwendig sei.

Auch Leonhardts Verfahren zog die Flächentragwirkung der Trägerroste zur Dimensionierung heran, wobei er Trägerroste oder Roste definiert als: »Balkentragwerke mit durch biegungssteife Querträger verbundene Hauptträger«. [20]

Dabei wird das »Wort ›Querträger‹ für lastverteilende Querträger mit vollwandiger oder fachwerkartiger Bauart (Querverbände) gesetzt.« [21]

Von entscheidender Wirkung ist die lastverteilende Wirkung der Querträger, die Leonhardt als »Querverteilung« definiert. [K] [L] Mittels Leonhardts Berechnungsverfahren würde »das Tragwerk sicherer, obwohl gegenüber der Berechnung ohne Querverteilung Baustoff gespart wird.« [22] Die »überlegene Sicherheit« der Trägerroste bestehe zudem darin, dass selbst bei Bruch eines Trägers die benachbarten Trägerteile die Lasten übernähmen. Leonhardts Verfahren bietet eine einfache Methode, die Querverteilung bei der Berechnung zu berücksichtigen. Seine Ergebnisse sind mittels Modellstatikversuchen, die an der MPA Stuttgart durchgeführt wurden, überprüft worden, um Fehler auszuschließen.

Bereits 1936 hatte Fritz Leonhardt zusammen mit Karl Schaechterle die Versuchsergebnisse in zwei Aufsätzen in der Zeitschrift »Die Bautechnik« veröffentlicht. [23] Leonhardts Dissertation konnte 1940, ein Jahr nach ihrer ersten Auflage 1939, mit einem ergänzenden Teil, der Hilfstafeln und Tabellen umfasste, in einer zweiten Auflage erscheinen. [24] In dieses zur Anwendung bestimmte Tabellenwerk flossen die Ergebnisse der an der MPA durchgeführten »Modellversuche über die Wirkung von lastverteilenden Querverbänden« ein. [25] Somit konnten vereinfachte Trägerrostberechnungen ohne weitere Modellstatik nur unter Zuhilfenahme von Leonhardts Tabellen durchgeführt werden, was die praktische Anwendbarkeit erheblich förderte. Das stand in der Tradition der von Otto Graf an der MPA entwickelten Prüfverfahren, die in der Praxis einfach anwendbar sein sollten.

An weiteren Versuchen, die an der MPA in den Jahren 1941–1943 liefen, war Leonhardt selbst wohl nicht mehr beteiligt. Hier wird Karl Schaechterle für die Direktion der Reichsautobahn als verantwortlicher Auftraggeber genannt. [26] Die Unterlagen aus dem Bestand der MPA im Universitätsarchiv Stuttgart belegen, dass Leichtfahrbahntafeln bei der Reichsautobahn weiterhin eine wichtige Rolle spielten. Henryk Ditchen widmet dieser Thematik den Hauptteil seiner Arbeit zur »Beteiligung der Stuttgarter Ingenieure an der Planung und Realisierung der Reichsautobahnen unter besonderer Berücksichtigung der Netzwerke von Fritz Leonhardt und Otto Graf«. [27] Auch Kurrer, Pelke und Stiglat betonen in ihrer dreiteiligen Aufsatzserie [28] zu Hellmut Homberg – Leonhardts großem Konkurrenten auf dem Gebiet der orthotropen Platte – die Bedeutung der

29) Kurrer/Pelke/Stiglat 2009, S. 795 f.

30) Kurrer/Pelke/Stiglat 2009, S. 796.

31) Klaus Stiglat, mündliche Aussage gegenüber der Autorin 1. Februar 2010.

32) Leonhardt 1940.

33) Leonhardt 1940, S. 420.

34) Kurrer/Pelke/Stiglat 2009, S. 796.

35) Klöppel 1942. Zit. nach: Kurrer/Pelke/Stiglat 2009, S. 799.

36) Homberg 1949.

37) Andrä/Leonhardt 1949. Zu den Prioritätsunklarheiten mit Dr.-Ing. Hellmut Homberg, der etwa gleichzeitig eine ähnliche Entwicklung machte, siehe: Zellner 2001, S. 296 f und Stiglat 2004, S. 233 f. sowie Kurrer/Pelke/Stiglat 2009, S. 800f.

38) Kurrer/Pelke/Stiglat 2009, S. 801.

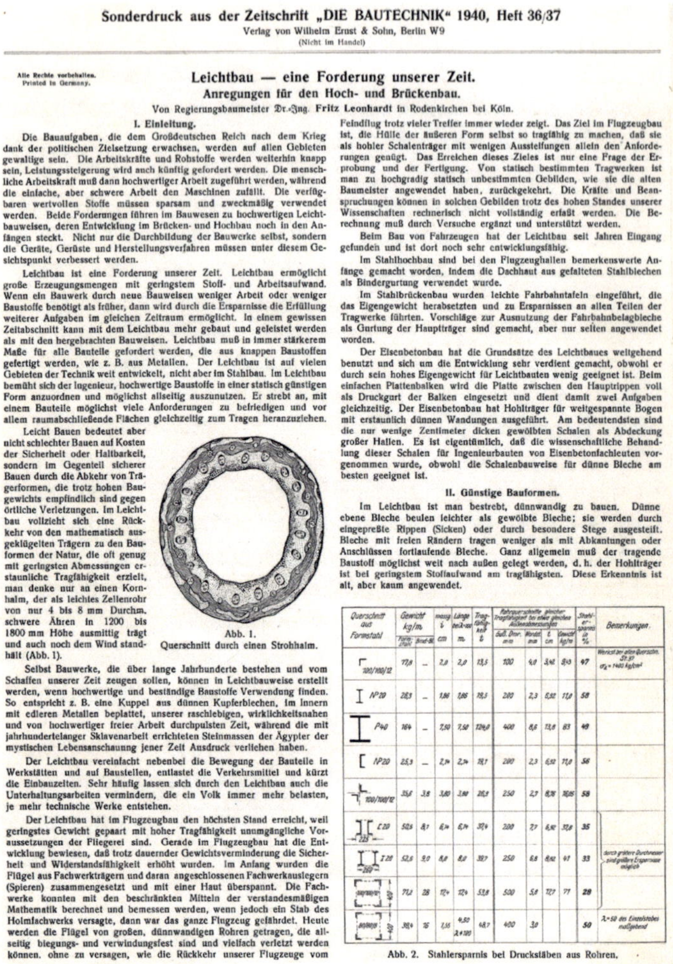

Sonderdruck aus der Zeitschrift „DIE BAUTECHNIK“ 1940, Heft 36/37
Verlag von Wilhelm Ernst & Sohn, Berlin W9
(Nicht im Handel)

Alle Rechte vorbehalten.
Printed in Germany.

Leichtbau — eine Forderung unserer Zeit.
Anregungen für den Hoch- und Brückenbau.

Von Regierungsbaumeister Dr.-Ing. Fritz Leonhardt in Rodenkirchen bei Köln.

I. Einleitung.

Die Bauaufgaben, die dem Großdeutschen Reich nach dem Krieg dank der politischen Zielsetzung erwachsen, werden auf allen Gebieten gewaltige sein. Die Arbeitskräfte und Rohstoffe werden weiterhin knapp sein, Leistungssteigerung wird auch künftig gefordert werden. Die menschliche Arbeitskraft muß dann hochwertiger Arbeit zugeführt werden, während die einfache, aber schwere Arbeit den Maschinen zufällt. Die verfügbaren wertvollen Stoffe müssen sparsam und zweckmäßig verwendet werden. Beide Forderungen führen im Bauwesen zu hochwertigen Leichtbauweisen, deren Entwicklung im Brücken- und Hochbau noch in den Anfängen steckt. Nicht nur die Durchbildung der Bauwerke selbst, sondern die Geräte, Gerüste und Herstellungsverfahren müssen unter diesem Gesichtspunkt verbessert werden.

Leichtbau ist eine Forderung unserer Zeit. Leichtbau ermöglicht große Erzeugungsmengen mit geringstem Stoff- und Arbeitsaufwand. Wenn ein Bauwerk durch neue Bauweisen weniger Arbeit oder weniger Baustoffe benötigt als früher, dann wird durch die Ersparnisse die Erfüllung weiterer Aufgaben im gleichen Zeitraum ermöglicht. In einem gewissen Zeitabschnitt kann mit dem Leichtbau mehr gebaut und geleistet werden als mit den hergebrachten Bauweisen. Leichtbau muß in immer stärkerem Maße für alle Bauteile gefordert werden, die aus knappen Baustoffen gefertigt werden, wie z. B. aus Metallen. Der Leichtbau ist auf vielen Gebieten der Technik weit entwickelt, nicht aber im Stahlbau. Im Leichtbau bemüht sich der Ingenieur, hochwertige Baustoffe in einer statisch günstigen Form anzuordnen und möglichst allseitig auszunutzen. Er strebt an, mit einem Bauteile möglichst viele Anforderungen zu befriedigen und vor allem raumabschließende Flächen gleichzeitig zum Tragen heranzuziehen.

Leicht Bauen bedeutet aber nicht schlechter Bauen auf Kosten der Sicherheit oder Haltbarkeit, sondern im Gegenteil sicherer Bauen durch die Abkehr von Trägerformen, die trotz hohen Baugewichts empfindlich sind gegen örtliche Verletzungen. Im Leichtbau vollzieht sich eine Rückkehr von den mathematisch ausgeklügelten Trägern zu den Bauformen der Natur, die oft genug mit geringsten Abmessungen erstaunliche Tragfähigkeit erzielt, man denke nur an einen Kornhalm, der als leichtes Zellenrohr von nur 4 bis 8 mm Durchm. schwere Ähren in 1200 bis 1800 mm Höhe ausmittig trägt und auch noch dem Wind standhält (Abb. 1).

Abb. 1.
Querschnitt durch einen Strohhalm.

Selbst Bauwerke, die über lange Jahrhunderte bestehen und vom Schaffen unserer Zeit zeugen sollen, können in Leichtbauweise erstellt werden, wenn hochwertige und beständige Baustoffe Verwendung finden. So entspricht z. B. eine Kuppel aus dünnen Kupferblechen, im Innern mit edleren Metallen beplattet, unserer raschlebigen, wirklichkeitsnahen und von hochwertiger freier Arbeit durchpulsten Zeit, während die mit jahrhundertelanger Sklavenarbeit errichteten Steinmassen der Ägypter der mystischen Lebensanschauung jener Zeit Ausdruck verliehen haben.

Der Leichtbau vereinfacht nebenbei die Bewegung der Bauteile in Werkstätten und auf Baustellen, entlastet die Verkehrsmittel und kürzt die Einbauzeiten. Sehr häufig lassen sich durch den Leichtbau auch die Unterhaltungsarbeiten vermindern, die ein Volk immer mehr belasten, je mehr technische Werke entstehen.

Der Leichtbau hat im Flugzeugbau den höchsten Stand erreicht, weil geringstes Gewicht gepaart mit hoher Tragfähigkeit unumgängliche Voraussetzungen der Fliegerei sind. Gerade im Flugzeugbau hat die Entwicklung bewiesen, daß trotz dauernder Gewichtsverminderung die Sicherheit und Widerstandsfähigkeit erhöht wurden. Im Anfang wurden die Flügel aus Fachwerkträgern und daran angeschlossenen Fachwerkauslegern (Spieren) zusammengesetzt und mit einer Haut überspannt. Die Fachwerke konnten mit den beschränkten Mitteln der verstandesmäßigen Mathematik berechnet und bemessen werden, wenn jedoch ein Stab des Holmfachwerks versagte, dann war das ganze Flugzeug gefährdet. Heute werden die Flügel von großen, dünnwandigen Rohren getragen, die allseitig biegungs- und verwindungsfest sind und vielfach verletzt werden können, ohne zu versagen, wie die Rückkehr unserer Flugzeuge vom Feindflug trotz vieler Treffer immer wieder zeigt. Das Ziel im Flugzeugbau ist, die Hülle der äußeren Form selbst so tragfähig zu machen, daß sie als hohler Schalenträger mit wenigen Aussteifungen allein den Anforderungen genügt. Das Erreichen dieses Zieles ist nur eine Frage der Erprobung und der Fertigung. Von statisch bestimmten Tragwerken ist man zu hochgradig statisch unbestimmten Gebilden, wie sie die alten Baumeister angewendet haben, zurückgekehrt. Die Kräfte und Beanspruchungen können in solchen Gebilden trotz des hohen Standes unserer Wissenschaften rechnerisch nicht vollständig erfaßt werden. Die Berechnung muß durch Versuche ergänzt und unterstützt werden.

Beim Bau von Fahrzeugen hat der Leichtbau seit Jahren Eingang gefunden und ist dort noch sehr entwicklungsfähig.

Im Stahlhochbau sind bei den Flugzeughallen bemerkenswerte Anfänge gemacht worden, indem die Dachhaut aus gefalteten Stahlblechen als Bindergurtung verwendet wurde.

Im Stahlbrückenbau wurden leichte Fahrbahntafeln eingeführt, die das Eigengewicht herabsetzten und zu Ersparnissen an allen Teilen der Tragwerke führten. Vorschläge zur Ausnutzung der Fahrbahnbelagbleche als Gurtung der Hauptträger sind gemacht, aber nur selten angewendet worden.

Der Eisenbetonbau hat die Grundsätze des Leichtbaues weitgehend benutzt und sich um die Entwicklung sehr verdient gemacht, obwohl er durch sein hohes Eigengewicht für Leichtbauten wenig geeignet ist. Beim einfachen Plattenbalken wird die Platte zwischen den Hauptrippen voll als Druckgurt der Balken eingesetzt und dient damit zwei Aufgaben gleichzeitig. Der Eisenbetonbau hat Hohlträger für weitgespannte Bogen mit erstaunlich dünnen Wandungen ausgeführt. Am bedeutendsten sind die nur wenige Zentimeter dicken gewölbten Schalen als Abdeckung großer Hallen. Es ist eigentümlich, daß die wissenschaftliche Behandlung dieser Schalen für Ingenieurbauten von Eisenbetonfachleuten vorgenommen wurde, obwohl die Schalenbauweise für dünne Bleche am besten geeignet ist.

II. Günstige Bauformen.

Im Leichtbau ist man bestrebt, dünnwandig zu bauen. Dünne ebene Bleche beulen leichter als gewölbte Bleche; sie werden durch eingepreßte Rippen (Sicken) oder durch besondere Stege ausgesteift. Bleche mit freien Rändern tragen weniger als mit Abkantungen oder Anschlüssen fortlaufende Bleche. Ganz allgemein muß der tragende Baustoff möglichst weit nach außen gelegt werden, d. h. der Hohlträger ist bei geringstem Stoffaufwand am tragfähigsten. Diese Erkenntnis ist alt, aber kaum angewendet.

Querschnitt aus Formstahl	Gewicht kg/m		massg. i	Länge bei λ=100	Tragfähigkeit	Rohrquerschnitte gleicher Tragfähigkeit bei etwa gleichen Außenabmessungen				Stahlersparnis in
	Formstahl	Bind.-Bl.	cm	m	t	äuß. Durchm. mm	Wandst. mm	i cm	Gewicht kg/m	%	Bemerkungen
┌ 100/100/12	17,8	–	2,0	2,0	13,5	100	4,0	3,42	9,43	47	Werkst. bei allen Querschn. St 37 σ_d = 1400 kg/cm²
I NP 20	26,3	–	1,86	1,86	19,5	200	2,3	6,92	11,0	58	
I P 40	164	–	7,50	7,50	124,0	400	8,6	13,8	83	49	
[NP 20	25,3	–	2,14	2,14	19,1	200	2,3	6,92	11,0	56	
100/100/12	35,6	3,8	3,80	3,80	26,1	250	2,7	8,78	16,65	58	
[[20, 225	50,6	8,1	6,14	6,14	37,4	200	7,7	6,92	32,8	35	durch größere Durchmesser sind größere Ersparnisse möglich
I I 20, 260	52,6	9,0	8,0	8,0	39,7	250	6,8	8,62	41	33	
300/100/12, 400	71,2	28	17,4	17,4	53,8	500	5,8	17,7	77	28	
80/80/8, 400	38,4	16	1,55	4,50 λ=100	48,7	400	3,0			50	λ = 50 des Einzelstabes maßgebend

Abb. 2. Stahlersparnis bei Druckstäben aus Rohren.

M) Titelblatt des Aufsatzes
»Leichtbau – eine Forderung unserer Zeit«

leichten Fahrbahntafeln aus Stahl Ende der 1930er-Jahre. Die Stahlindustrie sah in diesen materialminimierten Konstruktionen die Chance, Stahlbrücken wirtschaftlich konkurrenzfähig zu den sich mehr und mehr verbreitenden Stahlbetonbrücken zu halten. Die Untersuchungen Otto Grafs für das Reichsverkehrsministerium stehen in diesem Zusammenhang, später wurden sie im Auftrag des Deutschen Ausschusses für Stahlbau (DASt) durchgeführt. Kurrer, Pelke und Stiglat nennen mehrere Aufsätze von Gottwald Schaper, Karl Schaechterle mit Fritz Leonhardt sowie Otto Graf zu diesem Thema, die in den Jahren 1935–1938 erschienen.[29]

Sie legen dar, dass: »die hochgradig statisch unbestimmten Trägerroste mittels des Kräftegrößenvergleichs oder des Verschiebungsgrößenvergleichs prinzipiell berechenbar (gewesen seien), (...) die dabei entstehenden Gleichungssysteme damals aber praktisch nur für Sonderfälle lösbar (waren)«.[30]

Fritz Leonhardts Tabellenwerk in der erweiterten zweiten Auflage von 1940 bot für diese Sonderfälle leicht anwendbare Tafelwerke. Dieser Ansatz ist bezeichnend für den »genialen Vereinfacher«[31] Fritz Leonhardt, dem es stets ein Anliegen war, die Theorie für die Baupraxis möglichst anwendbar zu machen. 1941 führte er in seinem Aufsatz »Leichtbau – eine Forderung unserer Zeit«[M] [32] diese leichten Fahrbahntafeln als ein Beispiel für »geringen Stahlverbrauch«[33] an.[J]

Um die räumliche Tragwirkung der Trägerroste konstruktiv voll auszureizen, waren jedoch »handhabbare baustatische Verfahren«[34] dringend erforderlich, die Leonhardts vereinfachte Berechnung – ein Näherungsverfahren – nicht bot. Neben Leonhardt hatte auch Friedrich Geiger ein konkurrierendes Verfahren entwickelt, das Kurt Klöppel 1942 dem von Fritz Leonhardt gegenüberstellte.[35] Erst Hellmut Homberg gelang es 1944/45, eine allgemeine Trägerrosttheorie auszuarbeiten, die er, bedingt durch den Zweiten Weltkrieg, erst 1949 in seinem Buch »Einflußflächen für Trägerroste«[36] publizieren konnte.

Nach dem Krieg griff Leonhardt das Thema ebenfalls nochmals auf, als er zusammen mit seinem späteren Büropartner Wolfhart Andrä 1949 das Buch »Die Trägerrostberechnung«[37] publizierte. Dieses Buch enthielt eine wesentlich erweiterte, genaue Trägerrosttheorie, »deren Grundlage jener des Verfahrens von Homberg entspricht«.[38] Dennoch wurde die Arbeit von Homberg nicht im Literaturverzeichnis angeführt, da sie zu diesem Zeitpunkt noch nicht erschienen war.

39) Leonhardt 1940.

40) Möller 2005.

41) Möller 2005, S. 42.

42) Weber/Voormann 2009, S. 32 und Kurrer 2009, S. 24.

43) Karl-Eugen Kurrer, »Fritz Leonhardts Bedeutung für die konstruktionsorientierte Baustatik«, Vortrag im Rahmen der Reihe »Fritz Leonhardt – Aspekte seines Werks« zur Ausstellung »Fritz Leonhardt 1909–1999. Die Kunst des Konstruierens«. LBBW-Forum Stuttgart, 16. Juli 2009.

44) Marco Pogacnik, »The Stuttgart Principles of Leightweight Structures«, Vortrag im Rahmen des Symposiums »Konstruktion und Gestalt. Jörg Schlaich zum 75. Geburtstag«, Universität Stuttgart, 6. November 2009.

45) Karl-Eugen Kurrer, »Jörg Schlaich und die Stuttgarter Schule«, Vortrag im Rahmen des Symposiums »Konstruktion und Gestalt. Jörg Schlaich zum 75. Geburtstag«, Universität Stuttgart, 6. November 2009.

46) Leonhardt 1940, S. 413.

47) Leonhardt 1940, S. 413.

48) Berthold Burkhardt, mündliche Aussage gegenüber der Autorin, 15.März 2010.

49) Burkhardt 2005, S. 96 f.

50) Leonhardt 1940, S. 413.

51) Leonhardt 1940, S. 413.

52) Leonhardt 1940, S. 413.

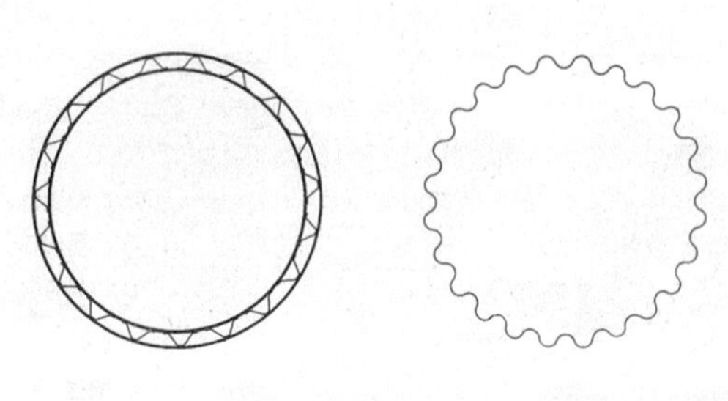

N) Doppelwandiges und Gewelltes Rohr

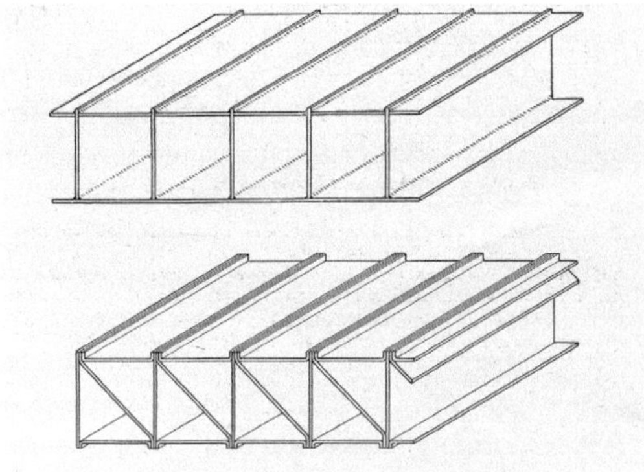

O) Geschweißte Hohlplatten

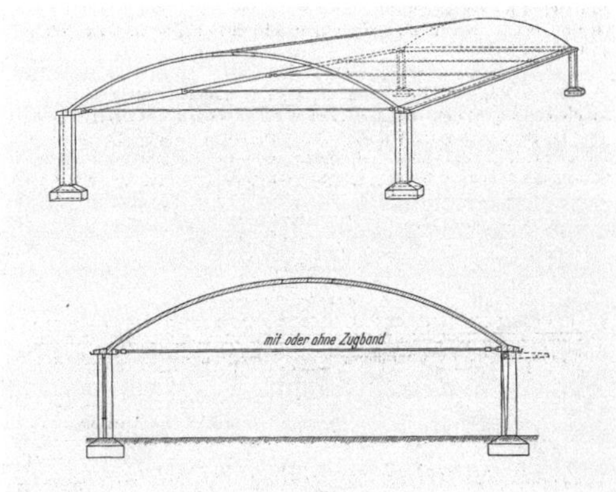

P) Flugzeughalle

Aufsatz »Leichtbau – eine Forderung unserer Zeit«

Fritz Leonhardts Aufsatz »Leichtbau – eine Forderung unserer Zeit. Anregungen für den Hoch- und Brückenbau«, [39] der 1940 in der Zeitschrift »Die Bautechnik« erschien, ist ein Meilenstein des Leichtbaus im 20. Jahrhundert. [M] Auf seine Bedeutung verwies erstmals Eberhard Möller in seinem Beitrag zu Winfried Nerdingers Ausstellungskatalog zum Gesamtwerk Frei Ottos 2005. [40] Er bezeichnete Fritz Leonhardt mit Verweis auf diesen Aufsatz als einen der Pioniere des Leichtbaus und nannte ihn neben Vladimir Suchov, Richard Buckminster Fuller, Konrad Wachsmann und Max Mengeringhausen. [41] Im Rahmen der Ausstellung zum Lebenswerk Fritz Leonhardts 2009 verwies in der Begleitpublikation nicht nur die Autorin, sondern auch Karl-Eugen Kurrer auf die »bahnbrechende Programmatik« dieses Aufsatzes. [42] Auch in seinem Vortrag »Fritz Leonhardts Bedeutung für die konstruktionsorientierte Baustatik« [43] im Rahmen des begleitenden Kolloquiums schilderte Kurrer diesen visionären Leichtbauaspekt. Marco Pogacnik sieht in diesem Aufsatz ebenfalls eine grundlegende Manifestation der »Stuttgart Principals of Lightweight Structures«, [44] was Kurrer nochmals während des Symposiums anlässlich des 75. Geburtstages von Jörg Schlaich betonte. [45]

Die genaue Analyse des elfseitigen Aufsatzes im Hinblick auf das Frühwerk Fritz Leonhardts ergibt erstaunliche Parallelitäten zwischen Leonhardts Forschungs- und Bauprojekten und den »Anregungen für den Hoch- und Brückenbau«. Einige Bezüge offenbaren sich erst mittels Quellenrecherche der im Südwestdeutschen Archiv für Architektur und Ingenieurbau aufbewahrten Dokumente.

Fritz Leonhardt verfasste seinen Beitrag 1940 unter dem unmittelbaren Eindruck des Zweiten Weltkriegs. In der Einleitung definiert er seine Vorschläge als Lösung für den Mangel an Rohstoffen und Arbeitskräften: »Die Arbeitskräfte und Rohstoffe werden weiterhin knapp sein [...]. Die verfügbaren wertvollen Stoffe müssen sparsam und zweckmäßig verwendet werden. Beide Forderungen führen im Bauwesen zu hochwertigen Leichtbauweisen, deren Entwicklung im Brücken- und Hochbau noch in den Anfängen steckt.« [46]

Insbesondere bemängelt Leonhardt den Entwicklungsstau im Stahlleichtbau, den er im Rückstand gegenüber anderen Bautechniken sieht. Ziel soll es sein: »...mit einem Bauteile möglichst viele Anforderungen zu befriedigen und vor allem raumabschließende Flächen gleichzeitig zum Tragen heranzuziehen«. [47] Interessanterweise zieht Leonhardt als Analogie an dieser Stelle einen Strohhalm heran, dessen leichtes Zellenrohr bei geringsten Abmessungen eine hohe Tragfähigkeit gewährleistet. [M]

Frei Otto, der den Aufsatz Fritz Leonhardts damals nicht kannte, verfolgte in den 1960er- und 1970er-Jahren mit großem Erfolg einen ähnlichen Ansatz. [48] Seine Forschungen führten zu den von der DFG geförderten Sonderforschungsbereichen (SFB) 230 »Natürliche Konstruktionen« und 64 »Weitgespannte Flächentragwerke« an der Universität Stuttgart, in deren Rahmen Forscher aus den Bereichen Bauwesen sowie Biologie und Biomechanik zusammenarbeiteten. [49]

Den Flugzeugbau führt Leonhardt als technischen Vorreiter an; neueste Konstruktionen aus biegungs- und verwindungssteifen dünnwandigen Rohren hätten sich beim »Feindflug trotz vieler Treffer« als immer noch tragfähig bewährt. [P] [50] Er wundere sich, dass: »gerade der Eisenbetonbau die Grundsätze des Leichtbaus weitgehend benutzt und sich um die Entwicklung sehr verdient gemacht hat, obwohl er durch sein hohes Eigengewicht für Leichtbauten wenig geeignet ist«. [51] Hier meint Leonhardt höchstwahrscheinlich den Schalenbau, der in den 1920er-Jahren unter der Leitung so bedeutender Ingenieure wie Franz Dischinger einen bemerkenswerten Innovationsschub erfahren hatte. Weitgespannte Stahlbetonschalen mit auf wenige Zentimeter minimierter Schalenstärke erreichten ab Mitte der 1920er-Jahre Spannweiten bis zu 75 m und wurden von Baufirmen wie der Dyckerhoff & Widmann AG erfolgreich auf dem Markt etabliert. Als Vorteile des Stahlleichtbaus nennt Leonhardt das geringe Gewicht, das die Fertigung in der Fabrik sowie den Transport auf die Baustellen erleichtere.

Im zweiten Kapitel »Günstige Bauformen« leitet Leonhardt in Analogie zum abgebildeten Strohhalm leichte Konstruktionsglieder aus dünnwandigen Blechen her, mit dem Ergebnis, dass der »Hohlträger bei geringstem Stoffaufwand am tragfähigsten« [52] ist. Er schlägt Rohre als Druckstäbe vor, deren Beulanfälligkeit durch Wellung oder Doppelwandigkeit mit innen liegender Wellung in den Griff zu bekommen sei. [N] Für Biegebeanspruchungen hält Leonhardt Hohlträger oder Hohlplatten für die materialsparendste Lösung. [O]

53) Voormann/Pfeifer/Trautz 2006, S. 294 ff.

54) Leonhardt 1940, S. 415.

55) Leonhardt 1940, S. 416.

56) Leonhardt 1940, S. 418.

57) Leonhardt 1940, S. 419.

58) Reiss 2011, S. 10–14.

59) Leonhardt 1940, S. 420.

60) Schaechterle/Leonhardt 1936.

61) Leonhardt 1940, S. 420.

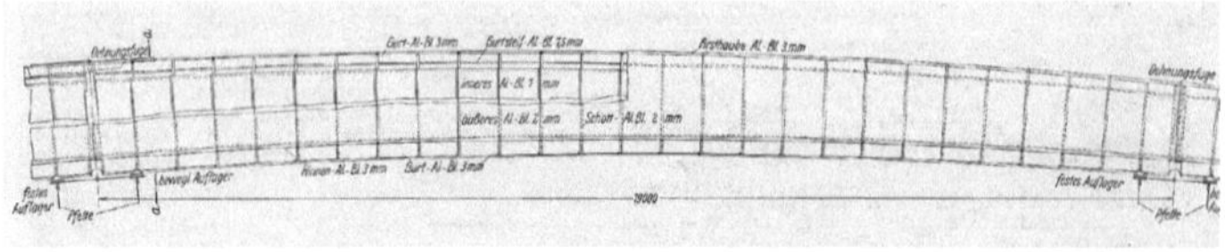

Q) Abdeckung einer großen Halle, möglicherweise des geplanten Neuen Hauptbahnhofs in München

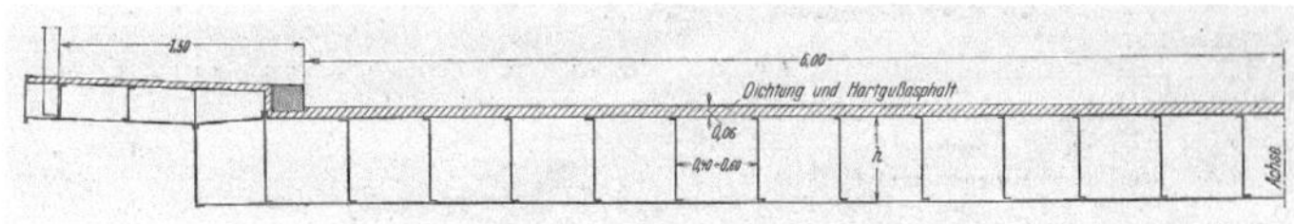

R) Stählerne Hohlplatte

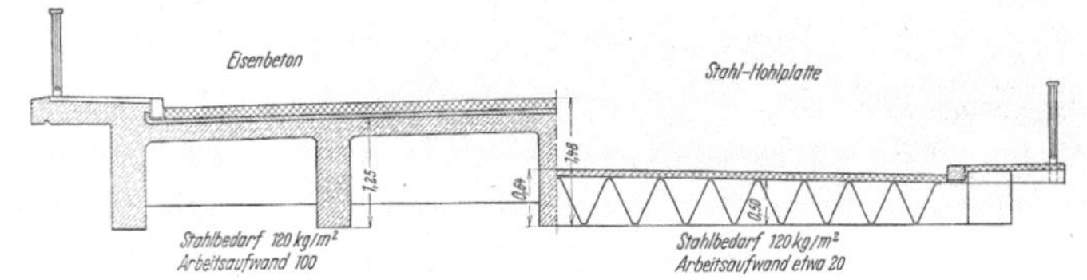

S) Vergleich zwischen einer Eisenbetonbrücke und einer Stahlhohlplatte für eine Straßenbrücke

Einen wichtigen Aspekt beleuchtet Leonhardt im dritten Kapitel »Über die Fertigung«, wo er die Vorzüge des Schweißens gegenüber dem Nietverfahren erläutert. Dieses Thema beschäftigte zu dieser Zeit viele Ingenieure, vor allem im Brückenbau, denn die anfängliche Euphorie zu Beginn der 1930er-Jahre, als die Ingenieure im Schweißen eine durchweg positive Entwicklung sahen, hatte sich nach mehreren spektakulären Schadensfällen im Brückenbau ab 1936 relativiert. [53] So erwähnt auch Leonhardt die problematischen Schrumpfspannungen bei Verbindungsnähten. »Die gründliche wissenschaftliche Forschung (hat mittlerweile) auf dem Gebiet des Schweißens zuverlässige Verfahren entwickelt und die Grenzen der Anwendung aufgezeigt.« [54] Er empfiehlt Punktschweißung bei dünnen Blechen. Für größere Hohlkörper schlägt er unterschiedliche Herstellungsverfahren mit Stumpf- und Kehlnähten vor. Auch die neuesten Entwicklungen im Nietverfahren an Hohlkörpern finden Erwähnung. Als weiteres Verbindungsmittel schlägt Leonhardt Falzverbindungen vor, die seiner Ansicht nach bisher »noch keinen Eingang im Ingenieurbau gefunden haben«. [55]

Ein eigenes Kapitel ist den »Korrosionsfragen« gewidmet, die bei nicht zugänglichen Hohlkörpern zu dieser Zeit immer besonders kritisch bewertet wurden. Leonhardt sieht bei nicht witterungsausgesetzten Teilen keine Schwierigkeiten, auch wenn die absolute Dichtigkeit vor allem bei Nietverbindungen nicht gewährleistet, durch das Auftragen von Farben, Kunstharzen oder Bitumen jedoch verbessert werden könne. Versuchstechnische Ergebnisse seien wegen der langen Zeiträume nur schwer zu gewinnen.

Unter dem Begriff »Baustoffe« werden die Materialien Stahl sowie Aluminium und Kupfer in verschiedenen Legierungen vorgestellt. Sogar Kunststoffe wie »Kunstharze und Polyvinylchloride« erwähnt Leonhardt in Vorwegnahme der Entwicklungen der 1960er- und 1970er-Jahre.

Bei den vorgeschlagenen Anwendungen differenziert Leonhardt zwischen a) Hochbau, b) Brückenbau und c) Gerüst- und Mastenbau. Für den Hochbau hält er vor allem Hohlplatten für geeignet, die er als Dachhaut vorschlägt: mit einem Eigengewicht von nur 24 bis 30 kg/m^2 sei diese Leichtkonstruktion gegenüber einer herkömmlichen Dacheindeckung mit 120 bis 200 kg/m^2 deutlich materialsparender. Dieses präzise Vorrechnen ist typisch für Fritz Leonhardts technische Argumentation und wurde von ihm vielfach angewendet, beispielsweise bei seinem Projektvorschlag zur Elbehochbrücke. Als Argument wird in diesem Aufsatz zusätzlich die »Verschönerung der Raumwirkung« [56] durch die glatte Innenfläche angeführt. Leonhardt stellt den Vorteil der leichten Montage mit einfachen Hebewerkzeugen heraus und gibt in Zeichnungen technische Details zur Ausbildung verschiedener Querstöße der Dachplatten. Er erwähnt die Abdeckung einer großen Halle, für die er bis zu 20 m weit gespannte Faltbleche aus Aluminium vorgeschlagen habe [Q] (siehe Kapitel »Der Kuppelkonstruktionsentwurf für den Neuen Hauptbahnhof München« [J] [K]). Höchstwahrscheinlich handelt es sich bei dem hier angesprochenen Projekt um die Kuppelkonstruktion für den Neuen Hauptbahnhof in München, an dem Leonhardt seit Ende des Jahres 1939 maßgeblich beteiligt war. Dafür spricht die Spannweite des hier genannten Vorschlags, [P] [57] die mit 200 bis 300 m angegeben ist und somit in der Größenordnung des Münchner Kuppelprojekts, das über 245 m weit spannen sollte, liegt. [58] Dass das Projekt nicht explizit benannt wird, liegt daran, dass viele der nationalsozialistischen Großplanungen der Geheimhaltung unterlagen, insbesondere während des Krieges. Außerdem war seit Ausbruch des Krieges in technischen Aufsätzen die Nennung der abgebildeten oder beschriebenen Brücken und Hochbauten nicht mehr gestattet, wohl um keine strategischen Informationen preiszugeben.

Als weitere Anwendungen schlägt Leonhardt tonnenförmige Hohlplatten für Flugzeughallen und fabrikfertige Schalenträger für Industriehallen vor, die mit lösbaren Steckverbindungen »jederzeit ab- und an anderer Stelle wieder aufgebaut werden – ein nicht unbeachtlicher Vorteil für Industrieverlagerungen«. [59]

Im Brückenbau solle ein geringer Stahlverbrauch durch leichte Fahrbahntafeln angestrebt werden. Hier bildet Leonhardt seine eigene Entwicklung der Stahlzellendecke als Brückenfahrbahn (100 kg/m^2) ab [J] sowie leichte Fahrbahntafeln aus Buckelblechen mit dem Verweis auf seine mit Karl Schaechterle verfassten Publikationen zu »Leichten Fahrbahndecken auf stählernen Straßenbrücken«. [60] Als Weiterentwicklung denkt er daran, »die Platte auch unten mit einem Blech zu schließen und damit die zu unterhaltenden Flächen auf ein Mindestmaß zu reduzieren.« [61] Diese spezielle Art leichter Fahrbahntafel bezeichnet er als Stahlhohlplatte. [R] [S]Leonhardt kündigt in diesem Zusammen-

62] 3 Akten im Universitätsarchiv Stuttgart, 33/1/744–746.

63] Leonhardt 1940, S. 413.

64] Leonhardt 1940, S. 420.

65] Leonhardt 1940, S. 421.

66] Leonhardt 1940, S. 421.

T] Baugerüst an einem Hochhaus in New York, Fritz Leonhardt 1932/33

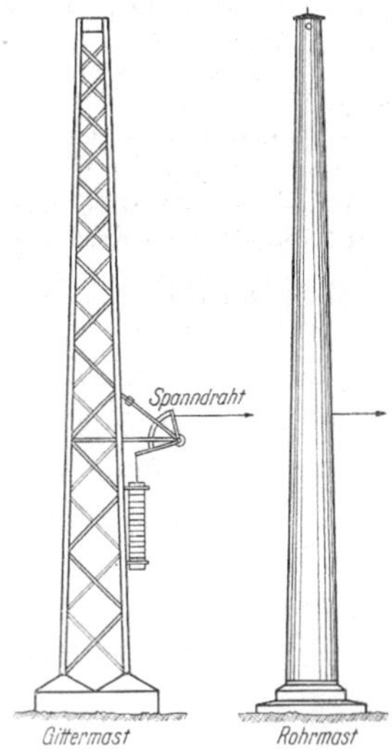

U] Rohrmast im Vergleich mit einem Gittermast

hang Versuchsergebnisse an, die von der Direktion der Reichsautobahnen in Auftrag gegeben worden seien. Dabei handelt es sich vermutlich um die an der MPA 1941–1943 durchgeführten Versuchsreihen, die von Karl Schaechterle beauftragt worden waren. [62]

Modellstatik ist in diesem Zusammenhang von besonderer Bedeutung: »Man ist von statisch bestimmten Tragwerken zu hochgradig statisch unbestimmten Gebilden, wie sie bereits die alten Baumeister angewendet haben, zurückgekehrt. Die Kräfte und Beanspruchungen können in solchen Gebilden trotz des hohen Standes unserer Wissenschaften rechnerisch nicht vollständig erfasst werden. Die Berechnung muss durch Versuche ergänzt und unterstützt werden.« [63]

Die Problematik der rechnerischen Erfassung von Leichtkonstruktionen war ein wichtiges Thema für die Weiterentwicklung der Baustatik im 20. Jahrhundert. Erst Ende der 1960er-Jahre bekamen die Ingenieure mit dem Aufkommen der ersten Computer eine Methode, Konstruktionen mit Flächentragwirkung ohne die Zuhilfenahme der Modellstatik zu dimensionieren.

Gegen Bedenken, die leichten Brückenkonstruktionen könnten zu Schwingungen neigen, führt Leonhardt Erfahrungen mit einer Brücke in Leichtbauweise bei Kirchheim u. T. aus dem Jahr 1936 an (siehe Kapitel »Die Autobahnüberführung Jungingen« [J]). [64] Dabei handelt es sich um eine der frühen leichten Brückenkonstruktionen, die im Zuständigkeitsbereich der OBR Stuttgart entstanden ist.

Die unter c) Gerüst- und Mastenbau angeführten Beispiele sind in mehrfacher Hinsicht bemerkenswert: Leonhardt greift hier nochmals die Vorteile des Rohrquerschnitts auf und empfiehlt diesen für Gerüstbauten, wie er sie in den USA gesehen und auch in zahlreichen Fotos dokumentiert hatte. [T]

Neben dem Gerüstbau, für den er zahlreiche Varianten an Stößen beschreibt, hält Leonhardt Rohre auch für den Mastenbau geeignet und im Aussehen den stählernen Gittermasten überlegen, wie er durch Abb. 50 illustriert. [U] [65] Diese Argumentation sollte er 12 Jahre später mit seinen Vorschlägen zum Bau des Stuttgarter Fernsehturms als Stahlbetonröhre anstelle eines Gittermasts wieder aufgreifen. 1941 schreibt er: »Die besseren Formen der Rohrmasten werden jedem Ingenieur, der sich Sinn und Gefühl für die deutsche Landschaft erhalten hat, willkommen sein und weiterhin helfen, die technischen Eingriffe des Menschen im Landschaftsbild erträglicher zu gestalten. Mögen diese Anregungen dem Fortschritt und der Leistungssteigerung im Stahlbau für die großen Aufgaben der deutschen Zukunft dienen!« [66]

Zusammenfassend ist festzuhalten, dass die Vorschläge, die Fritz Leonhardt in seinem Aufsatz anführt, nachweisbar nicht ausschließlich theoretisch sind. Fast alle Anregungen lassen sich in Verbindung setzen mit ganz konkreten Bau- und Forschungsprojekten des jungen Ingenieurs. Diese Koinzidenz ist für Fritz Leonhardt typisch. Als Baupraktiker war es ihm stets ein Anliegen, seine Ideen der Fachöffentlichkeit möglichst zeitnah, oft noch während des Baus, publik zu machen. Da ihm im Rahmen der nationalsozialistischen Neuplanungen diese Möglichkeit aus Gründen der Geheimhaltung nicht gegeben war, ist es nachvollziehbar, dass Leonhardt die Form einer eher theoretischen Abhandlung nutzte, um darin seine konkreten Ideen zu transportieren. Dass er zudem Innovationen veröffentlichte, wie die zweischalige Dachhaut für eine weit gespannte Kuppel, die Stahlhohlplatten und die Rohrmasten, die über das bisher Gebaute hinausgingen, macht den visionären Charakter der Publikation aus. In diesem Sinne kann man durchaus davon sprechen, dass Fritz Leonhardt 1940 die Prinzipien der »Stuttgarter Schule des Leichtbaus« vorweggenommen habe.

1) Ditchen 2009, S. 190 ff.

2) Siehe dazu Schriftenverzeichnis Fritz Leonhardt im Anhang. Im Besonderen: Schaechterle/Leonhardt 1936, S. 245–248. Schaechterle/Leonhardt 1938, S. 306–324.

3) Ditchen 2009, S. 201 f.

4) Leonhardt 1984, S. 54.

5) Schaechterle 1934, S. 479–483.

A) Autobahnüberführung bei Jungingen 1934

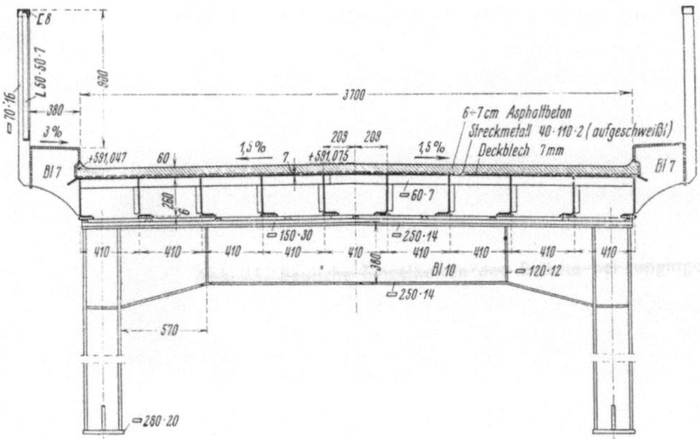

B) Autobahnüberführung bei Jungingen, Schnitt durch die Fahrbahntafel

FRÜHE LEICHTKONSTRUKTIONEN

Fritz Leonhardts schriftliche Beiträge zum Leichtbau aus den 1930er- und 1940er-Jahren sind in engem Zusammenhang zu sehen mit seiner Tätigkeit als bauender Ingenieur. Sein gesamtes Schaffen ist immer vom engen Ineinandergreifen von Theorie, Forschung und Baupraxis geprägt. Dieses Charakteristikum lässt sich bereits für sein Frühwerk nachweisen. An Fritz Leonhardts Bauten und Projekten aus dieser Zeit zeigt sich, wie seine theoretischen Überlegungen zum Leichtbau sein Entwerfen und Konstruieren beeinflusst haben.

Die Autobahnüberführung Jungingen

Besonders bedeutend im Zusammenhang mit dem Thema Leichtbau ist eine Brücke mit Leichtfahrbahntafel über die Reichsautobahn zwischen Stuttgart und Ulm, an der Fritz Leonhardt maßgeblich beteiligt war. Für diesen Abschnitt der Reichsautobahn (heute A 8), deren Streckenabschnitt 66,3 km lang war und von 1934 bis 1938 gebaut wurde, war die OBR Stuttgart zuständig. Innerhalb der Abteilung leitete der Ingenieur Karl Schaechterle die Planung der Brücken. [1] Schaechterle war von der Reichsbahn zur Reichsautobahn versetzt worden, wobei er einen Teil seiner Mitarbeiter von der Reichsbahn mitnahm. Zusätzlich stellte er junge Ingenieure wie Fritz Leonhardt ein, die innerhalb der OBR für die Brückenentwürfe zuständig waren. Da ab 1933 mit großem finanziellen und personellen Einsatz am Bau der Autobahnen gearbeitet wurde, mussten in kurzer Zeit zahlreiche Brückenentwürfe für diesen neuen Straßentyp entwickelt werden. Dabei spielte Karl Schaechterle mit seinen Mitarbeitern eine wesentliche Rolle. Gestaltung und Systematik der unterschiedlichen Unterführungs- und Kreuzungsbauwerke wurden bearbeitet und in den folgenden Jahren in den Zeitschriften »Die Strasse«, »Die Bautechnik« und »Der Bauingenieur« publiziert. [2] Das Interesse der Ingenieure galt auch Gestaltungsfragen, wie das Buch »Die Gestaltung der Brücken« von Karl Schaechterle und Fritz Leonhardt belegt, aber in erster Linie der Analyse unterschiedlicher Konstruktionen und Baumaterialien.

Ein Thema, für das die Stuttgarter Ingenieure sich innerhalb der Reichsautobahn einen Namen machen konnten, waren leichte Fahrbahndecken. So hielt Karl Schaechterle zu eben diesem Thema im November 1934 in Weimar einen Vortrag auf einer Tagung zu Grundsatzfragen des Autobahnbaus, an der die meisten Leiter der OBR, die Brückendezernenten sowie der Generalinspektor für das deutsche Straßenwesen Fritz Todt teilnahmen. [3]

Fritz Leonhardt war in seinem ersten Jahr bei der OBR Stuttgart mit der Planung und Realisierung dieser leichten Brückenkonstruktionen beschäftigt. In seiner Autobiografie gibt er rückblickend an, dass die bis zu diesem Zeitpunkt von der Reichsautobahn ausgeführten Brücken »in meinen Augen zu plump aussahen«, mit Verweis auf die Blaubeurer Torbrücke, deren Überbau mit 1400 kg/m^2 deutlich über dem Gewicht der von Leonhardt geplanten Leichtfahrbahntafel mit 250 kg/m^2 liegt. [4] Inwieweit die von Leonhardt beschriebene anfängliche Skepsis Karl Schaechterles gegenüber den Planungen seines jungen Mitarbeiters tatsächlich existierte oder eher Leonhardts Geltungsbedürfnis geschuldet ist, kann anhand der Quellenlage nicht überprüft werden. Nachweisbar wurden im Auftrag von Schaechterle an der MPA zahlreiche Versuche zu leichten Fahrbahndecken durchgeführt und zudem hatte Schaechterle bereits 1934 in der Zeitschrift »Die Bautechnik« einen Aufsatz mit dem Titel »Neue Fahrbahnkonstruktionen für stählerne Straßenbrücken« [5] veröffentlicht, die ähnliche Leichtkonstruktionen wie die von Leonhardt konstruierte leichte Fahrbahntafel vorwegnahmen.

Die erste Brücke, die Fritz Leonhardt ausführen konnte, entstand 1934 in der Nähe von Jungingen, westlich von Ulm. [A] Sie war ein sogenanntes Überführungsbauwerk, das den Verkehr einer Landstraße kreuzungsfrei über die Reichsautobahn führte. Da es sich an dieser Stelle hauptsächlich um landwirtschaftlichen Verkehr handelte, konnte der junge Ingenieur wegen der nur geringen Nutzlasten eine materialminimierte Überführung realisieren.

Leonhardt legte auf drei eingespannten, biegesteifen Stahlrahmen aus I-Profilen eine stählerne Leichtfahrbahntafel von nicht mehr als 40 cm Bauhöhe auf, die zwischen den Geländern 4,38 m breit war. [B] Die Fahrbahntafel bestand aus im Abstand von 40 cm längs laufenden L-Profilen (300 mm × 7 mm), die in geringen Abständen mit quer gelagerten Profilen biegesteif verschweißt wurden, sodass ein Trägerrost entstand, der zur Wartung nach unten hin offen war. Auf diese Fahrbahn-

C) D) Autobahnüberführung bei Jungingen, Modellfotos

E) Schrägwinklige Autobahnüberführung bei Wendlingen 1934

F) G) Autobahnüberführung bei Jungingen,
Fotos Fritz Leonhardt 1986

6) Leonhardt 1984, S. 55.

7) Die genauen Baudaten der Brücken siehe Werkauswahl, in: Kleinmanns/Weber 2009, S. 201–213.

8) Otto Niessler an Fritz Leonhardt, 2. Dezember 1934 (saai Karlsruhe).

9) Schaechterle 1934, S. 482, Abb. 21 und 21a.

10) Leonhardt 1940, S. 420.

11) Leonhardt 1984, S. 55.

12) Kurrer/Pelke/Stiglat 2009, S. 795.

13) Voormann/Pfeifer/Trautz 2006, S. 295 f.

14) Leonhardt 1939.

15) Kurrer/Pelke/Stiglat 2009, S. 799.

16) Fiedler 2009, S. 562–576.

17) Kurrer/Pelke/Stiglat 2009, S. 799.

H) Von Karl Schaechterle 1934 in der Zeitschrift »Die Bautechnik« publizierte amerikanische Fahrbahnkonstruktion

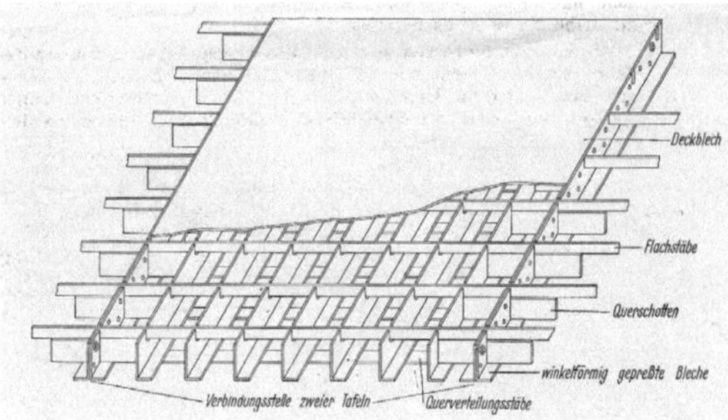

I) Stahlzellendecke als Brückenfahrbahn, Vorschlag Fritz Leonhardts

tafel wurde ein nur 6 bis 7 cm starker Asphaltbelag aufgetragen und durch Streckmetall-Z-Profile mit dem Deckblech des Fahrbahnträgers verbunden. An einer 38 cm vorstehenden Auskragung wurde ein schlichtes Geländer aus L-Profilen montiert, zwischen denen ein transparentes Maschengitter gespannt war.

Wie Modellfotos im saai Karlsruhe belegen, war die Wirkung der leichten Brücke zwischen den beiden im 45-Grad-Winkel ansteigenden Böschungen im Modell überprüft worden. [C] [D] Die ausgeprägte Schlankheit der Konstruktion, die Leonhardt mit

$l : h = 42$

angibt, und im Besonderen die schlanken Rahmenstiele brachten der Brücke den schwäbischen Rufnamen *Zündhölzlesbrückle* ein. [6]

Einen ähnlichen Brückentyp mit stählerner Leichtfahrbahntafel konnte Leonhardt, ebenfalls als Überführungsbauwerk, bei Wendlingen realisieren. [E] Beide Konstruktionen mussten abgebrochen werden, als die A 8 teilweise dreispurig ausgebaut wurde. Leonhardt dokumentierte die Überführung bei Jungingen noch kurz vor dem Abriss in den 1980er-Jahren. [F] [G] [7]

Die Frage der Gewichtsreduzierung von Fahrbahntafeln bei Stahlbrücken bewegte damals Brückenbauer nicht nur in Deutschland, sondern auch in den USA, die im Straßenbau in der ersten Hälfte des 20. Jahrhunderts die führende Rolle einnahmen. In einem Brief an seinen Onkel Otto Nissler in den USA erkundigte Fritz Leonhardt sich nach den dortigen Entwicklungen und bekam von diesem Zeichnungen mit den in den USA üblichen Konstruktionsweisen. [8] Auch Karl Schaechterle hatte 1934 in dem bereits erwähnten Aufsatz Konstruktionen vorgeschlagen, die kreuzweise verstärkte Platten zeigen, bei denen parallel mit den Stegen nach oben gelagerte T-Träger mit orthogonal laufenden Flacheisen ausgesteift sind. In diese Konstruktion sollte ein 50 mm dicker Asphaltteppich eingebracht werden. [H] [9] Diese Fahrbahnausführung ist als Vorbild für die von Leonhardt entwickelten leichten Fahrbahntafeln zu identifizieren.

Im Aufsatz »Leichtbau – eine Forderung unserer Zeit« wird die in Jungingen gebaute Fahrbahnkonstruktion in einer Axonometrie vorgestellt. [I] [10] Leonhardt berichtet hier von den Problemen des Schweißens auf der Baustelle. Die Schwierigkeiten traten an einer Autobahnbrücke über die Bahngleise in der Nähe von Kirchheim unter Teck im Zusammenhang mit Schweißungen vor Ort auf. [11] Die Brücke war 1936 von der Firma MAN nach einem 1934 angemeldeten Patent der MAN AG errichtet worden. [12] Leonhardt berichtet, dass die im Werk gefertigten Bauteile vor Ort mit Hand zusammengeschweißt wurden, da die Brücke bei Kirchheim breiter werden sollte als die kleine Überführung bei Jungingen. [J] Spannungen konnten bei fabrikmäßiger Fertigung durch nochmaliges Erwärmen weitgehend ausgeschaltet werden. Auf der Baustelle verformten sich die einzelnen Plattenteile jedoch durch die Schweißwärme unkontrolliert, was die Montage sehr erschwerte und letztlich die Verbreitung der Leichtkonstruktionen verhinderte. Erst die Weiterentwicklung des maschinellen Schweißens in den 1950er-Jahren ermöglichte die Wiederaufnahme dieser Ideen nach dem Krieg. [13]

Da sich die Brückenbauer der OBR Stuttgart unter Karl Schaechterle innerhalb der Reichsautobahn profiliert hatten, wurde Karl Schaechterle als erfahrener Brückenbauer 1935 nach Berlin in die Direktion der Reichsautobahn berufen. In den folgenden Jahren beschäftigte sich Fritz Leonhardt, der als Assistent mit Schaechterle nach Berlin gewechselt war, vornehmlich mit der künstlerischen Gestaltung sowie der Systematisierung und Normierung von Brückenbauwerken. Das Thema der leichten Fahrbahntafeln begleitete ihn jedoch weiter; 1937 schrieb er – wie bereits erwähnt – seine Dissertation unter dem Titel »Die vereinfachte Berechnung zweiseitig gelagerter Trägerroste«. [14]

Im Laufe der 1940er-Jahre erschienen zahlreiche Aufsätze zur Analyse von Trägerrosten in den Zeitschriften »Die Bautechnik« und »Der Stahlbau«. 1942 veröffentlichte »Der Stahlbau« die Diskussion zwischen Fritz Leonhardt und Friedrich Geiger zu diesem Thema. [15] In seinem Überblick »Die Entwicklung der orthotropen Fahrbahnplatte in Deutschland« [16] legt Erich Fiedler dar, dass »bei der Berechnung dieses Konstruktionselementes die Kontinuumstatik gewählt und zwangsläufig die bisher üblichen Methoden der Stabstatik verlassen werden mussten«. Als Weiterentwicklung der von Leonhardt in seiner erweiterten Dissertation publizierten Hilfstafeln veröffentlichte Hellmut Homberg 1944 in »Der Stahlbau« »Tabellen für Querverteilungszahlen von Trägerrosten mit 9 und 10 Hauptträgern«, [17] aus der er nach eigener Angabe Ende 1944 seine allgemeine Trägerrosttheorie entwickelte. Diese sand-

18) Leonhardt/Andrä 1949.

19) Kurrer/Pelke/Stiglat 2009, S. 651 und 802.

J) Vermutlich Autobahnunterführung bei Kirchheim u. Teck, von Leonhardt fälschlicherweise beschriftet »Wegüberführung Jungingen bei Ulm. Stahlzellenbauweise«, handschriftlich später »1935. Entwurf Leo[nhardt] + Schae[chterle]« hinzugefügt

te er Fritz Leonhardt 1945 zu, »mit dem Ziel, sie in die Materialsammlung für eine gemeinsame Monografie einzufügen.«

Als Leonhardt 1949 zusammen mit Wolfhart Andrä das Buch »Die Trägerrostberechnung« [18] ohne einen Hinweis auf Hellmut Hombergs Theorie veröffentlichte, da Homberg zu diesem Zeitpunkt sein Buch noch nicht publiziert hatte, entwickelte sich ein jahrelanger Rechtsstreit zwischen Fritz Leonhardt und Hellmut Homberg. Homberg beschuldigte Leonhardt und Andrä des Plagiats, verlor aber die gerichtliche Auseinandersetzung. Das Verhältnis zwischen Leonhardt und Homberg war dadurch nachhaltig gestört, die beiden blieben ihr Leben lang verfeindet. [19]

1) Schriftwechsel zwischen Fritz Leonhardt und den MAN-Werken Gustavsburg (Direktor Eberhard), 2. bis 28. Dezember 1937 (saai Karlsruhe)

2) Ditchen 2009, S. 211.

3) Zellner 2001, S. 299.

4) Kabierske 2009, S. 168.

5) Leonhardt 1984, S. 74.

6) Firma August Klönne, Dortmund (Mitarbeiter: Prof. Paul Bonatz, Stuttgart, und Siemens Bauunion, Berlin), Erläuterungsbericht vom Oktober 1937, Band 1/10. (Landesbetrieb Straßenbau NRW, Archiv Außenstelle Köln. Hauptabschnitt II, Unterabschnitt 1), S. 99.

7) Leonhardt 1939.1, S. 26.

8) Leonhardt 1938, S. 70–75.

9) Weber/Voormann 2009, S. 36.

10) Leonhardt 1984, S. 74.

11) Weber/Voormann 2009, S. 36.

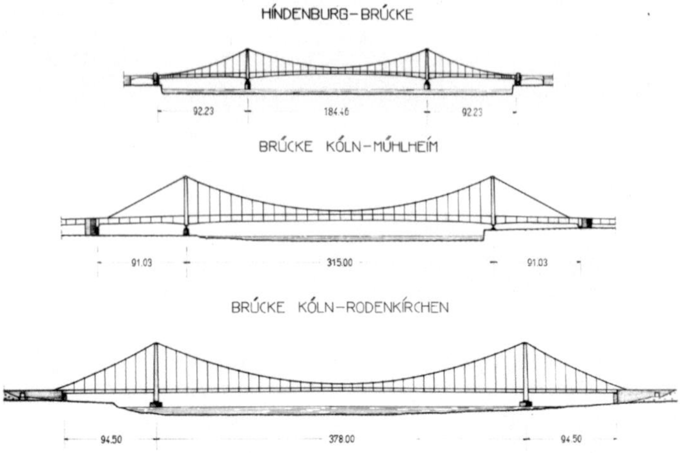

A) Vergleich der Kölner Hängebrücken. Die beiden ersten sind in sich selbst verankerte Hängebrücken, die Rheinbrücke bei Köln-Rodenkirchen unten ist eine echte Hängebrücke

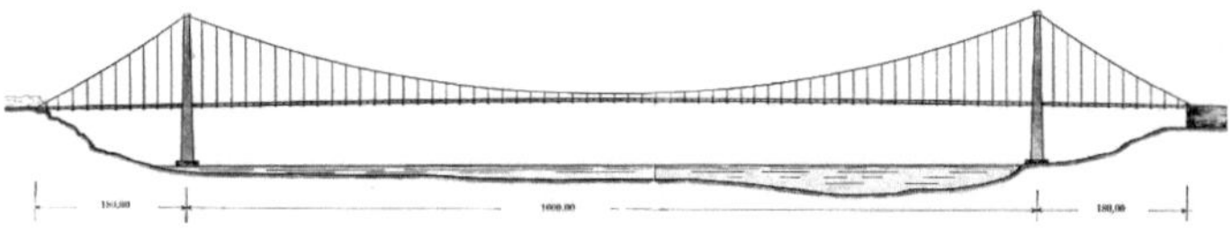

B) Vorschlag für eine echte Hängebrücke

C) Autobahnbrücke über den Rhein bei Köln-Rodenkirchen 1938–1941

1938, nach drei Jahren in der Direktion der Reichsautobahnen in Berlin, strebte Fritz Leonhardt nach eigenständigen Aufgaben und verhandelte mit den MAN-Werken in Gustavsburg, um in die Privatwirtschaft zu wechseln. [1] 1938 wurde ihm – wohl um ihn zu halten – innerhalb der Reichsautobahn ein eigenes Projekt angeboten. Fritz Todt übertrug dem gerade 29-jährigen Leonhardt die Projekt- und Bauleitung der Rheinbrücke bei Köln-Rodenkirchen und stattete ihn mit den Befugnissen eines Dezernenten aus. Damit war Leonhardt als Vorstand der für diese Brücke eingerichteten Bauabteilung »Köln 3 (Rheinbrücke)« für die weiteren Planungen und die Ausführung der ersten großen Hängebrücke der Reichsautobahn zur Überbrückung des Rheins südlich von Köln verantwortlich. [2]

In sein Team holte Leonhardt den Thüringer Wolfhart Andrä, wie Leonhardt Absolvent der Stuttgarter Hochschule. Andrä übernahm die Prüfung der statischen Berechnungen. Auch Willi Baur und Helmut Mangold, ebenfalls Stuttgarter Bauingenieure, folgten Leonhardt nach Köln. Die beiden sollten später als Mitarbeiter den Erfolg des Büros Leonhardt und Andrä (L+A) mitbegründen. [3] Außerdem waren die Ingenieure Louis Wintergerst und Hermann Maier beteiligt, die Leonhardt ebenfalls aus seinem Studium in Stuttgart kannte.

Vorarbeiten

Fritz Leonhardt interessierte sich bereits während seiner Tätigkeit im Reichsverkehrsministerium für die Hängebrücke der Reichsautobahn südlich von Köln. Schon 1936 äußerte er in privaten Briefen seine Ansichten über die für Köln-Rodenkirchen geplante Hängebrücke. [4]

Die Stahlbaufirma August Klönne, Dortmund, war zu diesem Zeitpunkt bereits mit dem Projekt befasst. Sie verfolgte einen Entwurf, der eine in sich selbst verankerte Hängebrücke vorsah, deren Hauptträger 6 m hoch gewesen wären. [5] Dieser Vorschlag, der unter der künstlerischen Leitung von Paul Bonatz erarbeitet worden war, sah Pendelpylone vor. Der Hauptträger war an den Pylonen mit Vouten verstärkt, was im Erläuterungsbericht so begründet wird: »Das breite Band des Versteifungsträgers und die besondere Betonung seiner Auflagerstellen an den Pylonen durch die voutenartig heruntergezogenen Untergurte verleihen der Bedeutung der Brücke sichtbaren Ausdruck und lassen sie der Aufgabe gewachsen erscheinen, einen so wichtigen Verkehrsweg wie die Reichsautobahn über den Rheinstrom zu führen.« [6] Das widersprach Leonhardts Vorstellungen von Brückenästhetik: »Bei Hängebrücken muß das Tragende und Stützende kräftig und stark, das Hängende schwebend leicht bemessen werden. Je deutlicher dieser Gegensatz in abgewogenen Verhältnissen herausgearbeitet wird, umso schöner und kühner wird die Hängebrücke.« [7]

Eine echte Hängebrücke

Die Planungen der Firma August Klönne mit Paul Bonatz für eine in sich selbst verankerte Hängebrücke wurden nach Leonhardts Berufung modifiziert. Die Autobahnbrücke wurde als echte Hängebrücke konstruiert, d. h., die Seilkräfte wurden direkt in den Widerlagern im sandigen Rheinufer rückverankert. [8] [C] Bei einer in sich selbst verankerten Hängebrücke – wie der Köln-Mülheimer Brücke oder der Köln-Deutzer Brücke – werden die Horizontalkräfte aus den Seilen über die als Druckbalken ausgebildete Fahrbahntafel abgetragen, was deren massivere Dimensionierung bedingt. [A]

Es gibt keine Quellen, die die Entwurfsänderung dokumentieren, nach der schließlich ein durchlaufender flacher Versteifungsträger befürwortet wurde. [9] Fritz Leonhardt nimmt in seiner Autobiografie diese Entwicklung als seinen Verdienst in Anspruch. [10] Für seine Autorenschaft sprechen seine Hängebrückenentwürfe in dem 1937 mit Karl Schaechterle veröffentlichten Buch »Die Gestaltung der Brücken«, das durchweg echte Hängebrücken mit durchlaufenden, nicht gevouteten Fahrbahntafeln als empfehlenswerte Gestaltungsbeispiele anführt. [B] Auch hatte Karl Schaechterle, der in Köln-Rodenkirchen als Berater tätig war, schon 1928 in einem Aufsatz zur Gestaltung eiserner Brücken geschrieben: »Man bevorzugt heute im Eisenbrückenbau straffe, gedrungene Trägerformen mit möglichst geradliniger Führung der Gurte.« Friedmar Voormann konstatiert, dass stählerne Vollwandträgerbrücken ab Mitte der 1930er-Jahre mehrfach mit durchlaufenden geradlinigen Trägern ohne Vouten ausgeführt wurden und führt als prominentes Beispiel die 1937 fertiggestellte Elbebrücke bei Dessau an. [11]

12) Firma August Klönne, Dortmund (Mitarbeiter: Prof. Paul Bonatz, Stuttgart, und Siemens Bauunion, Berlin), Erläuterungsbericht vom Oktober 1937, Band 1/10, S. 99 (Landesbetrieb Straßenbau NRW, Archiv Außenstelle Köln. Hauptabschnitt II, Unterabschnitt 1).

13) Leonhardt 1939.1, S. 24.

14) Leonhardt 1984, S. 75.

15) Schaechterle/Leonhardt 1941.

16) Leonhardt 1940.2.

17) Bonatz 1938, S. 76.

18) Leonhardt 1939.1, S. 27.

19) Denkschrift 1954, S. 20.

20) Leonhardt 1939.1, S. 27.

D) Rheinbrücke der Reichsautobahn bei Köln-Rodenkirchen 1938–1941, Aufnahme des bauzeitlichen Modells

E) O. H. Ammann, George Washington Bridge New York, abgebildet in dem dreiteiligen Aufsatz zu Hängebrücken von Schaechterle und Leonhardt

Noch in einem Erläuterungsbericht der Firma August Klönne vom Oktober 1937 war diese Variante abgewertet worden, sie habe »nicht den Charakter eines großen Ingenieurbauwerkes, sondern eines, wenn auch kühnen, Steges«. [12]

Die mittlere Spannweite des ausgeführten Brückenentwurfs betrug 378 m, die symmetrischen Randfelder spannten über je 94,5 Meter. [A] Das Öffnungsverhältnis Hauptspannweite zu Randpannweite ist somit 4:1, laut Leonhardt »eine straff zurückhaltende Form, durch die kurzen Seitenöffnungen wurde die große Weite über den Strom noch gesteigert«. [13] Bei der Versteifungsträgerhöhe von nur 3,3 m ergibt sich eine Schlankheit der Brücke von l : h = 115. Der Schlankheitswert – für Leonhardt ein Qualitätsmerkmal – der älteren Kölner Bücken Köln-Deutz und Köln-Mühlheim lag bei 42. [A] [14]

Fritz Leonhardt konnte in Rodenkirchen sein in den USA gewonnenes Wissen über echte Hängebrücken einbringen. [E] Seine Erfahrungen flossen ein in den historischen Teil der dreiteiligen Aufsatzfolge zu Hängebrücken, in dem Fritz Leonhardt und Karl Schaechterle die Entwicklung der Hängebrücken von den ersten primitiven Konstruktionen bis zu den Hängebrücken des 19. Jahrhunderts nachvollziehen. Die Aufsätze publizierten sie in der Zeitschrift »Die Bautechnik« 1941. [15]

Interessiert verfolgte Leonhardt die Diskussion der Fachpresse nach dem Einsturz der Hängebrücke über die Meerenge bei Tacoma am 7. November 1940. Die mit 855 m mittlerer Spannweite mehr als doppelt so weit wie in Köln-Rodenkirchen gespannte Hängebrücke war bei Sturm infolge starker Torsionsbewegungen kurz nach der Eröffnung eingestürzt. Unter anderem wurde die extreme Schlankheit der Fahrbahntafel als Einsturzgrund diskutiert. Das hätte unter Umständen auch die Rheinbrücke Köln-Rodenkirchen betreffen können. Daher mischte Fritz Leonhardt sich mit einem Aufsatz in die Diskussion ein und wies nach, dass »die niedrige Bauhöhe der Versteifungsträger entgegen mancherorts geäußerter Ansichten keine Schuld an den Erscheinungen hatte«, [16] vielmehr das Verhältnis von Eigengewicht zur Breite der Fahrbahn ausschlaggebend sei.

Die beiden rund 60 m hohen Pylone der Köln-Rodenkirchener Hängebrücke waren nicht wie bei der Mülheimer oder der Deutzer Rheinbrücke gelenkig gelagert, sondern eingespannt. [F] [H] Die ästhetische Argumentation führte Paul Bonatz: »Es ist wohl kein Zweifel darüber, dass Entwurf 2 (Eingespannte Pylone, ebenfalls eine reine Hängebrücke, keine Vouten), der eingespannte Pylon mit dem geradlinig durchlaufenden Haupttträger, die rassigere, modernere Ingenieurform darstellt.« [17]

Der Ingenieur Fritz Leonhardt wies nach, dass diese Konstruktionsweise auch technisch umsetzbar war: »Die rechnerischen Untersuchungen der eingespannten Pylone haben übrigens ergeben, dass die Pylonenköpfe dank der elastischen Verformungen so nachgiebig sind, daß für das Verhalten der Tragkabel fast kein Unterschied gegenüber Pendelpylonen besteht, was durch Messungen an einem Modell für statische Untersuchungen bestätigt wurde. Der Wegfall des Gelenkes hat also die Berechnung der Brücke nicht erschwert, wohl aber den Vorteil mitgebracht, daß die Pylonen freistehend und ohne Hilfsstreben oder Abspannungen aufgestellt werden können.« [18]

Die Montage war dadurch wesentlich vereinfacht. Auch beim Wiederaufbau der in den letzten Kriegsmonaten zerstörten Brücke erwiesen sich die eingespannten Pylone als Vorteil, da sie beim Einsturz der Fahrbahntafel zwar verbogen und verdreht, nicht jedoch umgestürzt waren. [G] Sie konnten für den Wiederaufbau angehoben und in ihre ursprüngliche Position zurückgedreht werden. [19] Die von Hellmut Homberg wiedererrichtete Brücke verfügt mit den Pylonen somit über wesentliche Originalsubstanz der von Leonhardt errichteten ersten Hängebrücke.

Modellstatik

Leonhardt erwähnt in seiner Begründung »Messungen an einem Modell«, [20] die zur Überprüfung der rechnerischen Ergebnisse durchgeführt worden seien. Dabei handelt es sich um Messungen, die an der MPA Stuttgart durchgeführt wurden. Modellstatik in dieser Form war in den USA üblich und wurde von Karl Schaechterle bei den Reichsautobahnbrücken Mitte der 1930er-Jahre eingeführt. Das Messmodell im Maßstab 1:100, das in Stuttgart gebaut worden war, lässt sich im Foto sowohl im saai als auch in den Beständen der MPA im Universitätsarchiv Stuttgart nachweisen: [I] [J] [K] [M] Ein Tragkabel, im Modell ein Stahlseil, ist über zwei Stäbe als Pylonen in Form der Hängebrücke eingespannt. An diesem Tragkabel sind Hänger aus Stahlseilen befestigt, an denen ein Stahlrohr als Versteifungsträger hängt. Jeweils an den Aufhängungspunkten des Versteifungsträgers konnten Gewichte befestigt werden für Belastungstests. An den Pylonenköpfen waren Messuhren an-

F) Pylon der Rheinbrücke bei Köln-Rodenkirchen 1938–1941, Abbildung des bauzeitlichen Modells

G) Pylon der Rheinbrücke der Reichsautobahn bei Köln-Rodenkirchen nach der Zerstörung 1945

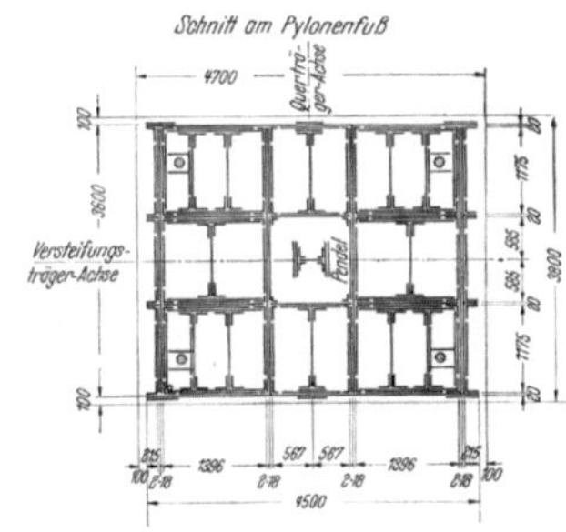

Abb. 4a.

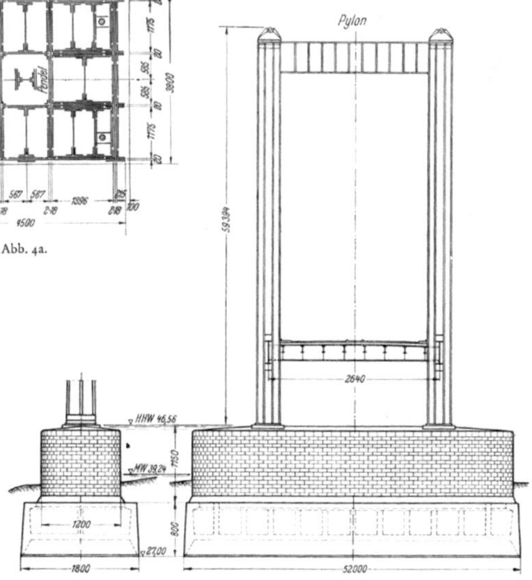

H) Pylon der Rheinbrücke der Reichsautobahn bei Köln-Rodenkirchen

21) Materialprüfungsanstalt an der Technischen Hochschule Stuttgart. Institut für die Materialprüfungen des Bauwesens. »Prüfbericht. Antragsteller Direktion der Reichsautobahnen, Berlin. Modelluntersuchungen zur Rheinbrücke Köln-Rodenkirchen. 3. Bericht mit den Ergebnissen der Untersuchungen an der Modellbrücke III. Fortsetzung unserer Berichte vom 22. April und 30. Juni 1938.« 15. Januar 1939 (Universitätsarchiv Stuttgart, 33/1/1240). Und: Materialprüfungsanstalt Stuttgart, Prüfbericht, 15. Januar 1939 (Universitätsarchiv Stuttgart, 33/1/1241).

22) Fotos »Reibungsversuche« (saai Karlsruhe).

23) Leonhardt 1984, S. 78.

24) Typoskript nicht datiert (wohl 1940) (saai Karlsruhe), S. 6 f.

25) Der Begriff Kabel ist mittlerweile auch im Deutschen gebräuchlich und wird als Synonym für Tragseile eingesetzt.

26) Otto Graf an die Reichsautobahnen, Bauleitung 3, Rheinbrücke Rodenkirchen bei Köln, 9. April 1940 (Universitätsarchiv Stuttgart, 33/1/1105).

27) Plan »Versuch über die Verbindung aufgeschweisster Schubeisen. Versuchskörper D.« Leonhardt, 7. Januar 1941 (Universitätsarchiv Stuttgart, 33/1/1105).

I) J) K) Rheinbrücke Köln Rodenkirchen, Modellmessungen an der MPA Stuttgart

L) Rheinbrücke bei Köln-Rodenkirchen, Reibungsversuche

gebracht, die deren Auslenkung messen konnten. Parallel zur Modellbrücke lief eine Messvorrichtung, die Durchbiegung und Verformungen des Versteifungsträgers aufzeichnen konnte. [I] [J] [K] [M]

Die an diesem Modell durchgeführten Untersuchungen sind in mindestens drei Prüfberichten dokumentiert. [21] Es wurden Verformung unter Eigen- und Verkehrslast gemessen sowie Verformungen und Längenänderungen unter Temperatureinwirkung.

Weitere Versuche

Die Tiefbauarbeiten an den Widerlagern und den Flusspfeilern wurden durch Materialversuche auf der Baustelle begleitet. So wurde mit Reibungskörpern vor Ort die Gründung der Widerlager im alluvialen Rheinufer ermittelt, wie sich an fotografischen Dokumenten im saai rekonstruieren lässt. [L] [22] Denn im Gegensatz zu den großen amerikanischen Strombrücken hatten die deutschen Ingenieure keinen anstehenden Fels – wie beispielsweise in New York –, um die echte Hängebrücke sicher zu verankern. Neben den Modellmessungen wurden an der MPA Stuttgart mehrere Versuchsreihen an Seilen durchgeführt. Eines der Probleme einer echten Hängebrücke ist die Verankerung der Seile in den Widerlagern an den beiden Ufern, für die eine Lösung gefunden werden musste. [O] »Meine Skepsis galt auch der Dauerfestigkeit der Verankerung der Seile in den Seilköpfen, die mit einer Blei-Zinn-Antimon-Legierung bei einer Temperatur von etwa 400 °C vergossen wurden. An der Materialprüfungsanstalt Stuttgart wurden erstmals Dauerversuche mit solchen Ankern gemacht, die eine erschreckend niedrige Dauerfestigkeit ergaben. Sie genügte jedoch für eine Straßenbrücke gerade noch.« [23]

Ausführlich setzte Leonhardt sich mit den unterschiedlichen Verfahren zur Seilherstellung auseinander: »Den patentverschlossenen gesponnenen Seilen stehen die in Amerika bei Großbrücken üblichen und bewährten Paralleldrahtkabel gegenüber.« [24] Paralleldrahtkabel wurden vor allem in den USA für die großen, weitgespannten Hängebrücken verwendet, beispielsweise für die Golden Gate Bridge in San Francisco mit einer Gesamtspannweite von 1280 Metern. Bei diesem Herstellungsverfahren wurden die im Amerikanischen als Tragkabel bezeichneten Tragseile vor Ort auf der Baustelle im sogenannten »Luftspinnverfahren« versponnen. [25] In Deutschland war dieses Verfahren bisher nicht bei Großbrücken angewandt worden.

Deutsche Firmen wie die Seilfabrik Felten & Guilleaume produzierten verschlossene Spiralseile, die bei den deutschen Hängebrücken wie der Rheinbrücke Köln-Mülheim, verbaut worden waren. [N] Diese Kabel waren in der Fabrik hergestellt und auf Haspeln zur Baustelle gebracht worden. Der Maßstabssprung in der Spannweite von 315 m bei der Deutzer Brücke auf 378 m bei Köln-Rodenkirchen war nicht so erheblich, sodass die sich negativ auswirkende höhere Elastizität zugunsten der höheren Korrosionsbeständigkeit der patentverschlossenen Seile vernachlässigt werden konnte. Die Materialprüfungen zum Thema Seiltechnik, die im Zusammenhang mit dem Bau der Köln-Rodenkirchener Brücke von der Reichsautobahn sowohl an der MPA Stuttgart als auch bei der Seilfabrik Felten & Guilleaume in Auftrag gegeben wurden, setzten Maßstäbe. Als noch während der Bauarbeiten in Köln mit der Planung einer großen Hängebrücke über die Elbe bei Hamburg begonnen wurde, waren diese Versuche zur Grundlagenermittlung von entscheidender Bedeutung.

Auch zur Konstruktion der Fahrbahntafel, die nach Leonhardts Vorstellung so leicht wie möglich sein sollte, wurden Untersuchungen durchgeführt. Zwischen April 1940 und Januar 1941 testete die MPA Stuttgart die Verbundwirkung zwischen Eisenbetonfahrbahnplatte und Walzträgern. [P] [Q] [26] In diesen Versuchen war die Erhöhung der Verbundwirkung durch auf die Walzprofile aufgeschweißte Schubeisen getestet worden, wie sie Fritz Leonhardt schon bei den Leichtfahrbahntafeln der Überführung bei Jungingen in kleinerem Maßstab gebaut hatte. Für die erheblich höheren Belastungen einer Autobahn wurden die erneuten Prüfungen vermutlich an der MPA durchgeführt. [27] In diesem Zusammenhang testeten die Stuttgarter Prüfingenieure zwei unterschiedliche Techniken des Schweißens: das Kehlnahtschweißen, bei dem das Schubeisen einen parallel zum Walzträger laufenden Bügel hat, der mit zwei Kehlnähten an diesen geschweißt wird, und das Stumpfschweißen, bei dem das Schubeisen stumpf auf den Walzträger geschweißt wird.

Montage

Eine weitere technische Herausforderung beim Bau der Hängebrücke bei Köln-Rodenkirchen war die Montage der Hängebrücke im sogenannten Freivor-

M) Rheinbrücke bei Köln-Rodenkirchen, Messmodell an der MPA Stuttgart

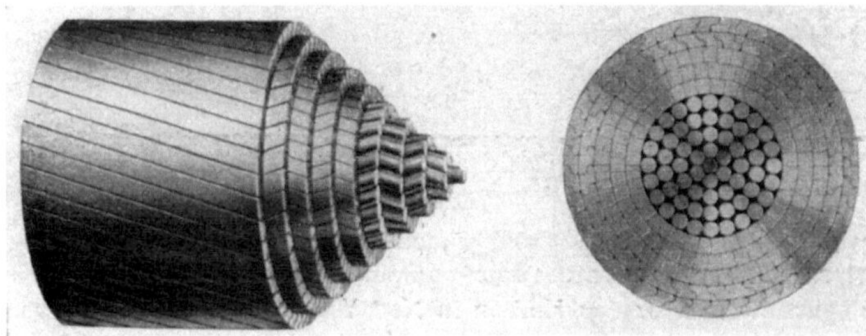

N) Patentverschlossenes Seil nach Felten & Guilleaume

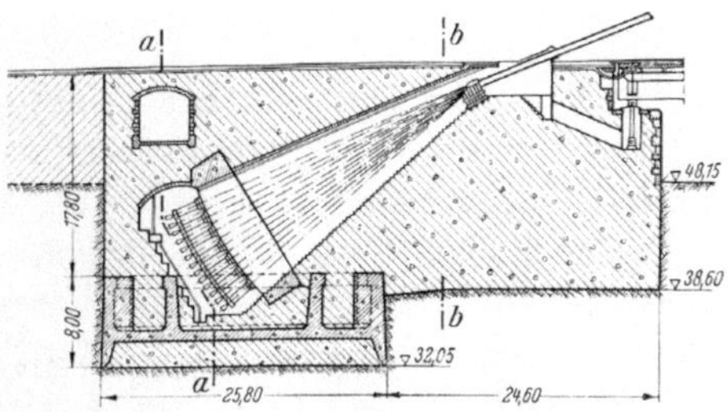

O) Rheinbrücke bei Köln-Rodenkirchen 1938–1941, Verankerung der Seile in den Widerlagern

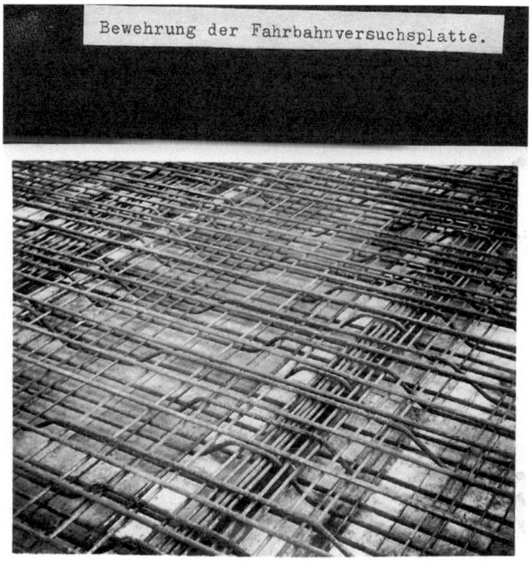

P) Rheinbrücke bei Köln-Rodenkirchen 1939–1941, Bewehrung der Fahrbahnversuchsplatte, Blatt aus Fritz Leonhardts Lehrmittelsammlung

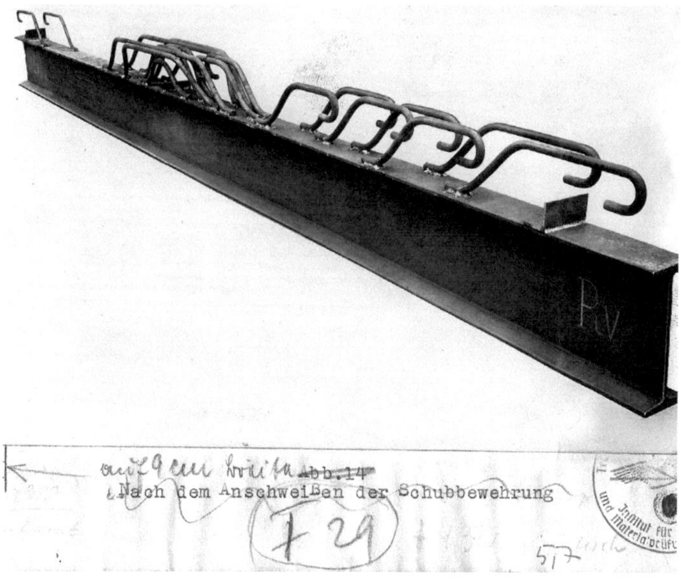

Q) MPA Stuttgart, Versuchsträger mit angeschweißter Schubbewehrung für die Fahrbahntafel der Rheinbrücke Köln-Rodenkirchen

R) S) Hängeseilmontage, Dias vom Bau der Rheinbrücke bei Köln-Rodenkirchen, aufgenommen von Fritz Leonhardt

T) U) Montage im Freivorbau mit Montagederriks, Dias vom Bau der Rheinbrücke bei Köln-Rodenkichen, aufgenommen von Fritz Leonhardt

28) Diaserie »Bau der Rheinbrücke Rodenkirchen« (saai Karlsruhe).

29) Leonhardt 1984, S. 79.

30) Leonhardt 1984, S. 82.

31) »Ich erhielt heute Nacht einen Gestellungsbefehl auf Sonntag, den 27.8.1939.« Leonhardt an Ministerialrat Dorsch, 26. August 1939 (saai Karlsruhe).

32) Leonhardt 1984, S. 83 f.

33) Gürtler Berger 2009, S. 132.

V) Einweihung der Rheinbrücke Rodenkichen im September 1941, aufgenommen von Fritz Leonhardt

bau. Bei dieser Montageart werden zuerst die Pylone und Widerlager errichtet und dann die Tragseile frei über den Fluss verlegt. Auf diesen von den Ingenieuren als »Katzenstege« bezeichneten schmalen Stegen konnte bereits der Fluss überquert werden.

An den Tragseilen wurden dann – von den Pylonen ausgehend – die einzelnen Teile des Fahrbahnversteifungsträgers an den Hängern montiert. [R] Dazu wurden sogenannte Montagederricks – mobile Kräne – auf der auskragenden Fahrbahntafel als Montagehilfe installiert, auf ein Gerüst im Fluss konnte verzichtet werden. [T] Dies hatte den Vorteil, dass der Schiffsverkehr durch den Bau der Brücke nicht behindert wurde und der Bau nicht durch den eisführenden Rhein im Winter 1939/40, wie Fritz Leonhardt in farbigen Diaserien dokumentiert, gestört wurde. [28] Die Dias zeigen die Brücke während der Montage, beginnend mit der Errichtung der Pylone bis zur Einweihung der Brücke 1941.

Das Problem der Montage im Freivorbau bestand darin, dass die Tragseile während des Baus das zusätzliche Gewicht der Montagederricks von 60 t aufnehmen mussten. Die dabei auftretenden Verformungen am Tragseil waren mit den damaligen Berechnungsmethoden schwer kalkulierbar, weshalb Leonhardt berichtet, dass ein fast 14 m langes Modell der Brücke im Maßstab 1:50 in Köln-Rodenkirchen aufgebaut wurde, an dem die Kabeldurchbiegungen per Modellstatik nachvollzogen wurden. [29] Dieses Modell ist weder anhand des im saai liegenden Materials noch anhand des MPA-Bestandes im Universitätsarchiv Stuttgart nachweisbar.

Ein Prestigeprojekt der Reichsautobahn

Mit den Bauarbeiten an der Köln-Rodenkirchener Brücke wurde am 1. März 1938 begonnen. Die Fertigstellung war für Herbst 1940 geplant. Doch dann kam der Ausbruch des Zweiten Weltkriegs dazwischen. Leonhardt erinnert sich: »Die Montage war in vollem Gang, als Ende August 1939 die Nachricht vom Beginn des Kriegs wie ein Blitz einschlug. In unserer heilen Autobahnwelt hatten wir nur wenig Notiz genommen vom politischen Geschehen. (...) Rückblickend ist es beschämend, wie wenig mich diese Vorgänge damals beschäftigt haben. Als ich 1983 meine Tätigkeiten im ersten Kölner Jahr 1938 niederschrieb, fehlte in meinem Gedächtnis die Erinnerung an die politische Situation von 1938. So verdrängt man das Unangenehme.« [30]

Wie viele seiner Ingenieure und Bauarbeiter wurde Leonhardt am 27. August 1939 zum Wehrdienst eingezogen [31], doch schon nach zwei Tagen wieder auf die Baustelle zurückgeschickt. Die erste große Hängebrücke der Reichsautobahn war als Prestigeprojekt eingestuft worden und der Weiterbau trotz des allgemeinen Baustopps gesichert.

1940 wurde der Freivorbau mit dem Einsatz des letzten Versteifungsträgerstücks abgeschlossen. An dem für Köln bedeutungsvollen Datum 11. 11. wurde um 11 Uhr der Bauakt im Beisein des Generalinspektors für das Deutsche Straßenwesen, Fritz Todt, vollzogen. Auch dieses Ereignis dokumentiert Fritz Leonhardt in farbigen Glasdias, ebenso wie die Einweihung der ersten echten Hängebrücke Deutschlands, wiederum durch Fritz Todt im September 1941. [V] Das handsignierte Porträt Fritz Todts wurde Leonhardt mit der Widmung »Dr.-Ing. Fritz Leonhardt, dem bewährten Konstrukteur und Bauleiter z. Eig. an dem Tag der Fertigstellung der Adolf Hitler Brücke zu Köln a. Rh. 20. Sept. Kriegsjahr 1941« überreicht (siehe Kapitel »Die Reichsautobahn« [H]). Rückblickend resümiert Leonhardt: »Es war wohl die schönste Bauaufgabe meines Lebens, besonders weil ich fast ohne Behinderung von außen schalten, walten, forschen und bauen konnte, unterstützt von vielen fähigen Ingenieuren und leistungswilligen Arbeitern, die fast alle für das große Werk genauso begeistert waren wie ich.« [32]

Friedrich Tamms, Architekt im Stab von Fritz Todt, äußert sich über die Brücke in Köln-Rodenkirchen folgendermaßen: »Die Form (der Brücke) ist ausschließlich aus dem Geist der Technik entwickelt. Die Arbeit des Architekten und Ingenieurs ist verschmolzen in eins. Es gibt keine Nahtstelle: Ein Idealfall also und daher ein Vorbild für alle und für alles. Material wurde durch Geist geadelt.« [33]

Zusammenfassend kann man festhalten, dass begleitend zum Bau dieser Brücke grundlegende materialtechnische und konstruktionsoptimierende Forschungen durchgeführt werden konnten, die in diesem Umfang nur im Kontext der nationalsozialistischen Planungen möglich waren. Die vor allem an der MPA Stuttgart unter der Leitung von Otto Graf und Hermann Maier-Leibnitz vorgenommenen Untersuchungen wurden durch die finanziell und personell gut ausgestattete Reichsautobahn finanziert. Der erhebliche Entwicklungsvorsprung, den

W) Rheinbrücke bei Köln-Rodenkirchen 1939–1941, Widerlager

X) Fritz Todt (vorn) auf der Baustelle der Rheinbrücke bei Köln-Rodenkirchen

der amerikanische Großbrückenbau gegenüber dem deutschen Ingenieurbau hatte, konnte damit zwar nicht aufgeholt werden, erste Schritte zu einer eigenständigen Entwicklung waren aber gelungen, wie im Kapitel »Stand der Technik« im Einzelnen ausgeführt wird.

Für den jungen Ingenieur Fritz Leonhardt bot das Projekt vor allem die Chance, vom Kriegsdienst befreit zu werden. Wie zahlreiche Dokumente belegen, bemühte Leonhardt sich persönlich darum, weitere Ingenieure und Arbeiter für seine Baustelle freistellen zu lassen.

Paul Bonatz war als künstlerischer Berater noch vor Fritz Leonhardt für die Baufirma August Klönne tätig. Mithilfe seiner ästhetischen Kompetenz und unter der ingenieurtechnischen Leitung von Karl Schaechterle war die Streckenführung über den Rhein geplant worden und die ersten Entwürfe für die Hängebrücke entstanden. Die Proportionierung der Brücke, das Verhältnis zwischen Mittel- und Seitenöffnungen und die Höhe der Pylone richten sich nachweisbar nach den Empfehlungen, die Karl Schaechterle und Fritz Leonhardt in ihrem Brückenratgeber »Die Gestaltung der Brücken« 1937 publiziert hatten. Inwieweit Paul Bonatz für die Gestaltung einzelner konstruktiver Bauteile wie der Pylone verantwortlich zeichnet, ist anhand der vorliegenden Quellen nicht rekonstruierbar. Möglicherweise gehen die sich nach oben verjüngenden Pfeiler der portalartigen Pylone sowie deren durchgestaltetes Nietbild auf seinen Rat zurück. Nachweisbar ist der gestalterische Einfluss des Büros Paul Bonatz bei den Widerlagern an beiden Rheinufern [W] (siehe Kapitel »Umfeld und Einflüsse« [M]). Der im Detail geplante Zuschnitt der Natursteinverkleidung steht eindeutig in der Tradition der Stuttgarter Schule der Architektur der ersten Hälfte des 20. Jahrhunderts. Der junge Architekt Gerd Lohmer, der im Büro Bonatz für diese Detaillierung zuständig war, sollte Leonhardt auch nach dem Krieg verbunden bleiben. Dieser Kontakt führte zu Leonhardts Beteiligung am Wiederaufbau und Neubau zahlreicher Rheinbrücken in Köln nach dem Krieg. Die Umsetzung der Brücke in technischer Hinsicht, die Verschlankung des Fahrbahnträgers sowie die Einspannung der Pylone sind eindeutig Ingenieurleistungen, die wesentlich die ästhetische Erscheinung der Konstruktion prägen und die nicht als Verdienst der beratenden Architekten gesehen werden sollten.

In fachlicher Hinsicht konnte Fritz Leonhardt sich in jungen Jahren mit der Bauleitung der Köln-Rodenkirchener Brücke als Spezialist für Stahlbau, speziell für Hängebrücken, profilieren. Dass ihm als erst 29-jährigem Ingenieur ein solch prestigeträchtiges Bauwerk übertragen wurde, wäre vor 1933 kaum möglich gewesen, zumal Leonhardt kein Beamter im Staatsdienst war. Hier kommt die Strategie der Nationalsozialisten zum Tragen, die gerade jungen Leuten Verantwortung übertrugen und ihnen Gestaltungsmöglichkeiten eröffneten, um sie auf diese Weise an das System zu binden. Fritz Leonhardt nutzte diese Chance. Dabei kamen ihm seine während der Studienreise in den USA gesammelten Erkenntnisse zugute, die seine Vorgesetzten Karl Schaechterle und Fritz Todt [X] – Ingenieure wie Leonhardt und in herausragenden Positionen innerhalb des NS-Bauwesens – zu schätzen wussten.

1) Frank 1991, S. 78.

2) Frank 1991, S. 78–80.

3) »Betr.: Vorgeschichte der Elbehochbrücke, Mitteilung des Hafenkapitäns am 2. Juni 1941« (Staatsarchiv Hamburg, Bestand Konstanty Gutschow). Zit. nach Durth 2001, S. 171, FN 179.

4) Frank 1991, S. 81.

5) Kurrer 2009.1, S. 112.

6) Frank 1991, S. 81.

7) Frank 1991, S. 84.

8) Die weiteren eingeladenen Architekten waren Paul Bonatz, Werner March, und Erich zu Putlitz, nachträglich wird noch Großmann benannt und der Baubehördenentwurf von Daiber wurde überarbeitet. Frank 1991, S. 84.

9) Durth 2001, S. 171 f.

10) Durth 2001, S. 174.

11) Frank 1991, S. 84, FN 31.

12) »Brückenbauten im Rahmen der Neugestaltung und Planungen der Elbehochbrücke 1939–1941« (Staatsarchiv Hamburg, A 296–299 Gutschow). Zit. nach: Windisch-Hojnacki 1989, S. 158, FN 478.

13) Tamms/Bonatz 1939, S. 83.

A) Städtebauliche Neuplanungen für Hamburg 1938 mit MAN-Brückenentwurf

Leonhardts Selbstbewusstsein war durch seinen Erfolg in Köln-Rodenkirchen gewachsen. Seine guten Beziehungen zu Fritz Todt versuchte er in den Jahren 1939/40 zu nutzen, um von Köln aus in eines der prestigeträchtigsten Projekte der Hitler'schen Neuplanungen einzugreifen: die Elbehochbrücke Hamburg.

Die Hansestadt Hamburg war als Stadt des Außenhandels eine der fünf Großstädte, die im Sinn nationalsozialistischer Städteplanung umgestaltet und erweitert werden sollte. Die Hamburger Stadtverwaltung nutzte diese Gelegenheit, um eine Brückenplanung wieder aufzunehmen, die seit den 1920er-Jahren mit Unterbrechung durch die Weltwirtschaftskrise vonseiten der Hamburger Baubehörde betrieben wurde. [1] Eine Aktennotiz vom 4. Juni 1941 führte zur Legendenbildung, Hitler habe persönlich anlässlich des Stapellaufs der Horst Wessel im Jahr 1935 entschieden, dass Hamburg das »Tor zur Welt« des »Dritten Reichs« werden sollte. [2] »Der Führer stand mit einigen Hamburger Herrn im Gespräch (...) und blickte elbabwärts. Er machte dabei, als er von dem Bau einer Hochbrücke sprach, eine Handbewegung gleich einem Brückenbogen über die Elbe und fügte, zu den Höhen am Altonaer Ufer gewendet, die Worte hinzu: Hier sehe ich ein großes monumentales Bauwerk.« [3]

Gestützt auf den »Führerwillen« versuchte die Stadt Hamburg, für die lange geplante Elbebrücke als Teil des Hamburger Autobahnrings eine Finanzierung durch das Reich zu erreichen. Dabei musste sie die Verlegung der Brücke elbabwärts in Kauf nehmen. Fritz Todt unterstellte sich zudem das 1937 neu eingerichtete Brückenamt persönlich, wodurch die Stadt an Einfluss auf die Planungen verlor. [4]

Auf Hitlers Wunsch wurde für die Gestaltung der Brücke der MAN-Chefarchitekt Wilhelm Härter [5] als Berater eingesetzt und die Firma MAN erhielt den Auftrag, »Varianten für eine konstruktive Ausbildung der Brücke mit Stein und Stahlpylonen« [6] auszuarbeiten.

Die neue Elbebrücke musste so hoch über dem Fluss hängen, dass die großen Hochseeschiffe, die den Hamburger Hafen anliefen, unter der Fahrbahn hindurchfahren konnten.

Die städtebaulichen Planungen wurden weiterhin von der Stadt Hamburg verfolgt und bezogen sich auf die Anbindung der neuen Brücke an die gewachsene Altstadt Hamburgs durch eine repräsentative Straße. [A] Diese Straße, als nationalsozialistische Prachtachse gedacht, lief am Nordufer parallel zum Fluss. Etwa auf halber Strecke traf sie im rechten Winkel auf eine zweite monumentale Achse, die sich zwischen Volkshalle und Gauhaus aufspannte. Das Gauhaus war als Hochhaus konzipiert, das bewusst die Anlehnung an die amerikanischen Wolkenkratzer suchte.

Auf der Grundlage dieser städtebaulichen Vorgaben wurde im August 1937 ein auf vier Architekten eingeschränkter städtebaulicher Wettbewerb ausgelobt. [7] Einer der eingeladenen Architekten [8] war Konstanty Gutschow, der seit 1935 als Vertrauensarchitekt bei der OBR tätig gewesen war und daher vermutlich auch Fritz Leonhardt kannte. Gutschow hatte wie Bonatz als Ästhetikbeauftragter den Brückenbau im Bereich Nord-West mitbestimmt. Mitglied der SA seit 1933, trat er 1937 der NSDAP bei, exakt im Jahr des Wettbewerbs für Hamburg. Gewissenhaft bereitete Gutschow seinen Wettbewerbsbeitrag mit einer Reise in die USA vor, wo er die Wolkenkratzer und die im Bau befindlichen großen Hängebrücken studierte. [9] Seine Bemühungen zahlten sich aus: Nach erheblicher Verzögerung des Wettbewerbsverfahrens wählte Hitler im Beisein von Todt und Speer am 31. Januar 1939 den Entwurf Gutschows aus und ernannte ihn zum Architekten des Elbufers. Damit war Gutschow der Durchführungsstelle für die Neugestaltung der Hansestadt Hamburg zugeordnet. [10]

Parallel zu den städtebaulichen Neuplanungen für Hamburg liefen die Entwurfsarbeiten zur monumentalen Hängebrücke über die Elbe, die neben dem Gauhaus das wichtigste Element der Neukonzeption war, deren Trassenplanung noch während der Ausschreibung des städtebaulichen Wettbewerbs in der Diskussion war. [11]

Diese Brücke sollte nach den Vorstellungen Hitlers nicht nur die Dimensionen der Reichsautobahn-Brückenbauten bei Weitem übertreffen. [12] Wie beim Gauhaus waren die amerikanischen Großbrücken der Maßstab, an denen sich die Brücke messen lassen sollte. Das stellte die planenden Architekten und Ingenieure vor eine Aufgabe, »die alle ihre gewohnten Vorstellungen und Maßstäbe weit hinter sich ließ.« [13] Mit dem Anspruch, die »größte Hängebrücke der Welt« zu werden, sollte diese Brücke als »ewiges Wahrzeichen deutscher Kraft und deut-

14) Voormann/Schüller 2009, S. 382.

15) Frank 1991, S. 81.

16) Windisch-Hojnacki, S. 160–162 und 412 f.

17) Frank 1991, S. 81–82.

18) Arbeitsgemeinschaft Nord-Süd Elbehochbrücke Hamburg, Niederschrift der Sitzung vom 30. August 1940 (Universitätsarchiv Stuttgart, 33/1/820), S. 1.

19) Frank 1991, S. 82.

20) Fritz Leonhardt, Typoskript, nicht datiert (wohl 1940) (saai Karlsruhe), S. 2.

21) Leonhardt 1984, S. 85.

22) Fritz Leonhardt an Fritz Todt, 8. August 1939. (saai Karlsruhe).

23) Fritz Leonhardt an Fritz Todt, 8. August 1939 (saai Karlsruhe).

24) Fritz Leonhardt, Typoskript, nicht datiert (wohl 1940) (saai Karlsruhe), S. 2.

25) Fritz Leonhardt an Gustav Leonhardt, 30. August 1939 und 30. Januar 1940: »Da Du überflüssige Zeit hast, würde ich mich freuen, wenn Du Dich nochmals mit Hamburg befassen könntest« (saai Karlsruhe).

B) Entwurf MAN/Härter für die Elbehochbrücke in Hamburg 1937/38, Pylon, Aufnahme des bauzeitlichen Modells

C) Entwurf MAN/Härter für die Elbehochbrücke in Hamburg 1937, Aufnahme des bauzeitlichen Modells

D) Gegenentwurf Fritz Leonhardts für die Elbehochbrücke in Hamburg, Aufnahme des bauzeitlichen Modells

scher Leistung« sämtliche in den USA gebauten Brücken bezüglich Spannweite und Monumentalität in den Schatten stellen. Da die Elbe an dieser Stelle nur etwa 700 m Hauptspannweite bedingte, die gerade vollendete Bronx Whitestone Bridge mit einer Hauptspannweite von 701 m aber schon so weit spannte, war dieser Anspruch nicht durch die Spannweite einzulösen. [14] Daher musste die Elbehochbrücke durch die Monumentalität ihrer Pylone überzeugen. Die eigentliche technische Herausforderung war die Ausbildung der Brücke als kombinierte Straßen- und Eisenbahnbrücke, da sich daraus Belastungen aus Wind- und Bremskräften ergaben, die über denjenigen einer reinen Autobahnbrücke lagen.

Eng angelehnt an eine Skizze Hitlers, hatte der mit den Planungsvarianten beauftragte Wilhelm Härter zusammen mit der Firma MAN einen gigantischen runden Triumphbogen als Pylon vorgeschlagen, der Hitlers schnelle Zustimmung fand. [15] Die Ingenieure der Reichsautobahn unter Fritz Todt begrüßten diese Entscheidung nicht und forderten weitere Baufirmen zu alternativen Entwürfen auf: Das Brückenamt Hamburg, die Architekten Paul Bonatz und Kurt Dübbers aus Stuttgart sowie die Dortmunder Union mit den planenden Architekten Werner March und R. Haberäcker lieferten mehr oder weniger direkte Umsetzungen der Hitler'schen Skizze. Aus der Reihe fiel der Vorschlag der Stahlbauanstalt J. Gollnow & Sohn, der den Torbogen in zwei einzeln stehende monumentale Pfeiler modifizierte. [16] Dennoch wurde der Entwurf der MAN weiterverfolgt. Am 22. Januar 1938 wurde das Modell dieses Entwurfs auf der 1. Deutschen Architektur- und Kunsthandwerkausstellung der Öffentlichkeit präsentiert und Hitler ernannte Härter für seinen Entwurf zum Professor. [B] [C] [17]

Die beiden ganz in Stein gemauerten Pylone hätten eine Höhe von 185 m erreicht und wären damit über dreimal so hoch gewesen wie die Stahlpylone der Köln-Rodenkirchener Brücke, an der zu diesem Zeitpunkt Fritz Leonhardt die Bauleitung antrat. Die Pylone sollten eine echte Hängebrücke von über 700 m Hauptspannweite stützen. Die Gesamtlänge der Brücke hätte 1300 m betragen. Der Vergleich mit der George Washington Bridge, die eine Gesamtlänge von 1450 m hat, zeigt, dass die technische Herausforderung durchaus zu bewältigen war. Das Problem war das gewaltige Gewicht der beiden steinernen Pylone, die im sandigen Ufer der Elbe gegründet werden mussten.

Für die Ausarbeitung dieses offiziell verfolgten Entwurfs formierte sich in der Folge die Arbeitsgemeinschaft (Arge) Nord-Süd Elbehochbrücke Hamburg, an der die MAN Gustavsburg führend war, unter Beteiligung der Dortmunder Union und der Stahlbauanstalt Gollnow & Sohn. Als beteiligte Ingenieure der Arge Nord-Süd tauchen die Ingenieure Reinhardt, Weiss, Pelikan und Wulkow in den Akten auf. [18]

Alternativentwürfe Fritz Leonhardts

Der Widerstand der Ingenieure um Fritz Todt führte zu zahlreichen nicht beauftragten alternativen Brückenentwürfen. [19] Unter den Kritikern des MAN-Entwurfs befand sich auch Fritz Leonhardt, der sich von Köln-Rodenkirchen aus in das Projekt einmischte. Durch seine Erfahrungen mit der Köln-Rodenkirchener Hängebrücke sah er sich als ausgewiesenen Spezialisten für echte Hängebrücken. Er erarbeitete im Februar 1938 [20] einen Gegenentwurf, da er sich – rückblickend formuliert – »diesen Unsinn nicht mehr länger ansehen (konnte)«. [21] Den Entwurf, den er »mit meinen privaten Mitteln und ohne Büro (dargestellt hatte)« [22], legte er bei Fritz Todt im August 1939 vor. Er begründet sein Eingreifen in dem Begleitschreiben an Fritz Todt folgendermaßen: »Es ließ mir keine Ruhe, daß an der Elbehochbrücke Hamburg in verschiedener Beziehung noch nicht das Beste vorgesehen ist, dessen der heutige Brückenbau fähig ist.« [23]

Der Fritz Todt vorgelegte Entwurf vom August 1939 war Leonhardts zweiter Entwurf. Der erste Entwurf wurde im Februar 1938 eingereicht und ist als Planunterlage nicht überliefert. [24] Dem zweiten Entwurf folgte eine Überarbeitung des Pylons, die am 20. Dezember 1939 an Fritz Todt übersandt wurde. [D] [E] Der in überformatigen Plänen dokumentierte zweite Entwurf hatte sich in der Materialität den Wünschen Hitlers gefügt und war ein schlanker, natursteinverkleideter Pylon, der durch Wandvorlagen mit Rundbogennischen gegliedert war. Im Stile des Neoklassizismus eines Paul Ludwig Troost oder Albert Speer war Leonhardts Pylon mit einem ausgeprägten vierstufigen Sockel sowie einem aus Monumentalpfeilern bestehenden Attikafries durchgestaltet. Die beiden antikisierenden Tempelbauten auf den beiden Pfeilern wirken völlig unproportioniert zu dem gewaltigen Pylon. Dem privaten Briefwechsel Leonhardts ist zu entnehmen, dass dessen Vater als Architekt die architektonische Formulierung der Pylonfassade beeinflusst hat. [25] Leonhardt kommen-

26) Fritz Leonhardt, Handschriftlicher Kommentar zu einer Fotografie des Steinpylonmodells (saai Karlsruhe).

27) Leonhardt 1984, S. 84 f.

28) Fritz Leonhardt, Typoskript, nicht datiert (wohl 1940) (saai Karlsruhe), S. 2.

29) Fritz Leonhardt, Typoskript, handschriftlich datiert »am 1.8.40 Herrn Min. Dr. Todt übergeben. Leo 2.8.« (saai Karlsruhe), S. 13.

30) Plan »Elbehochbrücke Hamburg. Größenvergleich der Steinpylone Entwurf Härter – Leonhardt.« M 1:500, nicht datiert (saai Karlsruhe).

31) Fritz Leonhardt, Typoskript, handschriftlich datiert »am 1.8.40 Herrn Min. Dr. Todt übergeben. Leo 2.8.« (saai Karlsruhe), S. 11.

32) Fritz Leonhardt, Typoskript, handschriftlich datiert »am 1.8.40 Herrn Min. Dr. Todt übergeben. Leo 2.8.« (saai Karlsruhe), S. 11.

33) Fritz Leonhardt an Fritz Rietli, 8. April 1940 (saai Karlsruhe).

34) Fritz Leonhardt an Gustav Leonhardt, 30. August 1939 und 30. Januar 1940 (saai Karlsruhe).

35) Plan »Elbehochbrücke Hamburg«, Köln, im November 1939 (saai Karlsruhe).

36) Fritz Leonhardt, Brücken. Bridges, Stuttgart 1982, S. 287.

37) Voormann/Schüller 2009, S. 382.

38) Fritz Leonhardt, Typoskript, handschriftlich datiert »am 1.8.40 Herrn Min. Dr. Todt übergeben. Leo 2.8.« (saai Karlsruhe), S. 10.

39) Fritz Leonhardt an Eduard Schönleben, 12. November 1940 (saai Karlsruhe).

E) Gegenentwurf Fritz Leonhardts für den Pylon der Elbehochbrücke in Hamburg in Stahlbeton mit Werksteinverkleidung 1939, Aufnahme des bauzeitlichen Modells

tiert rückblickend selbstkritisch eine Fotografie des Modells: »durch Hitlers Natursteintick korrumpierter Leo!« [26]

In den Dimensionen hatte Leonhardt seinen Pylon sehr viel schlanker konstruiert als Härter im offiziellen Entwurf, der eng Hitlers Skizze folgte. [F] Hitlers Steinpylon nach der »Art römischer Triumphbogen (sollte) auch nach ›seinem tausendjährigen Reich‹ noch Ruinenwert haben«, [27] meint Leonhardt rückblickend abschätzig. 1940 argumentierte er technokratisch: »Bei jedem technischen Werk ist die Aufgabe mit einem Mindestaufwand an Baustoffen zu erfüllen.« [28]

In der Begrifflichkeit »Mindestaufwand« offenbart sich auch bei diesem Entwurf Fritz Leonhardts Streben nach Optimierung im Sinn des Leichtbaus. Leonhardts gegliederter Pylon wäre halb so schwer im Vergleich zum Entwurf Härters ausgefallen (400 000 t gegenüber 800 000 t). [29] Damit ließen sich die Gründungsprobleme im alluvialen Elbufer vermindern und die Baukosten erheblich verringern. Leonhardts statische Berechnung der Bodenpressung beider Steinentwürfe im Vergleich ergab, dass sein Entwurf eine Bodenpressung von 7,2 kg/cm², der offizielle Entwurf 10,6 kg/cm² verursachen würde. [F] [30]

Ein weiteres Argument war die Lage der Tragseile. Die Durchführung der Seile erfolgt bei Leonhardts Entwurf mittig zu den Stützpfeilern und damit deutlich günstiger als bei Härter, der die Seile 1,50 m weiter nach außen verschoben zu den Hängerauflagern anordnete, um die Fahrbahn ohne Einschnürung an den Pylonen durchzustoßen. Härter hätte damit in den Tragseilen horizontale Belastungen aufzunehmen gehabt. Das stand eindeutig im Widerspruch zu Leonhardts Entwurfsprinzipien für den Brückenbau.

Zur Materialität seines Entwurfs bemerkt Leonhardt: »Reines Mauerwerk kommt wegen der Knappheit der Natursteine nicht in Frage, auch wäre es ein Rückschritt der Technik.« [31]

Die Pylonstützen sollten in Stahlbeton mit Werksteinvormauerung gebaut werden. Die tragende Struktur sollte aus Stahlbeton mit einer Wandstärke von 0,3 bis 0,5 m bestehen. Der Naturstein war in einer Granitvormauerung dem Stahlbeton vorgeblendet. [H] [32]

Die Pläne für die im August 1940 eingereichten Entwürfe zeichnete Leonhardts Freund Hans Rietli, Regierungsbaumeister in Stuttgart und Dozent an der Staatlichen Bauschule. Leonhardt selber war zu dieser Zeit mit der Bauausführung in Köln-Rodenkirchen und umfangreichen Arbeiten zum Neuen Hauptbahnhof in München doppelt belastet: »Nur aus Idealismus können nur so Mistviecher meiner Art arbeiten«, bemerkt er in einem Brief an Rietli. [33] Er hält auch fest, dass er für »einen brauchbaren Entwurf für Hamburg (...) zunächst alles selbst gezeichnet, ja sogar in Tusche ausgezogen hab«, wobei ihm immer wieder sein Vater beratend zur Seite stand. [34]

Bei der Überarbeitung des Steinpylons ist auch folgendes Detail bemerkenswert: Leonhardt sah in einem der Tempel auf dem Pylon eine Aussichtsplattform mit einem Restaurant vor, ganz in der Tradition der um die vorige Jahrhundertwende im Trend liegenden Aussichtstürme. Diesen Vorschlag sollte er 15 Jahre später für den Fernsehturm Stuttgart wieder einbringen, um die Mehrkosten für seinen Entwurf zu rechtfertigen.

Leonhardt entwickelte zusätzlich zu diesem Steinpylon einen Entwurf für einen Pylon in Stahl, datiert »Köln, im November 1939«. [I] [J] [35] Diese Variante zeigte einen schlanken Stahlpylon mit zwei rundbogigen Querriegeln zwischen sich nach oben hin verjüngenden Pfosten. Die Pfosten hatten einen annähernd kreuzförmigen Querschnitt und waren eingespannt. Die Rippen der Stahlprofile wurden kannelurenartig als vertikale Strukturierung eingesetzt. Nicht zu übersehen war die Ähnlichkeit zu der im Bau befindlichen Köln-Rodenkirchener Brücke. Friedmar Voormann stellte zu Recht Leonhardts Behauptung infrage, dass die Bronx Whitestone Bridge sich an Leonhardts Köln-Rodenkirchener Brücke orientiere. [G] [36] Die zeitliche Abfolge der Veröffentlichung der beiden Brücken lege vielmehr nahe, dass Leonhardt die amerikanische Brücke kannte, die zeitgleich entstand. [37]

Leonhardt hatte an Fritz Todt appelliert: »Bei schlechtem Baugrund sind mit Rücksicht auf die Sicherheit Stahlpylonen technisch richtig. Der Führer wünscht zur Steigerung der monumentalen Wirkung Steinpylonen.« [38]

Leonhardt ließ von beiden Pylonvarianten Präsentationsmodelle in der Modellbauwerkstatt Schoras in Essen fertigen, die nach Berlin in das Reichsverkehrsministerium zu Todt gebracht wurden. [E] [J] [39] Nach den fotografischen Belegen muss es sich dabei um Holzmodelle der Pylone im Maßstab 1:100 gehandelt haben. Außerdem war ein Gesamtmodell der Brücke im Maßstab 1:500 [D] ange-

F) Zeichnerischer Vergleich des offiziellen Entwurfs MAN/Härter mit dem Gegenentwurf Fritz Leonhardts

G) O. H. Ammann, Bronx Whitestone Bridge in New York, 1937–1939

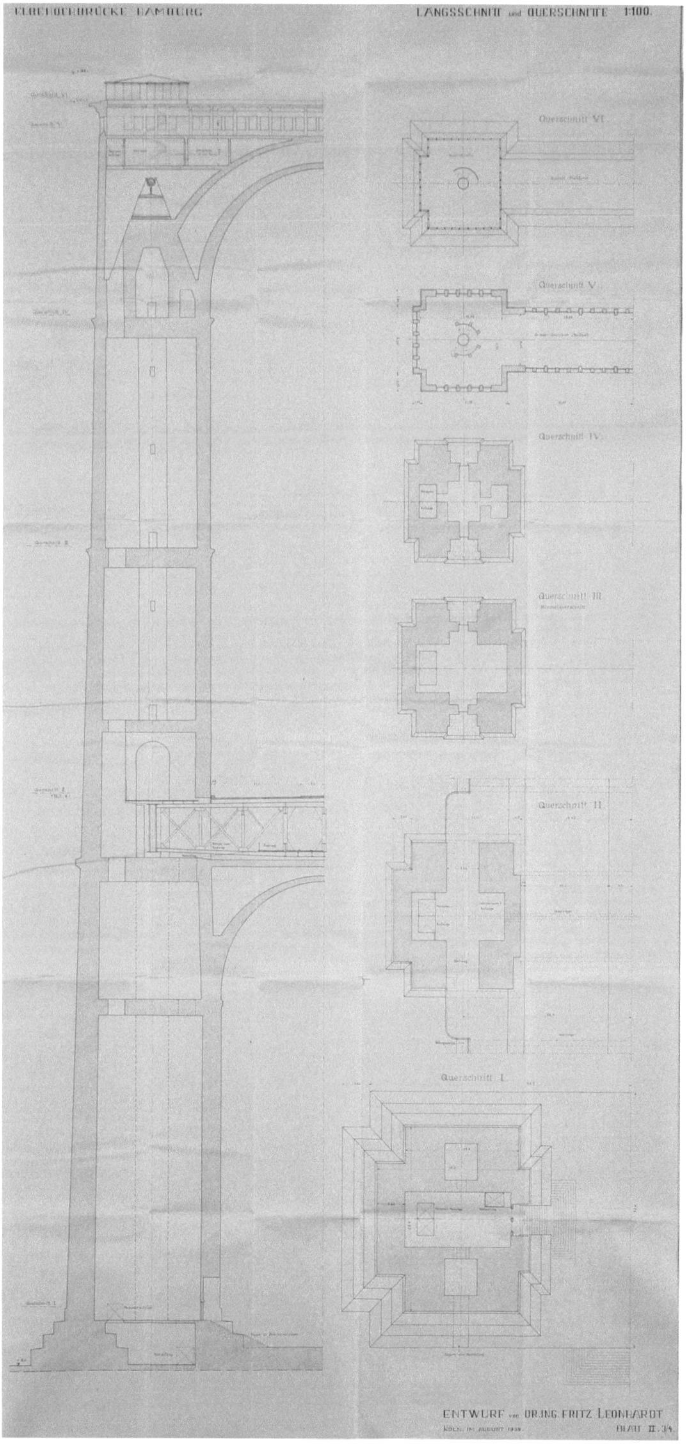

H) Gegenentwurf Fritz Leonhardts für den Pylon der Elbehochbrücke in Hamburg in Stahlbeton mit Werksteinverkleidung 1939, Schnitt

I) Gegenentwurf Fritz Leonhardts für den Pylon der Elbehochbrücke in Hamburg in Stahl 1939

J) Gegenentwurf Fritz Leonhardts für den Pylon der Elbehochbrücke in Hamburg in Stahl 1939, Aufnahme des bauzeitlichen Modells

40) Siehe: Modellfotos (saai Karlsruhe).

41) Eduard Schönleben an Karl Schaechterle, 17. Januar 1940 (Universitätsarchiv Stuttgart, 33/1/743).

42) Der als »Forschungsauftrag Schaechterle-Leonhardt« bezeichnete Auftrag war offiziell an Karl Schaechterle gegangen. Da dies vermutlich auf Leonhardts Initiative geschah, wird im Folgenden vom »Forschungsauftrag Schaechterle-Leonhardt« gesprochen.

43) Eduard Schönleben an Karl Schaechterle, 17. Januar 1940 (Universitätsarchiv Stuttgart, 33/1/743).

44) Karl Schaechterle an Fritz Todt, 13. November 1939 (Universitätsarchiv Stuttgart, 33/1/743), S. 1.

45) Karl Schaechterle an Fritz Todt, 13. November 1939 (Universitätsarchiv Stuttgart, 33/1/743), S. 5.

46) Niederschrift der Besprechung des Prüfungsausschusses für die Elbehochbrücke Hamburg an der Materialprüfungsanstalt der Technischen Hochschule Stuttgart, 6. April 1940 (Universitätsarchiv Stuttgart, 33/1/743), S. 4.

47) Leonhardt 1984, S. 86.

48) Arbeitsgemeinschaft Nord-Süd Elbehochbrücke Hamburg, Niederschrift der Sitzung am 30. August 1940 (Universitätsarchiv Stuttgart, 33/1/820).

49) Arbeitsgemeinschaft Nord-Süd Elbehochbrücke Hamburg, Anweisung für Versuche mit Drähten, Seilen und Seilköpfen, 14. August 1940.(Universitätsarchiv Stuttgart, 33/1/820).

50) Arbeitsgemeinschaft Nord-Süd Elbehochbrücke Hamburg, Niederschrift der Sitzung am 30. August 1940 (Universitätsarchiv Stuttgart, 33/1/820), S. 5.

51) Arbeitsgemeinschaft Nord-Süd Elbehochbrücke Hamburg, Niederschrift der Sitzung am 21. Juni 1940 (Universitätsarchiv Stuttgart, 33/1/820), S. 3.

52) Arbeitsgemeinschaft Nord-Süd Elbehochbrücke Hamburg, Begründung für die Wahl von Tragkabeln aus verschlossenen Seilen. Mainz-Gustavsburg, 5. September 1939 (Universitätsarchiv Stuttgart, 33/1/820). Und: Arbeitsgemeinschaft Nord-Süd Elbehochbrücke Hamburg, Niederschrift der Sitzung am 30. August 1940 (Universitätsarchiv Stuttgart, 33/1/820), S. 3f.

53) Fritz Leonhardt an die MPA Stuttgart, 13. März 1940 (Universitätsarchiv Stuttgart, 33/1/820).

K) Gegenentwurf Fritz Leonhardts, Detail des Fahrbahnträgers, Aufnahme des bauzeitlichen Modells

L) Probestück eines Paralleldrahtkabels in der später am Bau verwendeten Presse, amerikanisches Patent, publiziert von Schaechterle/Leonhardt 1941

fertigt worden sowie ein Detailmodell der Fahrbahn mit Gitterversteifungsträger im Maßstab 1:50. [K] [40]

Dennoch konnte sich Leonhardt mit seinem Vorschlag nicht durchsetzen. Vonseiten des Ministeriums wurde bei Erteilung des Forschungsauftrags an Schaechterle darauf hingewiesen, dass »außerdem (...) auch der Vergleich zwischen Massiv-Pylon und Stahl-Pylon unterbleiben (kann), da Massiv-Pylonen bekanntlich an dieser Stelle aus bestimmten Gründen gefordert werden«. [41] Damit war klar, dass Leonhardts Vorschlag für den sehr viel leichteren und schlankeren Stahlpylon nicht weiter verfolgt werden konnte.

Forschungsauftrag Schaechterle-Leonhardt [42]

Leonhardt hatte sich für seine Vorschläge der Unterstützung seines ehemaligen Vorgesetzten im Reichsverkehrsministerium, Karl Schaechterle, versichert. Die von Schaechterle und Leonhardt vorgebrachte Kritik am offiziellen Entwurf des Architekten Härter, den die Arbeitsgemeinschaft Nord-Süd bearbeitete, führte zu einem Forschungsauftrag, den der Generalinspektor am 17. Januar 1940 Karl Schaechterle erteilte. [43] Der bereits von der Arbeitsgemeinschaft Nord-Süd an der MPA Stuttgart in Auftrag gegebene Versuchsplan für die Elbehochbrücke Hamburg sollte erweitert werden, da »die anlässlich des Baus der Hängebrücke über den Rhein bei Rodenkirchen an der Materialprüfungsanstalt der Technischen Hochschule in Stuttgart und bei der Seilfabrik Felten & Guilleaume in Köln durchgeführten Versuche (...) zu wertvollen Feststellungen und Erkenntnissen geführt (haben)«. [44]

Diese neuen Versuchsreihen, die im Rahmen des Forschungsauftrags Schaechterle-Leonhardt nach einem Versuchsplan vom 17. Januar 1940 an der MPA Stuttgart durchgeführt wurden, sind für die Jahre 1940–1942 nachweisbar. Zur Einleitung, Durchführung und Auswertung der Versuche wurde ein Arbeitsausschuss bestellt, dem vonseiten der TH Stuttgart die Professoren Otto Graf und Hermann Maier-Leibnitz angehörten und von der Reichsautobahndirektion Karl Schaechterle und Fritz Leonhardt. Zusätzlich wurde aus dem Ministerium der Regierungsbaumeister Tischer hinzugezogen und für die verantwortlichen Firmen Direktor Bau von der Seilfabrik Felten & Guilleaume sowie Hubert Hauttmann von der Gutehoffnungshütte, Oberhausen. [45] Der Versuchsplan beinhaltete Seilversuche und Untersuchungen an Hängetragwerken. Die Seilversuche sollten unter anderem die Entwicklung eines optimalen Kabelquerschnitts zur Durchführung an den Kabelsätteln erbringen. Während einer Besprechung des Prüfungsausschusses hatte Leonhardt ein amerikanisches Patent für runde Kabel als Beispiel präsentiert und daraus eigene Ideen zu runden Kabeln aus sechseckigen Paralleldrahtbündeln abgeleitet, die er mehrfach publizierte, aber nie zur Anwendung brachte. [L] [46] Erst Mitte der 1950er-Jahre wurden in der Schweiz und in Japan diese Seilquerschnitte für den Großbrückenbau eingesetzt. [47]

Parallel zum Forschungsauftrag Schaechterle-Leonhardt waren von der Arbeitsgemeinschaft Nord-Süd »Anweisungen für Dauerversuche mit Modellseilen« [48] und »Anweisungen für Versuche mit Drähten, Seilen und Seilköpfen« vorbereitet worden. [49] Als Gutachter waren die Professoren Kurt Klöppel (Darmstadt) und Otto Graf (Stuttgart) eingesetzt. Otto Graf koordinierte die Zusammenarbeit mit dem »Forschungsausschuss« Schaechterle-Leonhardt. [50] Für die Versuche an der MPA Stuttgart wurde von Klöppel eigens eine neue Seilprüfmaschine eingeführt, mit der man »den tatsächlichen Verhältnissen am Bauwerk sehr nahe kommt«. [51] Mit dieser Maschine konnten Dauerversuche durchgeführt werden.

Im August 1940 war Stand der Diskussion, dass patentverschlossene Seile günstiger waren als die im Luftspinnverfahren hergestellten Paralleldrahtkabel, was sowohl das von der Arge Nord-Süd in Auftrag gegebene Gutachten als auch Fritz Leonhardt bestätigt hatten. [52]

Im März 1940 schlug Fritz Leonhardt in Absprache mit Karl Schaechterle vor, die beiden parallel laufenden Forschungen zur Seiltechnik zusammenzulegen und die gesamten Versuche »innerhalb der Versuche der Arbeitsgemeinschaft des Brückenamtes Hamburg durchzuführen«. [53]

Neben den Seilversuchen umfasste der Forschungsauftrag Schaechterle-Leonhardt auch mechanostatische Untersuchungen an Hängetragwerken, für die an der MPA Stuttgart zwei Messmodelle gebaut wurden. [M] Brückenmodell A und Brückenmodell B unterschieden sich dadurch, dass Modell A als verankerte Hängebrücke mit Tragkabel und Versteifungsträger und Modell B mit Tragkabel ohne Versteifungsträger ausgeführt war. [54] Die Pylone waren nicht eingespannt. [55] Im Januar 1940 war Fritz Leonhardt damit beauftragt worden, »eine Zeichnung für das

M) Messmodell im Maßstab 1:125 für mechanostatische Untersuchungen an der MPA Stuttgart

54) Otto Graf an Fritz Leonhardt, 9. Februar 1940 (Universitätsarchiv Stuttgart, 33/1/743).

55) Otto Graf an Hermann Maier-Leibnitz, 23. September 1940. Beilage »Vorläufig vorgesehene Abmessungen für das Modell der Elbehochbrücke Hamburg« (Universitätsarchiv Stuttgart, 33/1/743).

56) Rundschreiben Karl Schaechterles an Graf, Maier-Leibnitz, Leonhardt, Schöller/Felten & Guilleaume, Hauttmann/Gutehoffnungshütte, Januar 1940 (Universitätsarchiv Stuttgart, 33/1/743), S. 2.

57) Otto Graf an Hermann Maier-Leibnitz, 23. Februar 1940 (Universitätsarchiv Stuttgart, 33/1/743),

58) Karl Schaechterle an Fritz Todt, 13. November 1939 (Universitätsarchiv Stuttgart, 33/1/743), S. 2.

59) Karl Schaechterle an Fritz Todt, 13. November 1939 (Universitätsarchiv Stuttgart, 33/1/743), S. 2.

60) Otto Graf an Karl Schaechterle, 13. Januar 1943 (Universitätsarchiv Stuttgart, 33/1/741). Und: Otto Graf an Karl Schaechterle, 1. Juli 1942 (Universitätsarchiv Stuttgart, 33/1/741).

61) Maier-Leibnitz 1942, S. 457–490.

62) Hermann Maier-Leibnitz an die MPA Stuttgart, 7. August 1944 (Universitätsarchiv Stuttgart, 33/1/741).

63) Schaechterle/Leonhardt 1941, S. 16, Abb. 60, 68.

64) Leonhardt 1939.1, S. 29, Abb. 5.

65) Schaechterle/Leonhardt 1941, S. 16, Abb. 65.

66) Konstanty Gutschow an Fritz Leonhardt, 7. März 1941 (saai Karlsruhe).

67) Karl Schaechterle an Fritz Todt, 13. November 1939 (Universitätsarchiv Stuttgart, 33/1/743), S. 5.

68) Otto Graf an Karl Schaechterle, 13. Januar 1943 (Universitätsarchiv Stuttgart, 33/1/741).

69) Felten & Guilleaume an Otto Graf, 14. November 1940 (Universitätsarchiv Stuttgart, 33/1/820).

70) Karl Schaechterle an die MPA, 25. November 1940 (Universitätsarchiv Stuttgart, 33/1/742).

Versuchsmodell der Elbehochbrücke anzufertigen und die notwendigen Belastungsangaben zu ermitteln«.[56] Der geometrische Maßstab der Modelle war mit 1:100 vorgegeben, die Modelle wären somit jeweils 13 m lang geworden. Aus Platzgründen, da wegen der konstanteren Temperaturverhältnisse die Aufstellung der Modelle im Keller der MPA in der Cannstatter Str. 121 in Stuttgart-Berg erfolgen sollte, wurde der Maßstab in 1:125 geändert.[57]

Die Untersuchungen sollten die Kritikpunkte klären, die Fritz Leonhardt in seinem Bericht an Fritz Todt im August 1940 im Bezug auf die geplante Elbehochbrücke vorgebracht hatte.[58] Die Auftragserteilung vom 17. Januar 1940 umfasste alle Vorschläge des von Karl Schaechterle beantragten Versuchsplans. Anhand von zwei Messmodellen sollten mechanostatische Untersuchungsreihen durchgeführt werden zu:

»a) Verhalten von Seilen mit angehängten Lasten ohne Versteifungsträger. Einflüsse des Pfeilerverhältnisses und des Verhältnisses der ständigen Last zur veränderlichen Last.

b) Verformung der Seile mit Versteifungsträgern verschiedener Höhe und verschiedener Trägheitsmomente. Versteifungsträger an den Pylonen getrennt, über festen Zwischenstützen oder frei durchlaufend (...)

c) Verhalten von räumlichen Hängetragwerken. Mitwirkung der Fahrbahn und Querverbände. Verwindung der Fahrbahn bei einseitiger Belastung, Windbelastung.«[59]

An den Modellen A und B wurden nach einem Arbeitsplan vom 17. Juli 1940 insgesamt 45 Versuche mit und ohne Versteifungsträger durchgeführt, deren Ergebnisse in 22 Berichten zusammengestellt wurden. Die Auswertung der Versuche erfolgte durch Hermann Maier-Leibnitz.[60] Maier-Leibnitz hatte einen Zwischenstand der Ergebnisse in einem Aufsatz mit dem Titel »Grundsätzliches über Modellmessungen zur Klarlegung der Formänderungen und Spannungen von verankerten Hängebrücken« in der Zeitschrift »Die Bautechnik« veröffentlicht.[61] Ein Großteil der Messprotokolle und des Forschungsmaterials zur Elbehochbrücke, das sich im Besitz von Hermann Maier-Leibnitz befand, wurde beim kriegsbedingten Brand des Hauptbaus der Technischen Hochschule Stuttgart 1944 vernichtet.[62]

Leonhardt konnte die Ergebnisse in den zweiten Teil seiner Publikation zu den Hängebrücken einbringen, die in der Zeitschrift »Die Bautechnik« erschienen, und in denen er die beiden Pylonvarianten einander gegenüberstellte.[63] Auch machte sich bemerkbar, dass nach Ausbruch des Krieges zu den Abbildungen keine Ortsangaben mehr erlaubt waren. Noch 1939 war die Abbildung des Modells der Autobahnbrücke in Köln-Rodenkirchen mit »Stahlpylon der Rheinbrücke Rodenkirchen (Modellaufnahme)« beschriftet.[64] Die gleiche Abbildung wird im 1941 erschienenen Hängebrücken-Aufsatz als »einfacher stählerner Standpfeiler« veröffentlicht.[65]

In Hamburg wurde Leonhardts Fachkompetenz in Bezug auf Hängebrücken vom Architekten des Elbufers, Konstanty Gutschow, anerkannt. Gutschow besuchte die Baustelle in Köln-Rodenkirchen und las »mit Vergnügen«[66] die Aufsätze Leonhardts zu Hängebrücken.

Die Finanzierung der umfangreichen Versuche an der MPA Stuttgart lief über das Brückenamt Hamburg. Im November 1939 waren die Kosten mit 25.000,00 RM kalkuliert worden.[67] Nachweisbar in den Unterlagen der MPA Stuttgart ist die Überweisung von 42.000,00 RM in vier Tranchen im Zeitraum vom 7. September 1940 bis zum 12. Dezember 1942.[68] Diese Summe liegt im oberen Mittelfeld der einzelnen Auftragssummen, mit denen sich die MPA Stuttgart in den 1930er- und 1940er-Jahren finanzierte. Lässt man die Aufträge aus der Rüstungsindustrie außen vor, so liegt das Projekt, ebenso wie die Messungen für die Konstruktion des Kuppelbahnhofs in München, im oberen Feld.

Im Gegensatz zu den Seilversuchen der Arge Nord-Süd, für die 1940 der Dringlichkeitsgrad 1 beantragt wurde, waren die Arbeiten an den Messmodellen in keine Dringlichkeitsstufe eingereiht.[69] Dazu hätte ein Antrag auf Einreihung der Versuche beim Generalbevollmächtigten für die Regelung der Bauwirtschaft gestellt werden müssen, wovon sich Karl Schaechterle aber keinen Erfolg erwartete. Er vertraute darauf, die »Schwierigkeiten, (...), mit Unterstützung des Herrn Generalinspektors zu beseitigen«.[70] Fritz Leonhardt wurde im Mai 1940 damit beauftragt, im Reichsverkehrsministerium bei »Herrn Dr. Schönleben zu beantragen, dass die Versuche für die Modellbrücke kriegswichtig erklärt werden«.[71] Im Juni 1940 stellte Eduard Schönleben im Auftrag des zum Reichminister für Bewaffnung und Munition beförderten Fritz Todt eine Bestätigung aus, dass »die grundlegenden Entwurfsarbeiten, insbesondere das Versuchsprogramm für die

71) Aktennotiz »Besprechung mit Herrn Dr.-Ing. Leonhardt am 9. Mai 1940 in der MPA« (Universitätsarchiv Stuttgart, 33/1/743).

72) Eduard Schönleben an Otto Graf, 7. Juni 1940 (Universitätsarchiv Stuttgart, 33/1/743).

73) Zur Beschaffung wurde die Kennziffer »Nr. G. B. Bau – 19080 b/III/40 – ZY« vergeben. Otto Graf an die Firma Terrot & Söhne, 17. Juni 1940 (Universitätsarchiv Stuttgart, 33/1/743).

74) Eduard Schönleben an die MPA, 10. Juli 1940 (Universitätsarchiv Stuttgart, 33/1/743).

75) Gemeint sind die Entwurfsgemeinschaft für die Elbehochbrücke Hamburg (Grün & Bilfinger A.-G. und Philipp Holzmann A.-G.) und die Arbeitsgemeinschaft Nord-Süd Elbehochbrücke Hamburg (MAN-Werk Gustavsburg, Dortmunder Union Brückenbau A.-G. und J. Gollnow & Sohn, Stettin).

76) Eduard Schönleben an Karl Schaechterle, 17. Januar 1940 (Universitätsarchiv Stuttgart, 33/1/743), S. 2.

77) Niederschrift der Besprechung, Mainz-Gustavsburg, den 27. Mai 1940 (saai Karlsruhe), 16 Seiten mit Korrekturen Leonhardts.

78) Eduard Schönleben an Fritz Leonhardt, 6. Mai 1940 (saai Karlsruhe).

endgültige statische Formgebung auch während des Krieges soweit durchgeführt werden müssen, dass nachher sofort in eine baureife Bearbeitung eingetreten werden kann«.[72] Die erforderlichen Stahlteile konnten somit trotz kriegsbedingter Kontingentierung bezogen werden.[73] Selbst die Freistellung einer Hilfskraft vom Kriegsdienst war mit dieser Unterstützung von höchster Stelle möglich.[74]

Leonhardts ungefragte Einmischung in den Entwurfsprozess der Elbehochbrücke wurde nicht von allen Seiten mit Begeisterung aufgenommen. Schon in der Auftragserteilung bat Ministerialdirektor Eduard Schönleben, der Mitarbeiter Todts im Reichsverkehrsministerium, darum, »nach Möglichkeit feststehende Ergebnisse der von den Arbeitsgemeinschaften[75] oder der Ausschüsse des Brückenamts Hamburg durchgeführten Untersuchungen in Ihre Arbeit einzubauen«.[76] Im Mai 1940 fand auf Veranlassung des Generalinspektors eine Absprache zwischen der Arbeitsgemeinschaft Nord-Süd Elbehochbrücke Hamburg und den Gutachtern Schaechterle und Leonhardt statt, bei der alle von Leonhardt kritisierten Punkte des Entwurfs diskutiert werden sollten.[77] Schönleben hatte auf diesem Termin bestanden, da man »nach den [ihm] bekannt gewordenen Äußerungen befürchten muß, dass die beiden Firmen sonst in ihrer Weiterarbeit erlahmen und unsicher werden«.[78]

In biografischer Hinsicht ist hier Fritz Leonhardts ausgeprägtes Selbstbewusstsein beachtenswert, das ihn im Laufe seiner Karriere immer wieder in bereits laufende Entscheidungsprozesse eingreifen ließ, wenn er der Ansicht war, dass nicht die technisch und entwurflich beste Variante verfolgt wurde. Das prominenteste Beispiel sollte der Fernsehturm in Stuttgart werden.

Im historischen Kontext ist Leonhardts Einmischung ein Akt bewusster Verteidigung des technisch Richtigen gegenüber der übersteigerten Monumentalität nationalsozialistischer Planungen. Die Entwurfsvariante in Stahlbau belegt eindeutig Leonhardts Festhalten am Prinzip des Leichtbaus. Selbst als sich abzeichnete, dass die Stahlbauvariante aus politischen Gründen nie in Erwägung gezogen werden würde, versuchte er mit einem Stahlbetonentwurf in Röhrenform eine konstruktiv optimierte Alternative zu verfolgen.

Seine aus den USA mitgebrachten Ideen, die Leonhardt in engem Kontakt mit seinem Onkel Otto Nissler in den USA auch während des Krieges noch ständig aktualisierte, illustrieren die relative Freiheit der Ingenieure und des Bauwesens innerhalb des nationalsozialistischen Staates, solange es sich nicht um direkt von Hitler vorgegebene architektonische Inhalte handelte.

Bemerkenswert sind jedoch vor allem die umfangreichen Versuchsreihen, die im Auftrag Karl Schaechterles und der Arge Nord-Süd zur Seiltechnik und im Bereich der Konstruktionsoptimierung von Hängebrücken durchgeführt wurden. Mit großem Aufwand wurden noch während des Zweiten Weltkriegs bautechnische Innovationen vorbereitet, die nach dem Krieg gerade im Leichtbau zum Einsatz kommen sollten.

1) Frank 1991, S. 84.

2) Frank 1991, S. 96.

3) Rede Hitlers vor den Truppenkommandeuren des Heeres vom 10. Februar 1939. Zit. nach: Frank 1991, S. 96, FN 50.

4) Fritz Leonhardt, »Gauhaus Hamburg. Zu ›Bauliche Gedanken‹«, 28. Februar – 1. März 1942 (saai Karlsruhe).

5) Ingenieurbüro Dr.-Ing. Fritz Leonhardt, Zeichnungen unbetitelt (Archiv LAP/Auftragsnr. 42). Andrä 1999, S. 494–506.

6) Badische Landesbibliothek Karlsruhe, »Fritz Leonhardt in Amerika 1932/33. Ein junger Bauingenieur aus Deutschland sieht die Neue Welt«, Ausstellung 22. September – 21. November 2009.

7) Ingenieurbüro Dr.-Ing. Fritz Leonhardt, Plan »Möglichkeiten der Profilierung der Aussenhaut« (Archiv LAP/Auftragsnr. 42), S. 6.

8) Pöter 2009, S. 288 f.

9) Ingenieurbüro Dr.-Ing. Fritz Leonhardt, Plan »Befestigung u. Stoss der Metallaussenhaut« (Archiv LAP/Auftragsnr. 42), S. 7.

10) Ingenieurbüro Dr.-Ing. Fritz Leonhardt, Plan »Aussenwand« (Archiv LAP/Auftragsnr. 42), S. 10.

11) Ingenieurbüro Dr.-Ing. Fritz Leonhardt, Plan »Ansichtsskizze 1:400. 21 m Steinsockel, darüber Metallhaut, 16 m Portale« (Archiv LAP/Auftragsnr. 42), S. 29.

A) B) Hochhausbau in New York, Fotografien Fritz Leonhardts, aufgenommen während seiner Reise in die USA 1932/33

Der Entwurf für das Gauhaus in Hamburg

Neben der Elbehochbrücke war das zweite wesentliche Element der Neuplanungen für Hamburg das sogenannte Gauhaus. Gelegen am Gelenkpunkt der beiden städtebaulichen Achsen, an der Stelle, wo die Elbuferachse die auf die Stadt zulaufende Straße traf, sollte es als städtebauliches Zeichen die Silhouette des Ufers inszenieren und den Anspruch Hamburgs als Stadt des Außenhandels in bewusster Konkurrenz zu New York manifestieren. In den Anforderungen zum städtebaulichen Wettbewerb 1937 war präzise vorgegeben, dass an der Stelle des alten Zentrums von Altona ein 250 m hohes »Gauhaus« das Elbeufer akzentuieren sollte. [1] Nach entschiedenem Wettbewerb zeichnete Konstanty Gutschow als »Architekt des Elbufers« für diese Planungen verantwortlich.

Für Hartmut Frank ist die Planung des Hamburger Elbufers »neben dem Autobahnbau der spektakulärste Amerikanismus der dreißiger und vierziger Jahre in Deutschland«. [2] Hitler selbst hatte dies intendiert: »Was heißt Amerika mit seinen Brücken? Wir können genau das gleiche. – Deshalb lasse ich dort einen Wolkenkratzer hinstellen von der gleichen Gewalt der größten amerikanischen.« [3]

Stahlskelettkonstruktion

Das Gauhaus für Hamburg sollte in der Planungsstufe von 1942 50 Geschosse hoch aufragen. Für die Konstruktion dieses Hochhauses holte sich Konstanty Gutschow offensichtlich Rat bei dem Ingenieur Fritz Leonhardt, den er über die Planungen für die Elbehochbrücke kannte. Ein nur im saai überliefertes gebundenes Konvolut von 10 Plänen beinhaltet »Bauliche Gedanken« zum Gauhaus Hamburg von Fritz Leonhardt. [4] Das Projekt läuft unter der internen Auftragsnummer 42, der nicht betitelte Zeichnungen im LAP-Archiv zugeordnet werden können,. Dort sind bauliche Details behandelt, die Hans-Peter Andrä in seinem Aufsatz 1999 vorgestellt hat. [5]

Fritz Leonhardt, der sich während seiner USA-Reise für die Konstruktion der Hochhäuser begeistert hatte und viele davon fotografisch dokumentiert hatte, [A] [B] [6] schlug in seinen »Baulichen Gedanken« eine Stahlskelettkonstruktion vor. Der auf einer Grundfläche von rund 50 m × 65 m zu errichtende Bau mit risalitartig verstärkten Ecken sollte auf einem fünfgeschossigen Stahlbetonfundament stehen, dessen Decke als »Luftschutzdecke« ausgewiesen wird und daher 2,50 m stark gewesen wäre. [C] Auf diesem Fundament hätte ein 50-geschossiger Turm gestanden mit einem 22,40 m hohen repräsentativen Eingangsgeschoss und 48 Normalgeschossen [D] mit 4,40 m Deckenhöhe, bekrönt von einem 15 m hohen Festsaal im 50. Geschoss. Addiert ergibt sich ein über 250 m hohes Bauwerk. Damit hätte Leonhardt annähernd die Höhe der zeitgenössischen amerikanischen Hochhausbauten erreicht. Das 1928–1930 in New York errichtete Chrysler Building war mit 77 oberirdischen Geschossen über 300 m hoch.

Vorhangfassade

Die bei Gutschow im Februar 1942 als Mappe vorgelegten »Baulichen Gedanken« legen die Konstruktion in Stahl fest, treffen jedoch keine Aussage über die Ausführung der Fassade. Diese Details sind vielmehr in den im LAP-Archiv überlieferten Zeichnungen ablesbar. Fritz Leonhardts Mitarbeiter planten eine zweischalige Metallaußenhaut. Für deren äußere Schicht wurden profilierte Stahlbleche diskutiert, die in gewellter, gefalteter oder trapezförmig ausgebildeter Form mit einer Falthöhe von über 3 cm variiert wurden. [E] [7] Diese Form von Wellprofiltafeln wurde Mitte des 19. Jahrhunderts in den USA entwickelt. Die Trapezform hatte sich erst in den 1930er-Jahren dort etabliert und war in Europa bis zu diesem Zeitpunkt noch nicht angewendet worden. [8]

Zwischen den beiden Schichten lagen Walzprofile mit gestanzten Lochungen, um zusätzlich Gewicht zu sparen. [F] [9] Die Metallaußenhaut hätte vor den Stahlträgern gehangen und wäre somit eine der ersten Vorhangfassaden gewesen. Zur Dämmung wurden zwei Varianten vorgeschlagen: ein Mörtelverguss oder die Ausmauerung mit Hohlsteinen. [H] [10]

Die gezeichnete Ansicht des Eingangsgeschosses zeigt eine vorgesetzte Verblendung mit Werksteinen im Erdgeschossbereich, auf denen riesig dimensionierte Adlerskulpturen mit Bleistift einskizziert sind. Die oberen Geschosse sollten durch die wahlweise gewellte oder gefaltete Metallaußenhaut glänzen. [G] [11]

Ob diese Detailüberlegungen des Ingenieurbüros Dr.-Ing. Fritz Leonhardt tatsächlich in Hamburg vorgelegt worden sind, lässt sich anhand der bisher gesichteten Archivalien nicht feststellen.

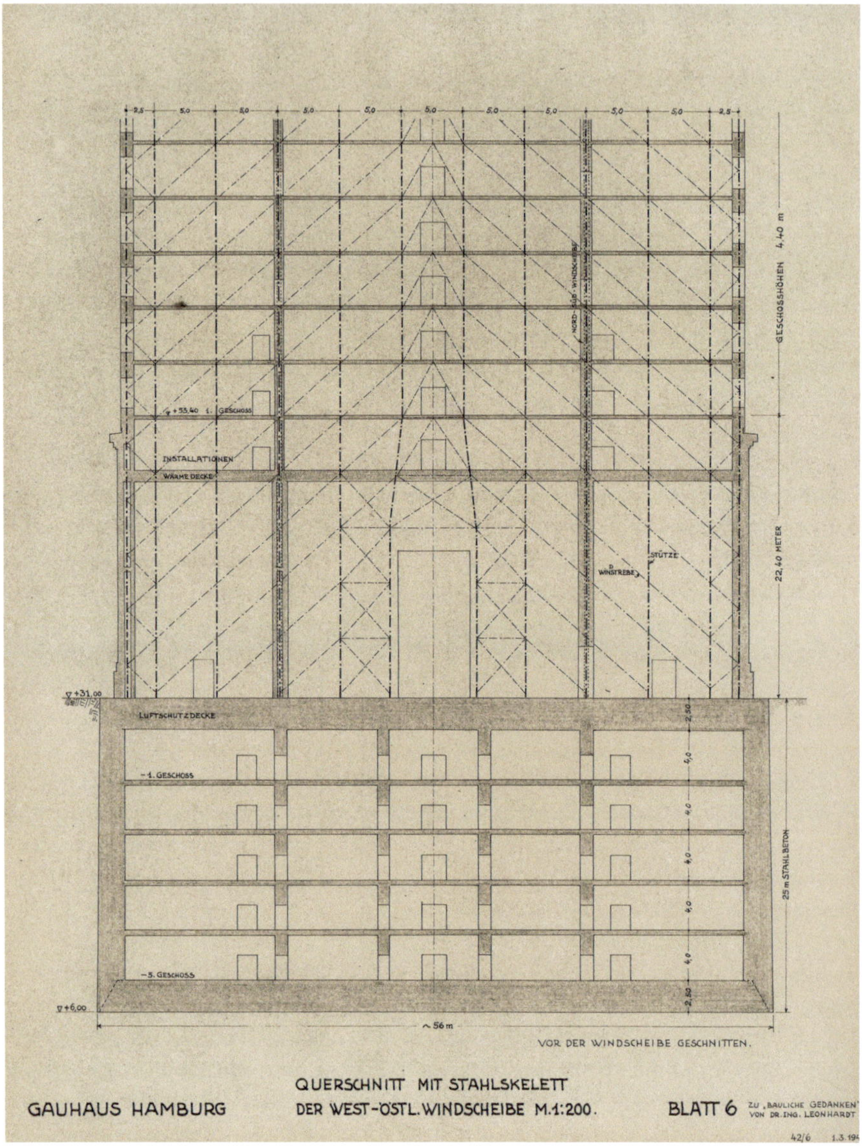

C) Entwurf Gauhaus Hamburg,
Querschnitt der unteren Geschosse

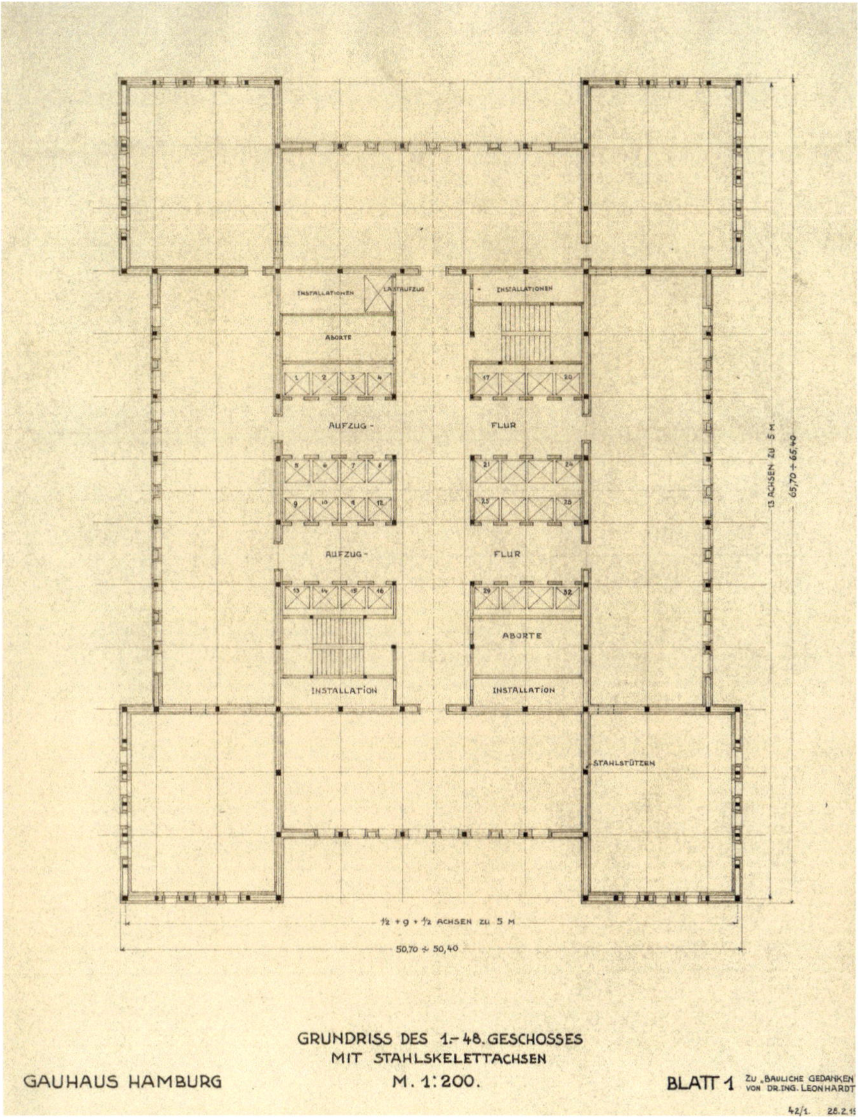

D) Entwurf Gauhaus Hamburg, Grundriss Normalgeschoss

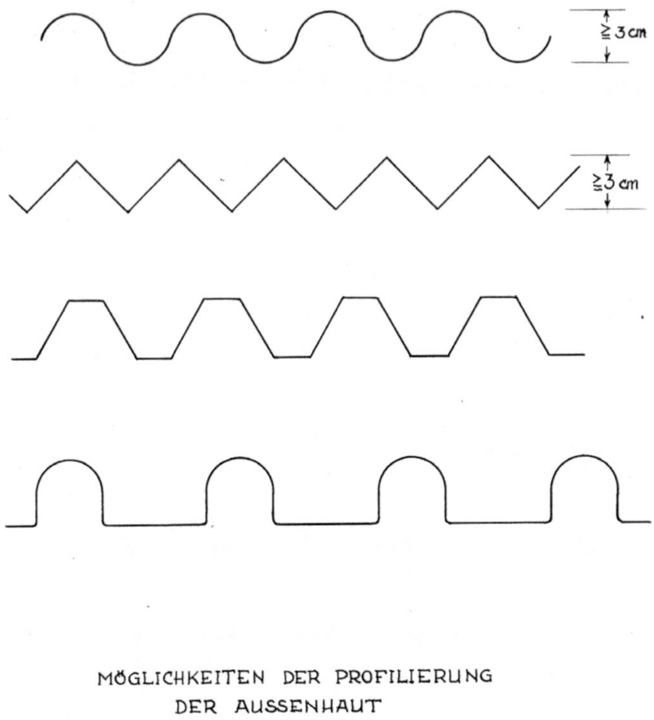

E) Entwurf Gauhaus Hamburg, Varianten der Wellprofiltafeln

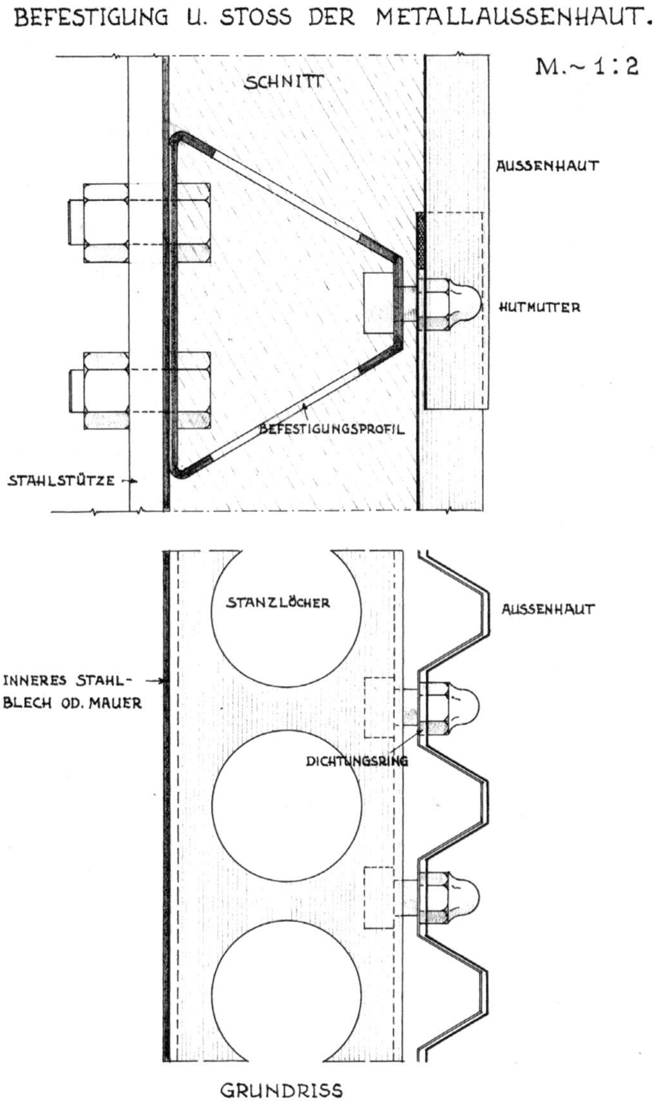

F) Entwurf Gauhaus Hamburg, Details der Metallfassade

12) Heinle/Leonhardt 1989, S. 296.

13) Badische Landesbibliothek Karlsruhe, »Fritz Leonhardt in Amerika 1932/33. Ein junger Bauingenieur aus Deutschland sieht die Neue Welt«, Ausstellung 22. September – 21. November 2009.

14) Durth 2001, S. 69, Abb. 15.

15) Michael Früchtel, Der Architekt Hermann Giesler. Leben und Werk (1898–1987), Tübingen 2008, S. 141, Abb. 143

16) Durth 2001, S. 151, Abb. 54.

17) Durth 2001, S. 151, Abb. 56.

18) Frank 1991, S. 95.

G) Entwurf Gauhaus Hamburg, Ansicht der unteren Geschosse

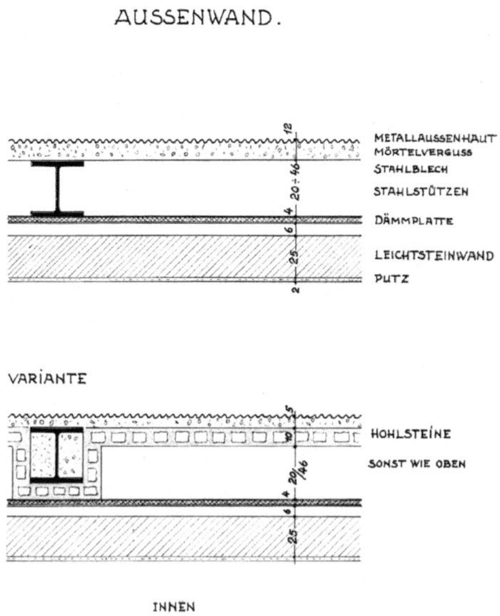

H) Entwurf Gauhaus Hamburg, Details der Metallfassade

Die Hochhausfrage

Der Architekt des Gauhauses, Konstanty Gutschow, hatte auf seiner Reise durch die USA gezielt Hochhausbauten besichtigt, da die USA zu diesem Zeitpunkt auch im Hochhausbau die führende Nation waren. »Skyscrapers are lean towers on a rectangular or round ground plan, with a height which reaches many times the length of the sides or the diameter.« [12]

Die ersten sogenannten Hochhäuser entstanden in den Vereinigten Staaten ab Mitte des 19. Jahrhunderts. Der technologische Aufschwung in der Bautechnik führte Ende des 19. Jahrhunderts zur Entwicklung der Stahlskelettbauweise. Neue Stahlsorten und die Herstellung von Walzprofilen waren dabei entscheidend. So entstanden um 1900 Hochhäuser in New York wie das Singer Building (1907–1908), der Metropolitan Life Tower (1908) und das Woolworth Building (1913). Die zweite Phase des Hochhausbaus in den USA führte zu den beeindruckenden Konstruktionen des Chrysler Building (1930) und des Empire State Building (1931), die Fritz Leonhardt auf seiner USA-Reise sehr beeindruckt hatten. [13]

In Europa hatte sich in der Zwischenkriegszeit die Idee des Bauens in die Höhe nur zögerlich durchgesetzt. Wettbewerbe wie der 1921 zu einem Hochhaus am Bahnhof Friedrichstraße, an dem sich die Elite der deutschen Avantgardearchitekten beteiligte, wurden mit großem Interesse und extrem kontrovers diskutiert. Trotz zahlreicher Visionen, wie sie beispielsweise Le Corbusier 1922 als Ville Contemporaine für das Zentrum von Paris vorgeschlagen hatte, waren in Europa bis in die 1930er-Jahre hinein wenige Hochhäuser tatsächlich gebaut worden. Auch Konstanty Gutschow hatte bereits 1927 für Hamburg ein Turmhaus an der Binnenalster entworfen, das nicht gebaut wurde. [14]

Innerhalb nationalsozialistischer Planungen spielte das Hochhaus eine untergeordnete Rolle, auch wenn durchaus hohe mehrstöckige Gebäude geplant wurden. Hermann Gieslers Hohe Schule am Chiemsee war auf Fernwirkung ausgelegt, da sie von der Autobahn aus weithin sichtbar sein sollte, und als 13-geschossiger Turm konzipiert. [15] Auch die beiden die Münchner städtebauliche Neuplanungsachse flankierenden Türme des KdF-Hotels und des Stadthauses hatte Giesler mindestens 12-geschossig vorgesehen (siehe Kapitel Der Kuppelkonstruktionsentwurf für den Neuen Hauptbahnhof in München [D]).

Diese Gebäude wären nach der Definition Fritz Leonhardts jedoch nicht unbedingt als Hochhäuser zu bezeichnen gewesen, da die Höhe nicht wesentlich die bebaute Grundfläche übertraf. Hochhäuser mit bis zu 50 Stockwerken, wie sie in den USA realisiert worden waren, widersprachen anfänglich den nationalsozialistischen Vorstellungen von Stadt. Ab Mitte der 1930er-Jahre änderte sich das. Entwürfe für Turmhäuser traten vermehrt ab 1938 auf, so der Entwurf von Hans Dustmann für die Hochschulstadt in Berlin, die mit zwei Hochhäusern deutlich vertikalisiert ist. [16] Auch Friedrich Tamms, künstlerischer Berater bei der Reichsautobahn und damit Kollege von Fritz Leonhardt, hatte 1938 für die Universitätsklinik in Berlin einen Wettbewerbsbeitrag mit einem Turmhaus eingereicht. [17] 1937 entwarf auch der Architekt Wilhelm Kreis für das Oberkommando des Heeres in Berlin ein Turmhaus. [I] Das über 15-geschossige Hochhaus auf annähernd quadratischem Grundriss hatte wie die amerikanischen Vorbilder der Zwischenkriegszeit ein ausformuliertes Eingangsgeschoss und ein bekrönendes oberes Stockwerk. Die gleiche horizontale Gliederung sollte auch das von Gutschow entworfene Gauhaus für Hamburg in der Planungsstufe vom Februar/März 1942 charakterisieren. Vergleichbar sind auch die Ausformulierung der verstärkten Ecken, die beiden Gebäuden eine statische Massivität verleihen. Dennoch wäre der 50 Geschosse hohe Turm mit dem Stahlskelett von Fritz Leonhardt in seiner Gesamtheit deutlich schlanker ausgefallen und hätte damit – wie von Hitler beabsichtigt – auf den amerikanischen Hochhausbau verwiesen.

Gutschow hatte sich nicht nur auf seiner Reise 1937 mit dem amerikanischen Hochhausbau auseinandergesetzt. Kurz nach seinem Studium hatte er 1926 die Öffentlichkeitsarbeit für eine Wanderausstellung zu amerikanischer Baukunst in Stuttgart übernommen und sich in mehreren Fachbeiträgen mit amerikanischer Architektur befasst. [18] Er war deshalb über die Entwicklungen in den USA genauso informiert wie Fritz Leonhardt.

Leonhardts Stahlkonstruktion orientierte sich eindeutig an amerikanischen Vorbildern. Der Leiter des Hamburger Baubüros, Rudolf Hillebrecht, betonte 1940, dass das »erste Gesetz für die Konstruktion Leichtigkeit« sein müsse, und verwies explizit

19) Aktennotiz Hillebrechts vom 20. Juni 1942 (Stadtarchiv Hamburg, Bestand Gutschow). Zit. nach: Frank 1991, S. 97, FN 53.

20) Aktennotiz Hillebrechts vom 20. Juni 1942 (Stadtarchiv Hamburg, Bestand Gutschow). Zit. nach: Frank 1991, S. 97.

21) Rudolf Hillebrecht an Fritz Leonhardt 23. Juni 1942 (Stadtarchiv Hamburg, Bestand Gutschow). Zit. nach: Frank 1991, S. 98, FN 56.

I) Wilhelm Kreis, Turmhaus für das Oberkommando der Wehrmacht Berlin

J) Hentrich & Petschnigg, Tragwerksplanung: Büro L+A, Hochhaus der Phoenix-Rheinrohr AG (Dreischeibenhochhaus) Düsseldorf 1955–1960, bauzeitliches Modellfoto

auf das »Prinzip der Amerikaner«.[19] Diese Optimierungsstrategie verfolgte Fritz Leonhardt 1940 in seinem Aufsatz »Leichtbau – eine Forderung unserer Zeit«. Auch im Hinblick auf die Konstruktion des Hamburger Gauhauses argumentierte Leonhardt mit dem Gewicht, das er auf ein Drittel im Vergleich mit einer Konstruktion aus Stein ansetzte. Als Leonhardt 1942 das im saai überlieferte Gutachten zu den »Baulichen Gedanken« vorlegte, wurde entschieden, nun ausschließlich die Variante in Stahlbauweise weiterzuverfolgen und Leonhardt in die weiteren Planungen miteinzubeziehen.[20] Die Detailplanungen des Büros zur Außenhaut dürften somit in die erste Hälfte des Jahres 1942 zu datieren sein. Im Juni 1942 informierte Gutschow Leonhardt jedoch, dass die Hochhausplanungen »von offizieller Seite (...) ziemlich deutlich abgeblasen (werden)«.[21]

Wäre es zum Bau des Gauhauses gekommen, dann wäre die vom Ingenieurbüro Dr.-Ing. Fritz Leonhardt geplante Vorhangfassade eine der ersten in dieser Weise konstruierten Fassaden Europas gewesen.

Erst Mitte der 1950er-Jahre konnte Fritz Leonhardt mit seinem Partner Kuno Boll zusammen mit dem Architekturbüro Hentrich & Petschnigg in Düsseldorf für das Dreischeibenhochhaus der Phoenix-Rheinrohr AG eine solche Vorhangfassade tatsächlich bauen.[J]

In den Jahren des wirtschaftlichen Aufschwungs nach dem Zweiten Weltkrieg übernahm das Büro L+A die Tragwerksplanung für zahlreiche weitere Hochhäuser, deren Konstruktion aus Stahlbeton mit steifem Kern war, so zum Beispiel das BASF-Hochhaus in Ludwigshafen (1953–1957) oder das Unilever-Haus in Hamburg (1961–1963). Kuno Boll war als Partner für diese Hochbauprojekte verantwortlich und entwickelte im Büro L+A und später mit seinem eigenen Ingenieurbüro zahlreiche Verfahren, um den Hochhausbau zu rationalisieren.

1) Rasp 1981, S. 47.

2) Früchtel 2008, S. 145 ff. Durth 2001, S. 159.

3) Roos 2008, o. S.

4) Flügel, Niederschrift der Besprechung mit dem Führer auf dem Obersalzberg am 13.November 1937« (saai Karlsruhe, Bestand Hermann Reinhard Alker), S. 10.

5) Leonhardt übernahm die Darstellung Gieslers, der den Kuppelbahnhof als seine eigene innovative Entwurfsidee stilisierte. Giesler 1977, S. 169.

6) Giesler 1977, S. 169.

7) Rasp 1981, S. 130.

8) Roos 2008, o. S.

9) Typoskript »Neue Bahnhofstrasse mit Querverbindung zum Südbahnhof«, undatiert (vermutlich nach Juli 1938) (saai Karlsruhe, Bestand Hermann Reinhard Alker), S. 1 f.

10) Giesler 1977, S. 169.

11) Leonhardt 1984, S. 89.

12) Typoskript »Neue Bahnhofstrasse mit Querverbindung zum Südbahnhof«, undatiert (vermutlich nach Juli 1938) (saai Karlsruhe, Bestand Hermann Reinhard Alker), S. 2.

13) »Der Führer schlägt dann als Breitenmaße nicht 100 sondern 110 oder besser 112 m vor, weil die Wiener Rotunde 109 m hat.« Flügel, Niederschrift der Besprechung mit dem Führer auf dem Obersalzberg am 13. November 1937 (saai Karlsruhe, Bestand Hermann Reinhard Alker), S. 10.

14) Flügel, Niederschrift der Besprechung mit dem Führer auf dem Obersalzberg am 13. November 1937 (saai Karlsruhe, Bestand Hermann Reinhard Alker), S. 10.

15) Giesler 1977, S. 169.

16) Publiziert in: 2001, S. 145, Abb. 50.

17) Typoskript »Neue Bahnhofstrasse mit Querverbindung zum Südbahnhof«, undatiert (vermutlich nach Juli 1938) (saai Karlsruhe, Bestand Hermann Reinhard Alker).

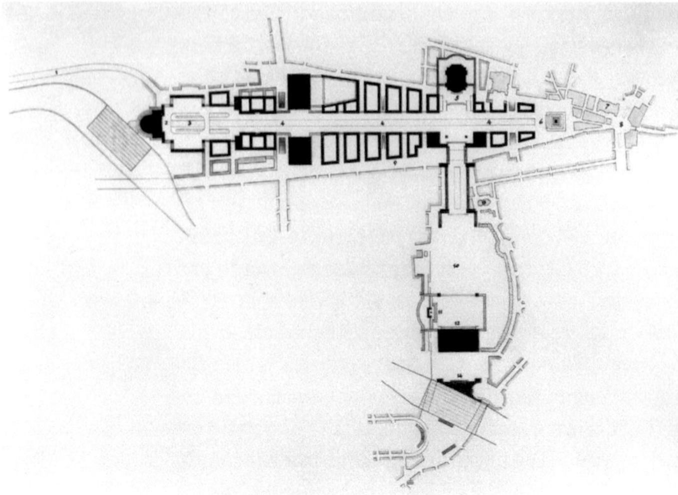

A) Sonderbaubehörde unter Hermann Reinhard Alker, Planung für die Große Achse mit Neuem Hauptbahnhof (links) und Anschluss an den Südbahnhof (unten) 1938

B) Sonderbaubehörde unter Hermann Reinhard Alker, Gipsmodell der Großen Achse mit Kuppelbahnhof 1938

Der Kuppelkonstruktionsentwurf für den Neuen Haufptbahnhof in München

Ein weiterer Brennpunkt städtebaulicher Neugestaltung war die Stadt München. Hitlers Interesse galt schon immer der sogenannten Hauptstadt der Bewegung, doch nach dem Tod des von ihm sehr geschätzten Architekten Paul Ludwig Troost im Frühjahr 1934 blieben die Baumaßnahmen eher punktuell. [1] Erst als 1937 der Karlsruher Hochschullehrer Hermann Reinhard Alker als Leiter der Sonderbaubehörde für den Ausbau der Hauptstadt der Bewegung nach München berufen wurde, bekamen die Neuplanungen eine städtebauliche Dimension.

Vorangegangene Planungen

Die bereits vor 1933 begonnenen Diskussionen um den Kopfbahnhof in München waren am 7. Februar 1937 durch eine direkte Anweisung Hitlers beendet worden. Der Neue Hauptbahnhof sollte als Durchgangsbahnhof im Westen der Stadt liegen, sodass auf dem frei werdenden Bahngelände eine neue Prachtstraße als axiale Verbindung zur Innenstadt angelegt werden konnte. Der Anfang der Achse sollte durch den Bahnhof markiert werden, das Ende bildete die Säule des Denkmals der Partei. [2] Entgegen Leonhardts Darstellung in seiner Autobiografie war die Planung unter dem Leiter der Sonderbaubehörde zum Ausbau der Hauptstadt der Bewegung, Hermann Reinhard Alker, bereits 1937 in weiten Teilen festgelegt. [3] Doch Hitler hatte sich in einer Besprechung vom 15. November 1937 daran gestört, dass die Prachtachse in einer Sackgasse vor dem Hauptbahnhof endete und »die Durchfahrt zur Autobahn auf dem nördlichen Seitenflügel (des Bahnhofs) zu klein (sei)«. [A] [4]

Der von Hitler am 21. Dezember 1938 zum Generalbaurat für die Hauptstadt der Bewegung berufene Architekt Hermann Giesler, dem Leonhardt fälschlicherweise den Entwurf des Kuppelbahnhofs zuschreibt, [5] änderte deshalb die infrastrukturelle Anbindung des Hauptbahnhofs, die Hitler kritisiert hatte. Da Giesler von der Trassengestaltung der Reichsbahn nicht überzeugt war, senkte er – sehr zum Ärger von Verkehrsminister Julius Dorpmüller – die mehrspurige Bahntrasse ab und erklärte den Südbahnhof, der die Theresienwiese zerschnitten hätte, für überflüssig. Seine persönlichen Kontakte zu Adolf Hitler nutzte Giesler, um seine Änderungen in diesem weit fortgeschrittenen Stadium der Planung durchzusetzen.

Kuppelbahnhof

Der Kuppelbahnhof als städtebaulicher Akzent stellt in der Eigenbewertung Hermann Gieslers [6] eine innovative Neuerung dar, die von Hans Peter Rasp und Fritz Leonhardt unkritisch als »Gieslers bedeutendste architektonische Leistung« [7] für München rezipiert wurde. Anhand von Plänen und Modellfotos im Nachlass Alker im saai lässt sich jedoch zweifelsfrei belegen, dass der Bahnhof bereits von der Sonderbaubehörde mit Kuppel konzipiert und in mindestens einem Modell visualisiert war. [B] [8] Das erste Modell »wurde dem Führer bei seinem Besuch im Atelier Prof. Alker am (8. Januar 38) von/durch diesen vorgelegt«. Einen weiteren Modellentwurf legte Alker am 24. Februar 1938 vor. [9]

Hitler hatte entschieden, dass der neue Hauptbahnhof im Westen – ähnlich wie die Elbehochbrücke in Hamburg – ein »Monument der Technik unseres Jahrhunderts« [10] werden und die Könnerschaft des deutschen Ingenieurwesens bezeugen sollte.

Deshalb entwickelte schon Alker zusammen mit dem Statiker Ostertag ein »Technik-Bauwerk« [11] mit einer Kuppelkonstruktion über der Empfangshalle »in Stahl und Glasbauweise«, [12] die etwa 110 m weit spannen sollte. [B] [13] Bereits im November 1937 war die Rede vom »Rundkuppelbau«, den der Führer als »architektonisch noch nicht befriedigend bezeichnet (hatte). Er wirke zu wenig technisch, (...). Da müsse etwas ganz technisch Modernes hingestellt werden.« [14] Hitler selbst wünschte die deutliche Unterscheidung zwischen dem Münchner Hauptbahnhof als »Monument der Technik unseres Jahrhunderts« [15] und der von Albert Speer in Berlin als Halle des Volkes konzipierten massiven Kuppelkonstruktion: [16] »Der Führer wies Professor Alker darauf hin, dass Professor Speer in Berlin ebenfalls einen Kuppelbau plane, er möge sich deswegen mit Sp.[eer] in Verbindung setzen, da er keine Ähnlichkeit der beiden Bauten wünsche.« [17]

Hermann Giesler knüpfte nach seiner Berufung am 21. Dezember 1938 an diese Kuppelplanungen an und übersteigerte die Dimensionen der Kuppel ins Monumentale, da er die neue Kuppel nun nicht mehr über die Empfangshalle, sondern über die mehrspurige Gleistrasse legte, weshalb sie sehr viel weiter spannen musste. [C] Ähnlich wie für die Elbehochbrü-

18) Skizze von Adolf Hitler, »Hauptbahnhof« (Bayerisches Hauptstaatsarchiv München, Nachlass Hitler, Nr. 6). Publiziert in: Früchtel 2008, S. 185, Abb. 166.

19) Sämtliche Stahlbaudetailpläne aus den Jahren 1939-42 sind von der Stahlbau-Gemeinschaft Klönne-Krupp, München unterzeichnet. (Stadtarchiv München, GB/Verzeichniseinheiten »Übersichtspläne der Kuppelbinder von Punkt 2a–8«, »Detailpläne der Kuppelbinder von Punkt 2a–8«, »Binder (-fuß, -lager, etc.)«, »Kuppel-Querschnitte«).

20) Die vom Juli 1939 datierenden Vorentwurfspläne stammen von der Firma August Klönne (Stadtarchiv München, GB/ Verzeichniseinheit »Erste Planungsvorstellungen vom Juli 1939«, GB 1915–1922 und GB 1312/1313). Zwei Pläne sind unterzeichnet mit »Aug. Klönne/P. Bonatz« (Stadtarchiv München, GB 1367/I und GB 1367/II).

21) Herrmann Giesler an Fritz Todt, 23. September 1939. (Bundesarchiv Berlin, R 4601/788).

22) Fritz Todt an Hermann Giesler, 13. Oktober 1939. Unterstreichungen im Original (Bundesarchiv Berlin, R 4601/788).

23) Organigramm in: Rasp 1981, S. 111.

24) Leonhardt 1984, S. 89. Und: Nerdinger 1993, S. 83 f.

25) Paul Bonatz, Perspektive o. T., 9. November 1939 (Stadtarchiv München, GB/Verzeichniseinheit »Hauptbahnhof Neu – Serie 9001–9027«, GB 679).

26) Leonhardt 1984, S. 92.

27) Die zerlegbaren Holzmodelle sind heute im Stadtarchiv München und werden im Stadtmuseum München aufbewahrt (Mod. 93/4).

28) Rasp 1981, S. 135. Hermann Giesler nennt in seinen Erinnerungen nur den Statiker Rudakow, der die Kuppel berechnet habe: Giesler 1977, S. 173. Als Planer gibt er Paul Bonatz an. Leonhardts Name fällt im Zusammenhang mit dem Neuen Hauptbahnhof nicht. Michael Früchtel nennt die Namen Leonhardt, Rudakow, Wansleben und Chwalla: Früchtel 2008, S. 184.

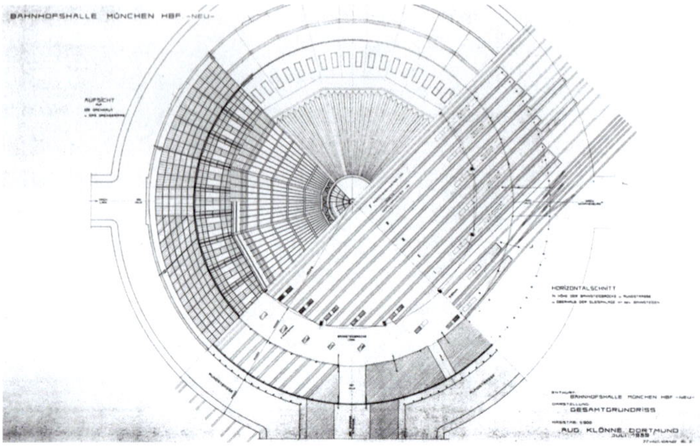

C) Firma August Klönne, Grundriss Bahnhofshalle Hauptbahnhof München, prämierter Wettbewerbsbeitrag Juli 1939

D) Paul Bonatz, perspektivische Zeichnung des Neuen Hauptbahnhofs in München, gesehen von der Achse aus, datiert vom 9. 11. 1939

cke in Hamburg lag auch für den zum Prestigeprojekt erhobenen Hauptbahnhof in München eine Skizze Hitlers, datiert 22. März 1939, vor, die für die weiteren architektonischen Vorschläge als Maßgabe diente: Eine flache Kuppel sitzt auf ringförmigen Sockelbauten, deren Mitte der vorgezogene Eingang mit Säulenportikus betont. Ein umlaufendes Fensterband und die aufgesetzte Laterne belichten die flache Rippenkuppel.[18]

Mitte des Jahres 1939 war ein Wettbewerb unter den Stahlbaufirmen ausgeschrieben worden, an dem u. a. die Firmen Krupp (Essen), Klönne (Dortmund), Jucho (Dortmund), MAN (Mainz-Gustavsburg), aber auch die Stahlbetonbaufirma Dyckerhoff & Widmann teilnahmen. Es gewann die Firma August Klönne,[C] [E] die für die weitere Bearbeitung mit der Firma Krupp die Stahlbau-Gemeinschaft Klönne-Krupp bildete.[19] Paul Bonatz war als Beauftragter für die architektonische Gestaltung schon am Vorentwurf beteiligt.[20] Giesler selbst wendete sich Ende September 1939 an Fritz Todt mit der Bitte, »bei der Planung der Stahlkuppel [...] Herrn Professor Bonatz [...] den Regierungsbaumeister Dr.-Ing. Fritz Leonhardt als beratenden Ingenieur beizugeben«.[21] Todt gibt der Anfrage statt mit dem Hinweis, dass »Herr Leonhardt einer der fähigsten Brückenbauer und wohl der beste Statiker [sei], der in den Reihen der Obersten Bauleitungen steht«. Leonhardt solle am Vorentwurf mitarbeiten, »neben seiner dienstlichen Tätigkeit«, der Bauleitung der Hängebrücke Köln-Rodenkirchen. Außerdem empfahl Todt, Leonhardt »ein entsprechendes Büro beizugeben, so dass er sich [...] auf die Führung beschränken kann«.[22] In der Folge gründete Fritz Leonhardt Ende 1939 in der Galeriestraße in München sein erstes eigenes Ingenieurbüro Dr.-Ing. Fritz Leonhardt, das zuständig war für Technik, Normung, Installation/Nasszellen, Porenbeton etc. und innerhalb der Planungsabteilung direkt dem Generalbaurat Hermann Giesler unterstellt war.[23] Die Bauleitung vor Ort in Köln-Rodenkirchen übernahm Louis Wintergerst.[24]

Paul Bonatz leitete im Rahmen der Gesamtplanung für München unter Generalbaurat Hermann Giesler das Planungsbüro für den Neuen Hauptbahnhof. Sein Bahnhofsentwurf besticht durch eine reduzierte architektonische Formensprache und verweist mit den fein profilierten, schlanken Verglasungen des die Gleishalle umgebenden Rundbaus und des Obergadenfensterbandes auf die Architektur der Nachkriegszeit. Die Rippenkuppel von Hitlers Zeichnung erscheint wie eine Faltwerkskonstruktion. Bonatz verzichtete auf den massiv betonten Eingangoportikus und zog lediglich sein auf leichten Stützen schwebendes Vordach etwas nach vorn und legte es auf zwei massive Risalite auf. Erst in der perspektivischen Darstellung, signiert mit »Bonatz 9. 11. 39«, kommt die Unmaßstäblichkeit des Bauwerks zum Ausdruck.[D] [25] Leonhardt schrieb, dass Paul Bonatz sich mit der Kuppel für einen Bahnhof »nicht anfreunden (konnte), und zweimal einen Vorstoß (machte), ein rechteckiges Bahnhofsgebäude neben die Gleise zu legen. Er blitzte damit bei Giesler ab.«[26]

Wie für die meisten nationalsozialistischen Planungen wurden auch von den Münchner Visionen mehrere Modelle zur Visualisierung angefertigt. Dank der rechtzeitigen Auslagerung aus der durch Bombenangriffe bedrohten Stadt sind zwei Holzmodelle des Neuen Hauptbahnhofs mit Umgebung im Planungsstand Giesler/Bonatz überliefert.[27] Beide veranschaulichen die Dominanz des neuen Bahnhofs im städtischen Kontext, ohne – materialbedingt – der Transparenz der Konstruktion gerecht zu werden.

Dachkonstruktion der Kuppel

In der Literatur wurde bisher Fritz Leonhardt zusammen mit dem Statiker Alexis Rudakow als Konstrukteur der Kuppel genannt.[28] Anhand der Pläne im Stadtarchiv München lässt sich die Beteiligung des Ingenieurbüros Dr.-Ing. Fritz Leonhardt eindeutig nachweisen. Es liegen zahlreiche Werkpläne im Maßstab 1:20 bis hin zu Detailplänen im Maßstab 1:1 für die Dachkonstruktion vor, die zweifelsfrei Leonhardts Büro zugeschrieben werden können.[29] Die Archivalien des MPA-Bestandes belegen, dass die renommiertesten Ingenieure in München versammelt wurden. Neben Gottwald Schaper, der das Reichsverkehrsministerium vertrat, waren vonseiten der Reichsbahn die Ingenieure Lewrenz, Reuter und Seiffert dabei. Berater war Professor Ernst Chwalla aus Brünn. Für die Stahlbau-Gemeinschaft Klönne-Krupp waren die Ingenieure Winterkamp, Schneider, Alexis Rudakow und Wansleben tätig.[30]

Dieses Team konstruierte eine Rippenkuppel in Stahl, die über 245 m weit spannen sollte, nach einer Planänderung – bedingt durch Hitlers Idee einer europäischen Breitspurbahn – sogar 285 m. Im

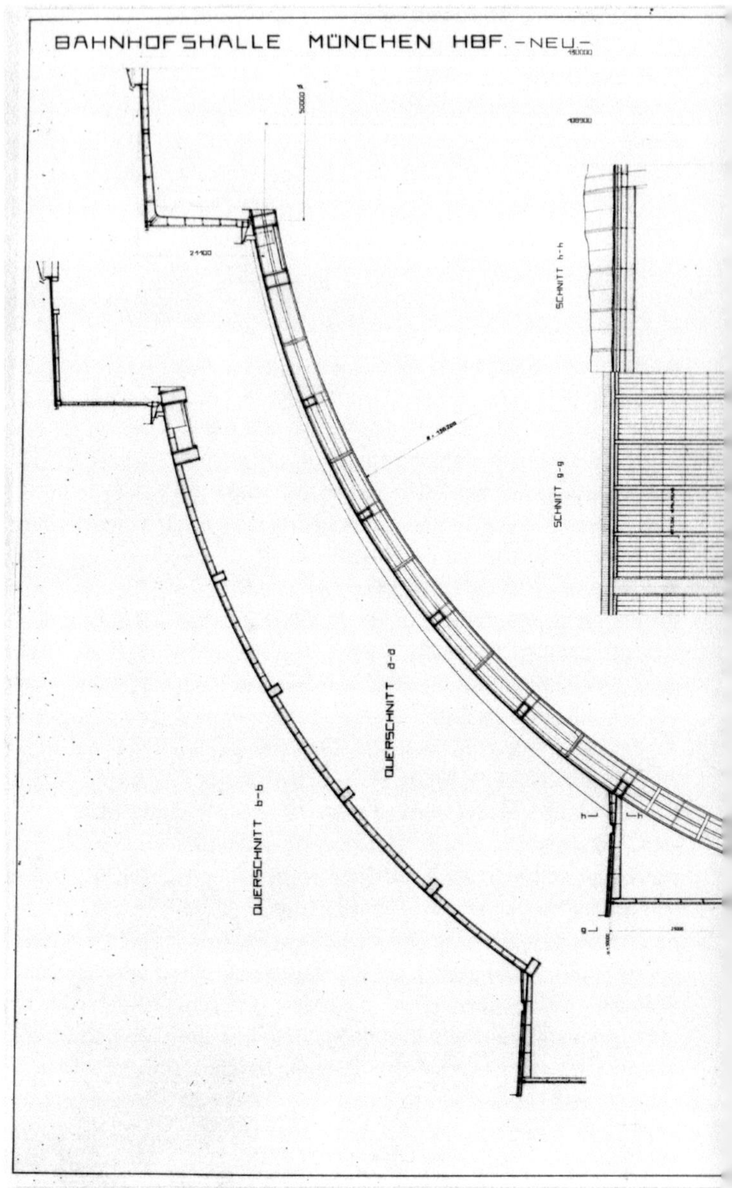

E) Firma August Klönne, Schnitt und Details Dachhaut Bahnhofshalle Hauptbahnhof München, prämierter Wettbewerbsbeitrag Juli 1939

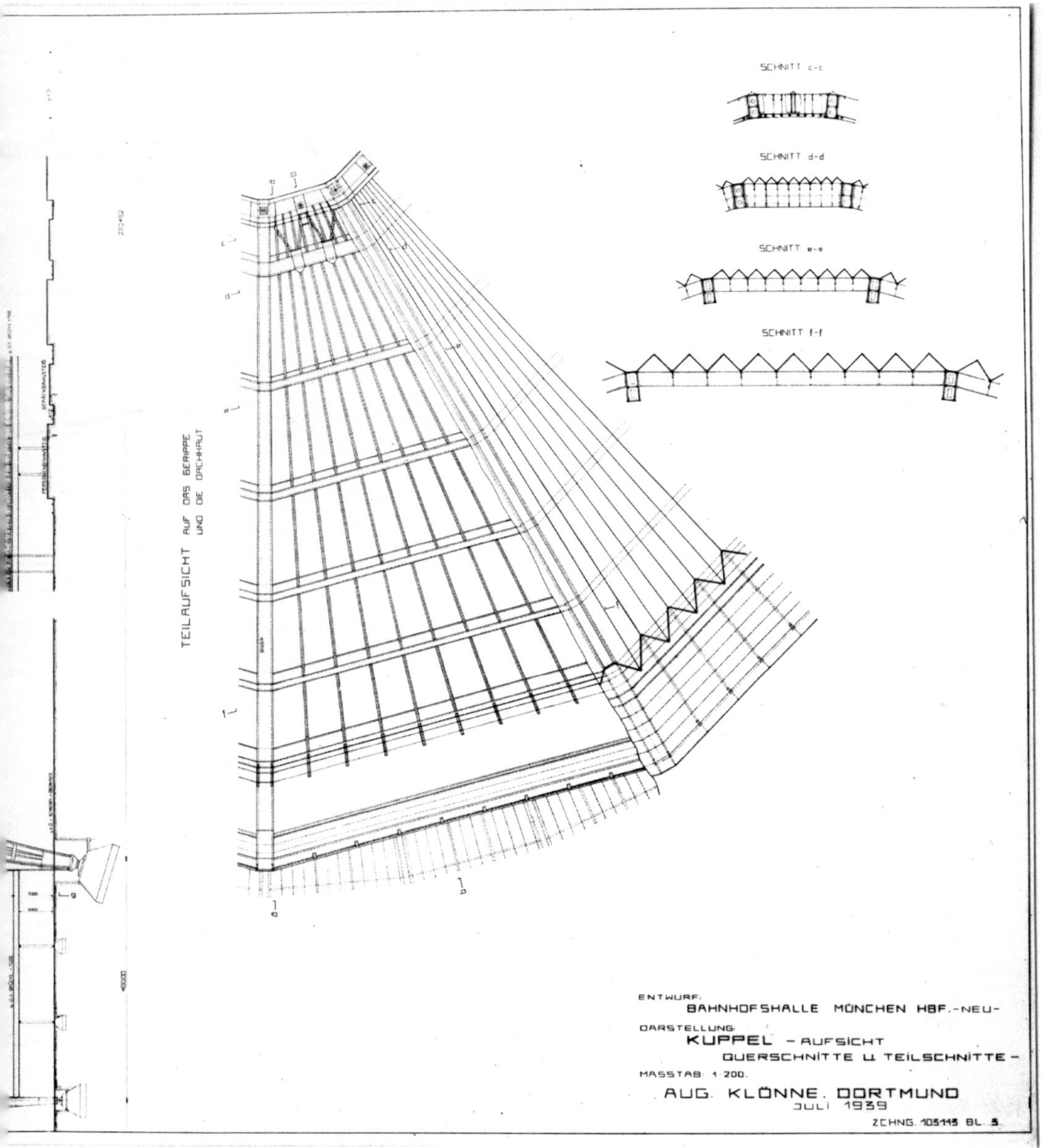
SCHNITT c-c
SCHNITT d-d
SCHNITT e-e
SCHNITT f-f
TEILAUFSICHT AUF DAS GERIPPE UND DIE DACHHAUT
ENTWURF:
BAHNHOFSHALLE MÜNCHEN HBF.-NEU-
DARSTELLUNG:
KUPPEL - AUFSICHT
QUERSCHNITTE U. TEILSCHNITTE -
MASSTAB: 1:200.
AUG. KLÖNNE. DORTMUND
JULI 1939
ZCHNG. 103143 BL. 3

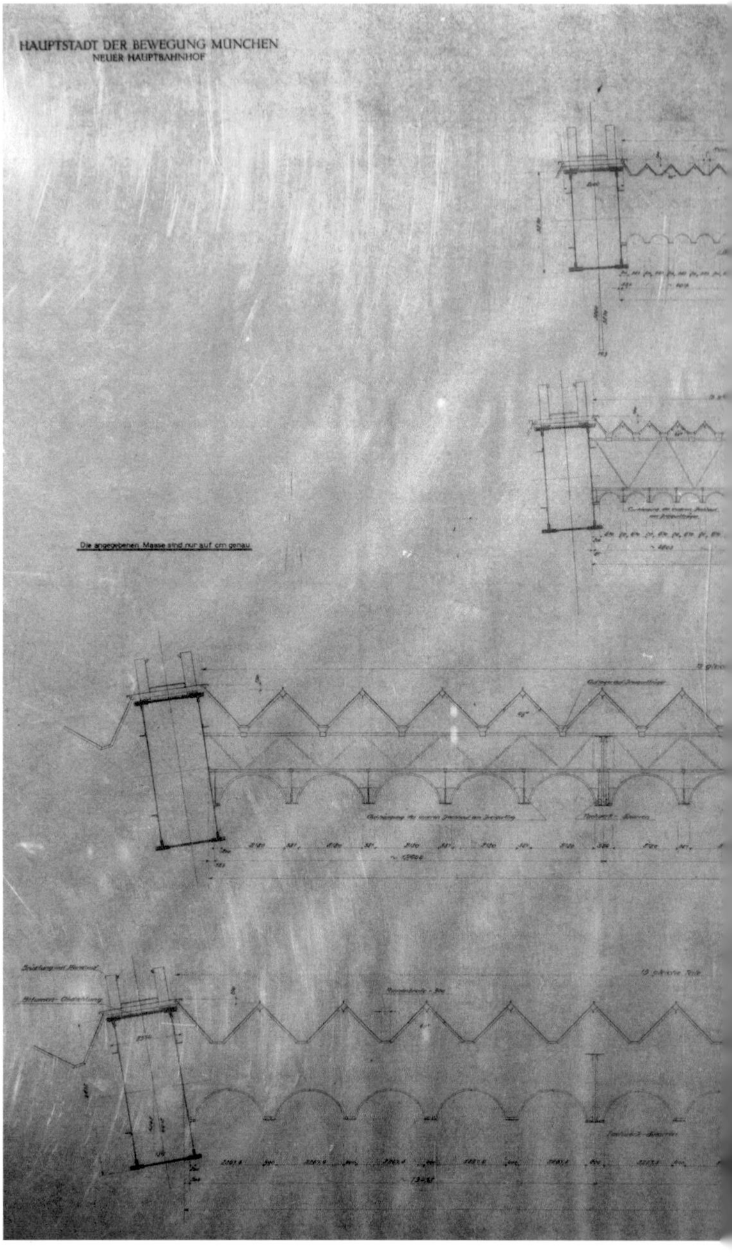

F) Paul Bonatz, Fritz Leonhardt, Neuer Hauptbahnhof München, Querschnitt durch die Dachhaut, datiert vom 17. 1. 1941

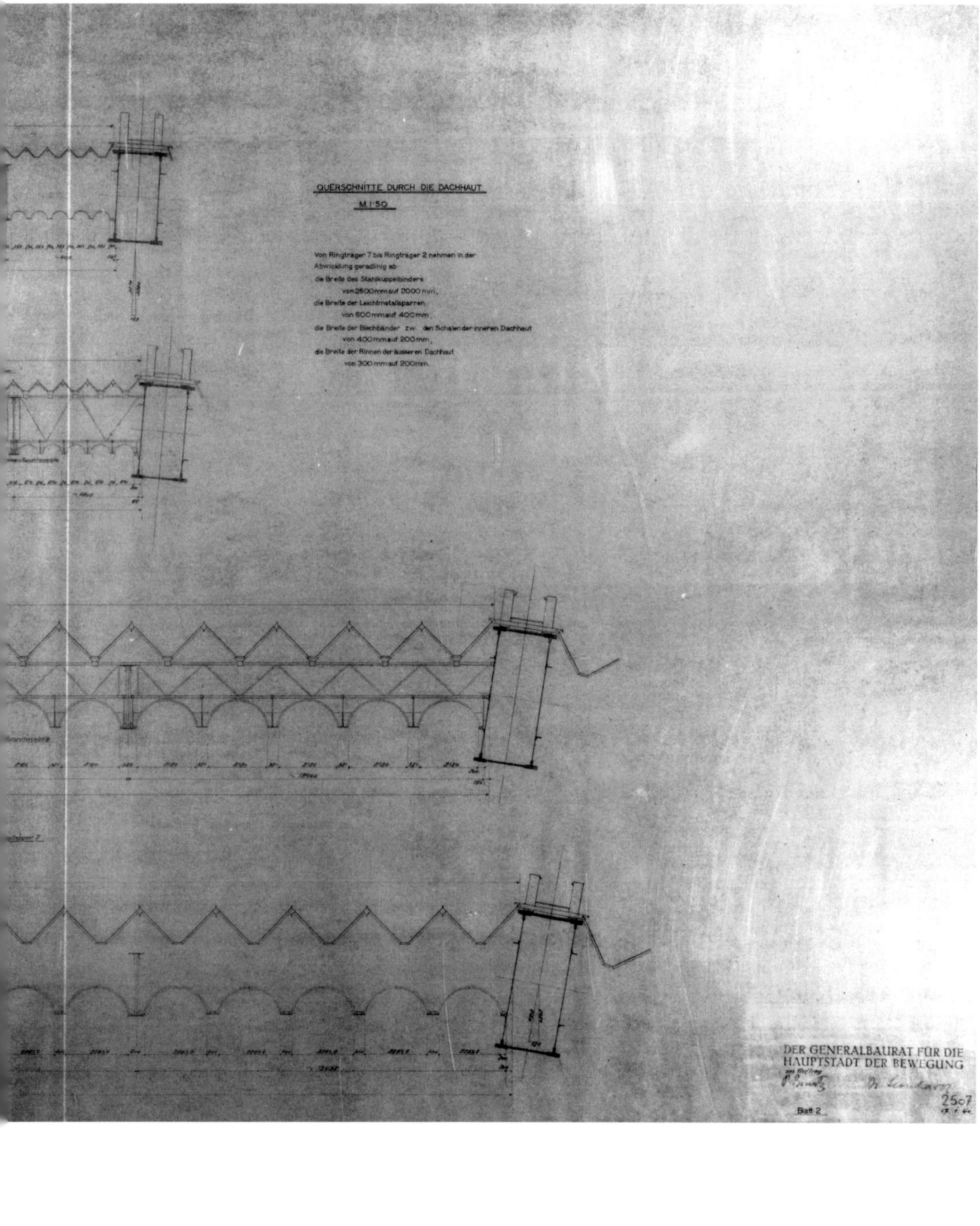
QUERSCHNITTE DURCH DIE DACHHAUT
M 1:50
Von Ringträger 7 bis Ringträger 2 nehmen in der
Abwicklung geradlinig ab
die Breite des Stahlkuppelbinders
von 2500 mm auf 2000 mm,
die Breite der Leichtmetallsparren
von 600 mm auf 400 mm,
die Breite der Blechbänder zw. den Schalen der inneren Dachhaut
von 400 mm auf 200 mm,
die Breite der Rinnen der äusseren Dachhaut
von 300 mm auf 200 mm.
DER GENERALBAURAT FÜR DIE
HAUPTSTADT DER BEWEGUNG
Blatt 2
2507

29) Sämtliche Stahlbaudetailpläne aus den Jahren 1939–42 sind von der Stahlbau-Gemeinschaft Klönne-Krupp, München unterzeichnet (Stadtarchiv München, GB/Verzeichniseinheiten »Übersichtspläne der Kuppelbinder von Punkt 2a–8«, »Detailpläne der Kuppelbinder von Punkt 2a–8«, »Binder (-fuß, -lager, etc.)«, »Kuppel-Querschnitte«). Bei den Verzeichniseinheiten »Ringbauten Laterne Schulter«, »kleinere Details« und »Ringträger und Kopfringe« taucht ab September 1940 »L.« und einmal »Leo« auf, was als Signatur Fritz Leonhardt gelesen werden kann.

30) Niederschrift der Besprechung am 28. März 1941 »betreffend Stahlkonstruktion Hbf. Mü-neu« (Universitätsarchiv Stuttgart, 33/1/787), S. 2.

31) Plan Fritz Leonhardt, Paul Bonatz, »Querschnitt durch die Dachhaut, Blatt 2«, 17. Januar 1941 (Stadtarchiv München, GB/Verzeichniseinheit »Hauptbahnhof Neu – Serie 2505–2508«, GB 274).

32) Andrä 1999, S. 494.

33) Leonhardt 1984, S. 91.

34) Niederschrift der Besprechung am 28. März 1941 »betreffend Stahlkonstruktion Hbf. Mü-neu« (Universitätsarchiv Stuttgart, 33/1/787), S. 2.

35) Leonhardt 1984, S. 91. Dort gibt Leonhardt irreführend an: »Angeblich überlebte dieses Modell den Krieg.«

36) Bremer an Stork, den Treuhänder für das Vermögen des früheren Generalbaurats der Stadt München, 27. Oktober 1947 (Universitätsarchiv Stuttgart, 33/1/776).

37) »Statische Voruntersuchung«, Januar 1942 (Archiv LAP, Hochbau/Neuer Hauptbahnhof München, Auftragsnr. 17).

38) Listen der Auftragseingänge (Universitätsarchiv Stuttgart, 33/1/83).

39) Leonhardt 1984, S. 91.

40) Leonhardt 1984, S. 92.

41) Nerdinger 1993, S. 70. Und: Giesler 1977, S. 177.

42) Früchtel 2008, S. 174, Abb. 156.

43) Rasp 1981, S. 136.

44) Classens 1951, S. 9, Abb. 3. Und: Süss 1954, S. 117.

G) Von-der-Tannstraße München, Messmodell der MPA Stuttgart für den Neuen Hauptbahnhof München mit Belastungskörpern

H) Von-der-Tannstraße München, Messmodell MPA Stuttgart für den Neuen Hauptbahnhof München, mit Belastungskörpern

Planungsstand vom Januar 1941 sind die Binder aus Hohlprofilen (2500 mm × 2000 mm) an den Fußpunkten gelenkig gelagert. Im Bereich der Kuppel liegt zwischen den einzelnen Rippen eine zweischalige Dachhaut aus außen gefaltetem und an der Innenseite gewelltem Aluminiumblech, verstärkt durch sechs horizontale Ringträger und Fachwerksparren (600 mm × 4900 mm). [F] Die maximale Spannweite am Anschluss des Schulterdachs hätte 40 m betragen, weshalb die Dachhaut durch die Fachwerksparren unterstützt wurde. Zwischen den Fachwerksparren hätte die zweischalige Dachhaut bis zu 19 m weit frei gespannt. Durch die Verwendung des extrem leichten Aluminiums sollte das von den Stahlträgern abzutragende Gewicht minimiert werden. [31] Die im Wettbewerbsentwurf vom Juli 1939 von der Firma August Klönne vorgesehene Dachhaut wäre eine einschalige Faltkonstruktion aus mit Blech verkleidetem Leichtbeton gewesen. [E] Leonhardts Aluminiumkonstruktion hätte das Gewicht zusätzlich reduziert.

Messmodell

Die Berechnung des vielfach statisch unbestimmten Kuppelsystems bedeutete für die Ingenieure und Mathematiker monatelange Arbeit. 384 Gleichungen mit 384 Unbekannten mussten gelöst werden. [32] Die Ergebnisse wurden von der MPA Stuttgart mittels Modellstatik aufwendig geprüft. Verantwortlich dafür waren Otto Graf und sein Mitarbeiter Gerhard Marten. In der Von-der-Tannstraße 2 in München wurde allein zu diesem Zweck eine Halle errichtet, in der ein über 6 m hohes Messmodell im Maßstab 1:50 »mit genieteten Hohlprofilen aus dünnem Stahlblech« [33] entstand. [G] [H] Die Messungen an diesem Modell begannen im Dezember 1940. Ermittelt wurden die Belastungen durch Dachhauteigengewicht, Ringträgergewicht sowie Schnee und Wind, um »die Wirkung sämtlicher Belastungen auf die Rippenkuppelkonstruktion einschließlich Katastrophenfällen« zu überprüfen. [34]

Dieses Messmodell, von dem Leonhardt annahm, es habe den Krieg überstanden, [35] ist nach einem Bombenschaden vom 25. April 1944 verloren. [36] Die statischen Untersuchungen, die er und seine Mitarbeiter unter der Auftragsnummer 17 des jungen Ingenieurbüros im Januar 1942 aufstellten, sind erhalten geblieben. [37] Zusammen mit den Beständen der MPA Stuttgart belegen sie, dass mitten im Krieg mit Hochdruck an der Planung gearbeitet wurde.

Die Gesamtplanung war in die Dringlichkeitsstufe DE eingeordnet, die noch über der Dringlichkeitsstufe SS lag. Damit konnten trotz Kontingentierungen Materialien wie Stahl und Aluminium bestellt und bezogen werden, und Mitarbeiter für unabkömmlich erklärt werden. [38] Für Leonhardt und seine Kollegen sicherte dieses Prestigeprojekt somit bis 1943 die Freistellung vom Kriegsdienst. Die Masse der damals noch ohne technische Hilfsmittel zu kalkulierenden Gleichungen sollte von einem Mathematikerteam der Universität Freiburg übernommen werden. Den enormen Personalaufwand stellte Leonhardt 1984 in seiner Autobiografie rückblickend folgendermaßen dar: »Diesen Aufwand betrieben wir mit dem Hintergedanken, diese guten Ingenieure in die Nachkriegszeit hinüberzuretten.« [39]

Wettbewerb der Spannweiten

Leonhardt meinte rückblickend, dass er und sein Team »eine größenwahnsinnige Planung betrieben, von der wir mindestens ahnten, dass sie nicht verwirklicht werden würde«. [40] Dennoch reizte ihn die Konstruktion einer Kuppel in Stahl mit über 245 m Spannweite. Die Initiative Hitlers zur Einführung einer Breitspurbahn mit 3 m Spurweite, »die quer durch Europa eine neue Dimension des Schienenverkehrs einleiten sollte«, hätte sogar die Ausweitung des Kuppeldurchmessers auf 285 m erzwungen. [41] Vom Ingenieurbüro Dr.-Ing. Fritz Leonhardt liegen in diesem Zusammenhang Pläne zu verschiedenen Personenschnellbahnen vor. [42] Die nachträgliche Verbreiterung des Schienenbetts ist die Erklärung für die in der Literatur weit verbreitete Uneinigkeit ob der Spannweite der Giesler'schen Kuppel. Bei Rasp ist zu lesen, dass ab 1941 auch 265 m Kuppeldurchmesser im Gespräch waren. [43] Das sei dem Jahresbericht 1942 des Architekten Hans-Günther von Hanffstengel zu entnehmen. [44] Ein Datum ante quem lässt sich aus einem Plan im Stadtarchiv München, datiert auf Mai 1942, mit dem Titel »Bahnsteiguntersuchung bei veränd. Kuppelhalbmesser« erschließen. [45] Eindeutig lässt sich die Planänderung ablesen an einem undatierten gezeichneten Größenvergleich, der als Pause sowohl im saai Karlsruhe als auch im Stadtarchiv München liegt. [I] In die Münchner Pause wurde im Nachhinein die Silhouette der Kuppel vergrößert eingezeichnet. [46]

Zur gleichen Zeit plante Albert Speer in Berlin seine Halle des Volkes, die mit 250 m Spannweite in direkter Konkurrenz stand. [47] Giesler erwähnt in sei-

I) Größenvergleich Neuer Hauptbahnhof München mit den wichtigsten Bauwerken der Geschichte

45) Martin Bilger, »Bahnsteiguntersuchung bei veränd. Kuppelhalbmesser«, Mai 1942 (Stadtarchiv München, GB 900).

46) Plan o. T. (Größenvergleich) undatiert (Stadtarchiv München, GB/Seriennr. 2037 und saai Karlsruhe).

47) Kunze 2001, S. 47.

48) Giesler 1977, S. 177.

49) Speer 1969, S. 169.

50) Speer 1969, S. 169.

51) Kunze 2001, S. 61.

52) Kunze 2001, S. 64.

53) Publiziert in: Specht 1987, S. 70, Abb. 4.

54) Publiziert in: Günschel 1966, S. 153 f, Abb. 70.

55) Speer 1969, S. 169.

nen Erinnerungen eine Anekdote, nach der ihn Speer darauf hingewiesen habe, doch unter der Spannweite von Berlin zu bleiben: »...ich hörte, du willst die Spannweite der Münchner Bahnhofskuppel um 20 m vergrößern. Das gäbe dann einen Durchmesser von 265 Metern, – unmöglich!, – denn meine Halle in Berlin hat 250 Meter Spannweite. Du musst in München darunter bleiben, wie du es bisher geplant hast.« [48]

Das Kuppelmotiv spielte bei nationalsozialistischen Repräsentationsbauten vor allem im Zusammenhang mit städtebaulichen Großplanungen eine wichtige Rolle. Allen voran in Berlin, der zukünftigen Hauptstadt Germania, wo Albert Speer als Endpunkt der Nord-Süd-Achse die gewaltige Halle des Volkes plante. Die Monumentalität dieser neoklassizistischen Repräsentationsarchitektur visualisierte den Machtanspruch der nationalsozialistischen Diktatur und überhöhte symbolisch den Wert der Volksgemeinschaft unter dem Primat der Partei. Adolf Hitler sah in Architektur und Kunst ein Mittel zur Propaganda und Mobilisierung der Massen. Die großen Parteitage, inszeniert von Albert Speer, waren Massenveranstaltungen, die in einem inszenierten öffentlichen Raum stattfanden. Sämtliche städtebaulichen Großplanungen, die Ende der 1930er-Jahre für die Führerstädte und bald auch für einzelne Gauhauptstädte in Planung waren, folgten diesem Vorbild. Es entstand ein Wettbewerb unter den einzelnen Städten, insbesondere unter den zu Führerstädten deklarierten Orten Berlin, München, Hamburg, Nürnberg und Linz. Albert Speer war dabei für die Berliner und Nürnberger Planungen verantwortlich, Konstanty Gutschow für Hamburg und Speers Konkurrent Hermann Giesler für München und seit 1940 auch für Linz. Es ist daher durchaus plausibel, dass Speer und Giesler, die beide gleichermaßen um die persönliche Gunst Adolf Hitlers warben, mit ihren beiden Kuppelbauten in Berlin und München in einem Wettbewerb der Spannweiten standen.

Albert Speers Kuppel für die Halle des Volkes sollte den Ewigkeitsanspruch des »1000-jährigen Reiches« symbolisieren und war auf der Basis seiner »Ruinenwerttheorie« [49] von Beginn an als Massivbau konzipiert. Die ersten konstruktiven Planungen für die Kuppel in Berlin sahen deshalb Mauerwerk vor und entstanden im Juni 1938, also ein Jahr, bevor Fritz Leonhardt die konstruktive Durchbildung der Münchner Kuppel in Angriff nahm. Obwohl Speer für die Berliner Halle des Volkes keine Stahlbetonkonstruktion wollte, [50] wurde Franz Dischinger mit einem Gutachten beauftragt, das zur parallelen Planung der Kuppel in Stahlbetonschalenbauweise zu Beginn des Jahres 1939 führte. [51] Da das Gewicht des Unterbaus bei einer reinen einschaligen unbewehrten Mauerwerkskuppel unüberwindbare Gründungsprobleme im sandigen Berliner Boden bedingt hätte und da der Luftschutz eine immer wichtigere Rolle spielte, wurde der Massivbau aufgegeben. Man verfolgte dann einen Entwurf, den die Stahlbaufirma MAN-Gustavsburg zusammen mit der Mannheimer Baufirma Grün & Bilfinger schon im Februar 1938 eingereicht hatte: eine zweischalige Konstruktion mit innerer Granitmauerwerkskuppel und äußerer Stahlkuppel. Diese Bauweise hätte im Vergleich zur reinen Mauerwerkskuppel eine Gewichtsersparnis um drei Viertel erbracht. [52] Die äußere Stahlkuppel sollte aus hohen, gelenkig gelagerten Fachwerkbindern bestehen, die mit umlaufenden horizontalen Ringträgern ausgesteift werden sollten, im Prinzip ein ähnliches Tragwerk wie das der Münchner Kuppel, nur dass Leonhardt anstelle von Fachwerkbindern Stahlhohlprofile einsetzen wollte. Durch die parabelförmige Überhöhung der Berliner Kuppel war die Stützlinie der inneren Mauerwerkskuppel günstig, sodass diese fast ausschließlich druckbeansprucht worden wäre.

Parallel dazu führte auch Franz Dischinger seine Planungen fort und erarbeitete – aufbauend auf seinen langjährigen Erfahrungen im Schalenbau – eine zweischalige, bombensichere Stahlbetonkuppel. [53] Auch für München hatte die Baufirma Dyckerhoff & Widmann unter Franz Dischingers Nachfolger Ulrich Finsterwalder entgegen der politischen Vorgaben, die Kuppel als Stahlbau auszuführen, 1939 – vermutlich als Wettbewerbsbeitrag – eine 16-rippige Flechtwerkkuppel aus Stahlbeton eingereicht. Zwischen den einzelnen Rippen hätten horizontale Riegel mit fachwerkartiger Aussteifung gespannt. [54] Dieser Entwurf war nicht ausgewählt worden. In Berlin wurde, obwohl zunächst von Albert Speer abgelehnt, im letzten Stand 1941 der Entwurf mit äußerer Stahlkonstruktion zur Ausführung bestimmt. [55]

Neben Berlin und München sind nur noch in Bezug auf Wien Planungen für eine ähnlich gigantische Kuppel bekannt. Nach dem Anschluss Österreichs hatte der Ingenieur Pöcher aus Speers Planungsstab in Berlin im März 1938 einen Umgestaltungsentwurf für die Stadt Wien vorgelegt. Das nördliche Ende der

56) Kunze 2001, S. 16.

57) Speer 1969, S. 168 f.

58) Schriefers 1999, S. 25 f.

59) Kunze 2001, S. 11. Und: Christian Schädlich, »Der Baustoff Eisen als Grundlage für die Herausbildung qualitativ neuer Baukonstruktionen im 19. Jahrhundert«, publiziert in: Graefe 1989, S. 146, Abb. 19.

60) Publiziert in: Heinle/Schlaich 1986, S. 177.

61) Joedicke 1962, S. 11.

62) Specht 1987. Seit 2009 läuft am Lehrstuhl für Bautechnikgeschichte und Tragwerkserhaltung an der BTU Cottbus ein DFG-Projekt mit dem Titel »Franz Dischinger – Leben und Werk im Kontext zeithistorischer Implikationen«.

63) Publiziert in: Heinle/Schlaich 1986, S. 178.

64) Schönemann 1987, S. 8 f.

sogenannten Donauachse sollte ein 350 m hoher Kuppelbau akzentuieren, der im Schnitt eine Massivkuppel zeigt. Ob diese Pläne mit Speer oder Hitler abgesprochen waren, stellt Matthias Kunze mit dem Argument infrage, dass die Kuppel in Wien höher als die Berliner Halle des Volkes geplant worden wäre, was wohl nicht die Zustimmung Albert Speers gefunden hätte. [56]

Dass die Größe der Münchner Kuppelhalle auch internationale Konkurrenz nicht scheuen wollte, beweist der zeichnerische Größenvergleich mit den bisher höchsten Bauwerken der Baugeschichte, u. a. der Cheops Pyramide von Gizeh, dem Eiffelturm in Paris oder dem Petersdom in Rom. [I] Dessen Kuppel hätte mit 42 m Spannweite nur ein Sechstel des Durchmessers des Münchner Bahnhofs erreicht. Auch die geplanten Kuppeln in Wien und Berlin lagen weit über den bislang erreichten Spannweiten. Albert Speer betont in seinen Erinnerungen, dass die Kuppelplanungen im NS-Staat, »obwohl von allegorischem Anspruch, nicht in die Kategorie anderer, ähnlich pompös aus den Dimensionen geratener Vorstellungen [zählten], wie sie etwa die Architekten Claude Nicolas Ledoux und Etienne Louis Boulleé als Grabgesang des französischen Bourbonenreiches oder zur Verherrlichung der Revolution entworfen hatten, ohne dass je eine Ausführung beabsichtigt war«, [57] Vergleicht man den Entwurf des französischen Architekten Jean-Nicolas Sobré von 1783 für einen Tempel der Unsterblichkeit mit Speers Halle des Volkes, die deutliche Parallelen aufweist, so ist die Spannweite des Tempels mit 100 m weniger als halb so groß wie die von Albert Speer vorgesehenen 250 Meter.

Ein Blick auf die bis dahin gebauten Spannweiten offenbart die übertriebene Monumentalität der Kuppeln innerhalb der nationalsozialistischen Neugestaltungsprojekte. Weitgespannte Konstruktionen in Eisen wurden im 19. Jahrhundert insbesondere für Weltausstellungen gebaut. Die Galerie des Machines 1889 in Paris, eine Hallenkonstruktion auf längsrechteckigem Grundriss, bildete mit 110 m Spannweite den Höhepunkt der Entwicklung im damals sogenannten Eisenbau. [58]

Die Stabwerkskuppeln des Ingenieurs Johann Wilhem Schwedler, die dieser ab 1863 entwickelt hatte, erreichten ähnliche Spannweiten. [59] Für die Rotunde in Wien, die im Zusammenhang mit der Weltausstellung 1883 entstand, konstruierten die Ingenieure einen 106 m weit spannenden Kegelstumpf aus eisernen Sparren. Damit war die Schallgrenze im Stahlbau erreicht. In der ersten Hälfte des 20. Jahrhunderts wurden wegen des kriegsbedingten Stahlmangels keine großen Stahlkonstruktionen mehr realisiert.

Zudem kam in den 1920er-Jahren mit der Schalenbauweise eine neuartige leichte und stahlsparende Konstruktion auf den Markt: die Stahlbetonschalenkuppel. Entwickelt im ausgehenden 19. Jahrhundert, erfuhr der Beton seinen ersten großen Aufschwung im Zuge des Ersten Weltkriegs, als Stahl im Bauwesen kontingentiert und der Rüstungsindustrie vorbehalten war. Schon die Jahrhunderthalle in Breslau (1913) hatte als Eisenbetonkuppel aus radial angeordneten Bindern einen Durchmesser von 65 m erreicht. [60] Direkt nach dem Ersten Weltkrieg musste die Bauindustrie auf Beton als Alternative zurückgreifen. Billig und jederzeit verfügbar, war dieser Baustoff, mit Stahl bewehrt, vielseitig nutzbar. Dennoch würde man das eher schwere Material nicht beim Thema Leichtbau vermuten. Da die Schalenkonstruktionen jedoch mit minimaler Masse große Spannweiten erreichen, kann man in diesem Fall zu Recht auch von Leichtbauten sprechen. Bereits Joedicke [61] verwies auf die Verdienste der Firma Dyckerhoff & Widmann, für die der Ingenieur Franz Dischinger zusammen mit Walter Bauersfeld vom Optikunternehmen Zeiss in Jena in den 1920er-Jahren den Betonschalenbau entwickelte. [62]

So waren die in der Zwischenkriegszeit weitestgespannten Kuppeln Schalenkonstruktionen wie die Großmarkthalle in Leipzig (1927–29), die Franz Dischinger mit der Firma Dyckerhoff & Widmann als elliptische Achteckkuppel von 65,8 m Spannweite mit freitragenden Schalen realisierte. [63] Dabei waren die Stahlbetonschalen nur 9 cm Zentimeter dick und überspannten zwischen den Betonbindern mit einem minimalen Aufwand an Masse die stützenfreien Räume des Großmarkts. [64]

Der Maßstabssprung zu den 250 m und 265 m weit spannenden Kuppeln der Planungen für Berlin und München illustriert die Herausforderung, die die Konstruktion einer solchen Kuppel – egal ob in Stahl oder in Schalenbauweise – darstellte. Dass Speers Ingenieure in Berlin dem Anspruch auf Massivität letztendlich nicht gerecht werden konnten und in der letzten Planungsstufe eine Stahlkuppel mit eingehängter Massivkuppel vorsahen, könnte man als Beleg dafür sehen, dass Leonhardts Stahlkuppel in

65) Kunze 2001, S. 63 ff.

66) Heinle/Schlaich 1996, S. 158 f.

67) Leonhardt 1940, S. 418, Abb. 25.

68) Früchtel 2008, S. 228.

69) Speer 1969, S. 169.

70) Durchführungsabteilung des GBR, »Neugestaltung der Hauptstadt der Bewegung. Bauzeitplan der Grossen Achse und Westachse«, 1941. Publiziert in: Früchtel, 2008, S. 177, Abb. 158.

71) Früchtel 2008, S. 229.

72) Früchtel 2008, S. 229.

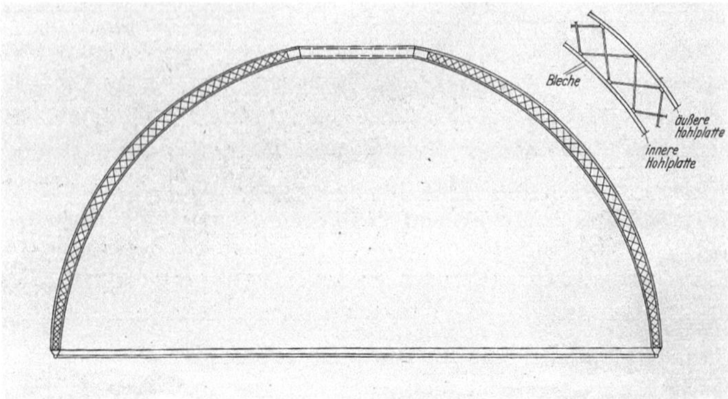

J) Fritz Leonhardts Vorschlag für weitgespannte Kuppeln bis zu 200 m, in: »Leichtbau – eine Forderung unserer Zeit. Anregungen für den Hoch- und Brückenbau«

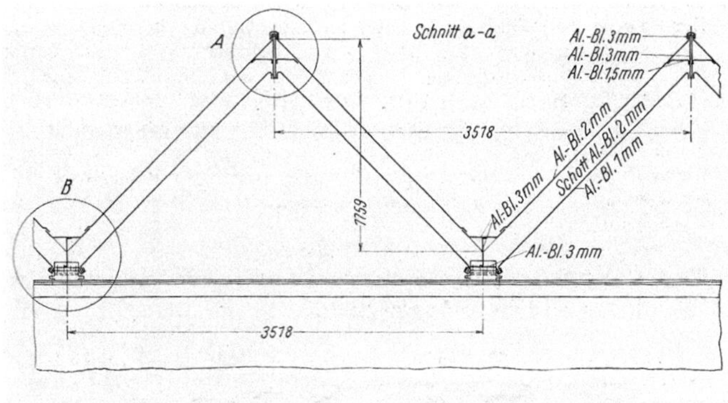

K) Querschnitt und Einzelheiten zur Dachhaut der weitgespannten Kuppel, in: »Leichtbau – eine Forderung unserer Zeit. Anregungen für den Hoch- und Brückenbau«

München von Anfang an die technisch angemessenere Konstruktion verfolgte. [65] Dies kann jedoch nicht ausschließlich als Leonhardts Verdienst interpretiert werden, sondern war den politischen Rahmenbedingungen geschuldet, da für München von Anfang an auf Hitlers Wunsch hin in Stahl geplant werden konnte, während in Berlin Albert Speer zunächst die Konstruktion in Massivbau verfolgen ließ.

Erst 20 Jahre später wurden Stahlkuppeln mit Spannweiten von annähernd 200 m tatsächlich gebaut. Für das Harrison County Stadium in Houston (Texas/USA), genannt Astrodome, überspannten die amerikanischen Ingenieure Gustav R. Kiewitt und L. O. Bass 1965 tatsächlich 196 m, 10 Jahre später erreichte der Superdome in New Orleans (Louisiana/USA) 210 m und damit nahezu die von den Ingenieuren während des Nationalsozialismus angestrebten Spannweiten. [66]

Nicht außer Acht lassen darf man die historischen Umstände, als die Kuppelkonstruktionen durchdetailliert wurden: Fritz Leonhardt stieß im November 1939, also bereits nach Ausbruch des Zweiten Weltkriegs, zum Münchner Team unter Generalbaurat Hermann Giesler. Alle Planungen und Versuche, die bis 1943 nachweislich durchgeführt wurden, fanden also während des Krieges statt und damit nach dem offiziellen Baustopp, der mit Ausbruch des Krieges verhängt worden war. Um die Bevölkerung mitten im Krieg nicht zu irritieren, wurden diese Projekte weitestgehend geheim gehalten. Das erklärt auch, warum Fritz Leonhardt, der sonst seine Projekte oft schon während des Baus publizierte, keine Aufsätze zu den Münchner Kuppelplanungen veröffentlicht hat. Nur in seinem Aufsatz »Leichtbau – eine Forderung unserer Zeit« ist – wie oben ausgeführt – von einer Kuppel mit über 200 m Spannweite die Rede, die im Zusammenhang mit den Münchner Planungen gelesen werden könnte. [J] [K] [67] Alle zitierten Äußerungen sind rückblickend verfasst.

Sämtliche Bauprojekte innerhalb des nationalsozialistischen Staates waren seit Kriegsbeginn in sogenannte Dringlichkeitsgrade einsortiert. Je höher der Dringlichkeitsgrad, desto schneller konnten die für den Bau oder die Forschung erforderlichen Materialien bestellt werden. Die Freistellung von Arbeitskräften, auch von Ingenieuren, war in erster Linie von dieser Einstufung abhängig. Die hohe Einstufung der Münchner Planungen war nur möglich, da Hermann Giesler als Architekt persönlich in der Gunst Adolf Hitlers stand und es verstand, nach Ausbruch des Krieges drei parallele Karrieren zu verfolgen, wie Michael Früchtel ausführt: seine Architektenkarriere als Generalbaurat für die Hauptstadt der Bewegung, seine Tätigkeit als Gebietsbeauftragter für die Regelung der Bauwirtschaft und die Leitung der Baugruppe Giesler im Rahmen der Organisation Todt. [68]

Diese Ämterhäufung ist symptomatisch für die nationalsozialistische Organisationsstruktur vor allem während des Krieges. Zudem änderten sich die Zuständigkeiten und Hierarchien je nach politischer Lage bzw. den jeweiligen Günstlingen Adolf Hitlers mehrfach. Festgehalten werden kann, dass Giesler ihm unterstellte Mitarbeiter – Architekten, Ingenieure, Berater – sowie Baufirmen jeweils beliebig in den drei Aufgabenbereichen einsetzte, d.h. sie entweder im Rahmen der Baugruppe Giesler im Baustab Speer ins Hinterland der von der Wehrmacht besetzten Ostgebiete entsenden oder mit den fortgeführten Neugestaltungsaufgaben in München beschäftigen konnte. Diese Planungen liefen unter der Bezeichnung Friedensbauwerke, da ihre Fertigstellung für die Zeit nach dem Ende des Krieges vorgesehen war. In dieser Kennzeichnung spiegelt sich die Erkenntnis, dass die für die gigantische Umgestaltung notwendigen Ressourcen an Arbeitskräften und Baumaterial erst nach Beendigung des Krieges zur Verfügung stehen würden. [69] Der 1941 von der Durchführungsabteilung des Generalbaurats aufgestellte Bauzeitenplan sieht den Bau des Münchner Hauptbahnhofs für die Jahre 1941–1945 vor. [70] Sicher ist, dass die benötigten gewaltigen Mengen an Stahl und Aluminium unter den von Kontingentierung bestimmten Bedingungen niemals zur Verfügung gestanden hätten. Der Materialverbrauch für Stahl im Bauwesen sollte im Gegenteil nach Ausbruch des Krieges nochmals um 20 Prozent gesenkt werden. [71] Hermann Gieslers Aufgabe als Gebietsbeauftragter des Generalbevollmächtigten für die Regelung der Bauwirtschaft wäre es gewesen, diese Anweisungen des Generalbevollmächtigten für die Bauwirtschaft, Fritz Todt, umzusetzen, da kriegswichtigen Bauten absoluter Vorrang vor Parteibauten zukam. Dass Giesler seine Planungen aber dessen ungeachtet bis 1943 und sogar darüber hinaus weiterführte, zeigt die Kompetenzkonflikte im nationalsozialistischen Staat. [72]

Die Machtkämpfe zwischen Hermann Giesler und Albert Speer hatten auch Auswirkungen auf Fritz

L] Baltöl-Werk Kiviöli, Estland 1943,
Fotoalbum Fritz Leonhardt

Leonhardt und dessen Planungen für die Münchner Kuppel. Bis 1942 war es Giesler gelungen, die Konstruktion der Kuppel weiterzutreiben, wie die Pläne und Berechnungen des Ingenieurbüros Dr.-Ing. Fritz Leonhardt belegen. Als Fritz Todt, der neben seiner Funktion als Rüstungsminister auch Generalbevollmächtigter für die Bauwirtschaft war, im Februar 1942 bei einem Flugzeugabsturz ums Leben kam, änderte sich die Situation. Sein Nachfolger in allen Ämtern wurde am 08. Februar 1942 Albert Speer, der das Rüstungsministerium unter dem Primat der Kriegswirtschaft umstrukturierte. Die Baugruppe Giesler, die die meiste Zeit dem Baustab Speer unterstellt war, wurde mit der Organisation Todt (OT) zur OT Einsatzgruppe Russland-Nord verschmolzen. Im März 1943 wurde auch Leonhardt als Mitglied der Einsatzgruppe Russland-Nord nach Kiviöli in Estland geschickt. [L] Als verantwortlicher Hauptbauleiter aus der Dienststelle des Generalbaurats leitete er dort den Aufbau der Baltöl-Werke.

1) Früchtel 2008, S. 174.

2) Zur Lage des Neuen Ostbahnhofs siehe: Rasp 1981, S. 122, Abb. 91: »S-Bahn-Linien im Großraum München. Zeichnung des Verfassers nach Angaben von Hans Hanffstengel.« Und: Nerdinger 1993, S. 84: »Ostbahnhof; so genannte Südachse/Rosenheimer Straße; (...).«

3) Früchtel 2008, S. 206.

4) Leonhardt 1984, S. 91.

5) Fritz Leonhardt, 2 Pläne »München Ostbahnhof. Entwurfskizze der Gleishalle«, 22. Juli 1940 (saai Karlsruhe).

6) Fritz Leonhardt, 2 Pläne »München Ostbahnhof. Schematischer Querschnitt der Bahnsteighallen«, November 1940 (saai Karlsruhe).

7) Bieger 1987, S. 75, Abb. 10.

8) Fritz Leonhardt, 2 Pläne »Hauptstadt der Bewegung München. Neuer Ostbahnhof«, Juni 1941 (saai Karlsruhe).

A) Sonderbaubehörde unter Hermann Reinhard Alker, Verkehrsplanung für München mit Neuem Hauptbahnhof 1 und Ostbahnhof 3

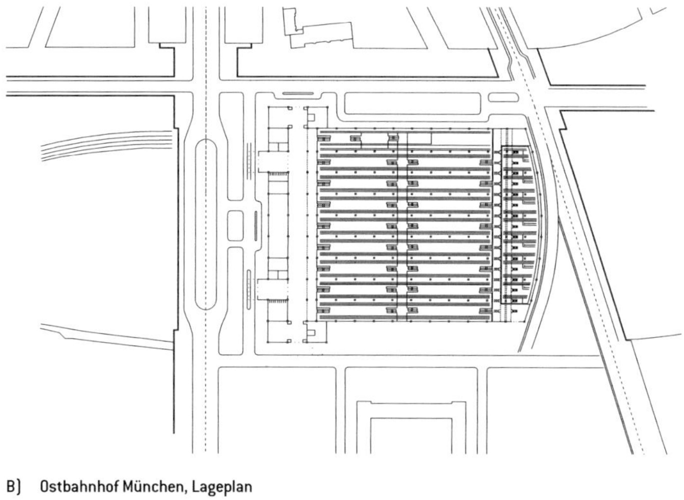

B) Ostbahnhof München, Lageplan

Der Bahnhofshallenentwurf für den Münchner Ostbahnhof

Dem Eisenbahnverkehr kam bereits in den Neugestaltungsplanungen der Sonderbaubehörde für München 1937 eine wesentliche Rolle zu. Schon die verkehrstechnische Neuplanung der Sonderbaubehörde für die Hauptstadt der Bewegung unter Hermann Reinhard Alker hatte die Neutrassierung der Bahnlinien vorgesehen. [A)] [1)] Im Rahmen dieser Umstrukturierung stand auch der Neubau des Ostbahnhofs an. Ganz im Gegensatz zum repräsentativen Hauptbahnhof, der als städtebauliches Zeichen die prachtvolle Achse im Westen der Stadt dominieren sollte, war der Ostbahnhof nördlich der Neuen Südstadt ein eher technisch gedachtes Bauwerk. Der Bahnhof hätte an der Ostseite der Südachse gelegen, die vom Gasteig zum Autobahnanfang nach Salzburg geführt hätte. [2)] Wie der Neue Hauptbahnhof wurde der Ostbahnhof als Durchgangsbahnhof geplant und lag über den Gleisen, die lotrecht zur Südachse eingetieft liefen. [3)]

Nach den im Stadtarchiv München liegenden Plänen wurde am Ostbahnhof unter der Leitung von Paul Bonatz vom Oktober 1940 bis zum März 1942 gearbeitet.

Bonatz' Planungen sahen einen unspektakulären Querriegel mit risalitartigen Enden als Empfangshalle vor. [B)] Über die Gleisanlagen sollten sich flache Bahnsteighallen ziehen. Zwischen Stützen auf den Gepäckbahnsteigen hätten Kragträger jeweils die Gleise überspannt und das mit Oberlichtbändern abgesetzte Dach über den Personenbahnsteigen getragen. »Die Lösung erinnert an die nach dem Krieg gebauten Stuttgarter Bahnsteigdächer.« [E)] [4)]

Bahnsteighallen

Die Pausen der im Ingenieurbüro Dr.-Ing. Fritz Leonhardt gezeichneten Pläne zeigen mehrere Planungsstufen. Die erste ist datiert: »Köln-Rodenkirchen 22.7.40« und entstand noch vor den im Stadtarchiv München aufbewahrten Plänen des Generalbaurats. Die beiden »Entwurfskizzen der Gleishalle« [5)] im Maßstab 1:500 zeigen eine im Querschnitt fünfschiffige Halle mit basilikal überhöhtem, flach geneigtem Dach zur Belichtung über den eingetieften Gleisen. [C)] [D)] An der Querschnittsfassade ist im Bereich der ersten und zweiten Geschossebene eine Vollverglasung mit hochrechteckigen Fenstern angedeutet. Auch der Längsschnitt zeigt eine in den Höhen zweifach gestaffelte Anlage und die angedeutete Verglasung der beiden oberen Geschosse, die um mindestens drei Außenfassaden gelaufen wäre. Über die Konstruktion lässt sich maßstabsbedingt wenig aussagen. Es handelt sich vermutlich um eine Stahlrahmenkonstruktion, im Bereich der Flachdächer sind Hohlkastenträger in Längs- und I-Träger im Querschnitt abzulesen. [D)]

Stahlbetonschalenkonstruktion

Die zweite Planungsstufe, die fünf Monate später, also im November 1940, entstand, ist mit zwei Pausen überliefert und zeigt einen entscheidenden Wandel der Planungen. Die hohe Halle über den Gleisen schien verworfen worden zu sein. Ergänzend zu den vom Planungsbüro unter Paul Bonatz gezeichneten Plänen konzentrierte sich Fritz Leonhardt auf den »schematischen Querschnitt der Bahnsteighallen.« [6)] Sein Büro zeichnete – immer noch in Köln-Rodenkirchen – zwei Varianten von flachen Bahnsteigüberdachungen, die jeweils zwei Gleise überdecken, deren Bahnsteig durch längs laufende Oberlichtbänder belichtet wird. [E)] Die Stützen sind auf den Gepäckbahnsteigen linear angeordnet. Eine der beiden Varianten im Maßstab 1:100 ist als »Schalenbauweise« bezeichnet, weshalb sich die auskragenden Sheds als Stahlbetonschalen identifizieren lassen, obwohl das Konstruktionsmaterial nicht explizit angegeben wird. [G)] Diese Interpretation ist nicht völlig abwegig, da solche Schmetterlingsschalen aus zwei gegeneinander geneigten, auskragenden Kreissegmenten schon 1932 von der Firma Dyckerhoff & Widmann für den bestehenden Ostbahnhof tatsächlich gebaut worden waren. [7)]

Eine weitere Variante zeigt eine Konstruktion, die mit »Kragarme« bezeichnet wird und anstelle der gekrümmten Schmetterlingsschalen aus Beton schräg nach oben ragende T-förmige Stützen vorschlägt, deren Konstruktionsmaterial nicht weiter bezeichnet ist. [F)]

Stahlkonstruktion aus Rohrprofilen

In der Pause, die mit »Schalenbauweise« tituliert ist, sind interessanterweise nachträglich mit Bleistift in den Kragträger stabartige Aussteifungen einskizziert, [G)] die sich in der weiteren Planung von Ende Juni 1941 im Maßstab 1:20 als aussteifende Rohre abzeichnen. [H)] [8)] Diese Auskreuzung mit Stahlrohrprofilen kann als Beitrag zur Reduzierung des Stahlverbrauchs interpretiert werden. Da der Ostbahn-

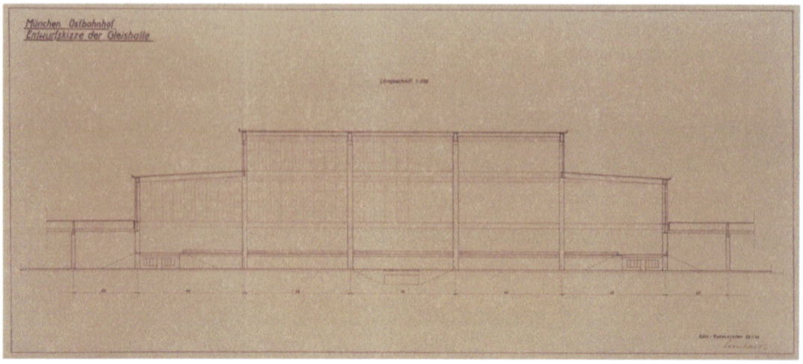

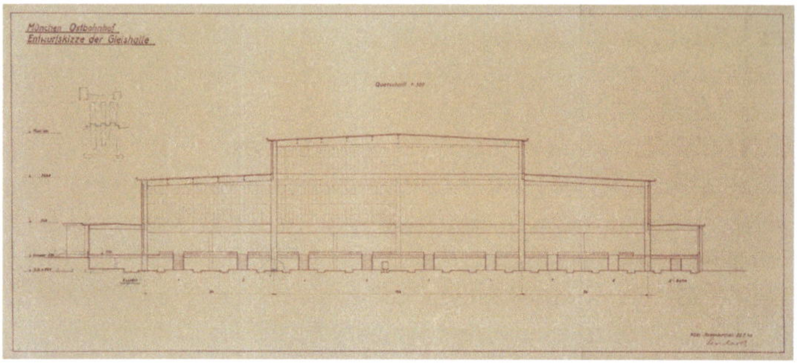

C) D) Fritz Leonhardt, München Ostbahnhof, Entwurfskizze der Gleis-halle, Längsschnitt und Querschnitt, datiert vom 22. 7. 1940

E) Fritz Leonhardt, Ostbahnhof München, Entwurf für die Bahnsteighallen 1940

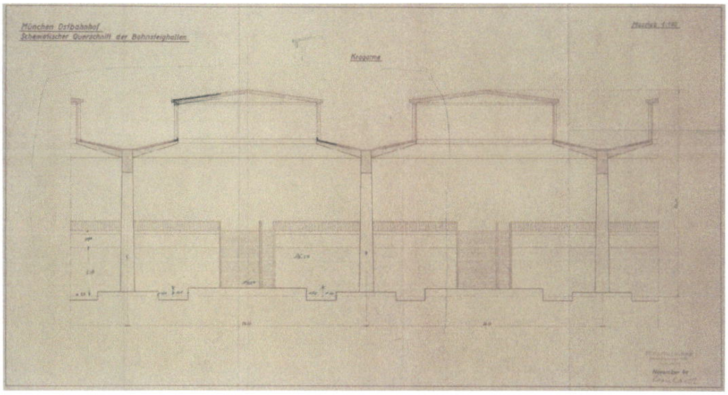

F) Fritz Leonhardt, München Ostbahnhof, Schematischer Querschnitt der Bahnsteighallen, Kragarme, November 1940

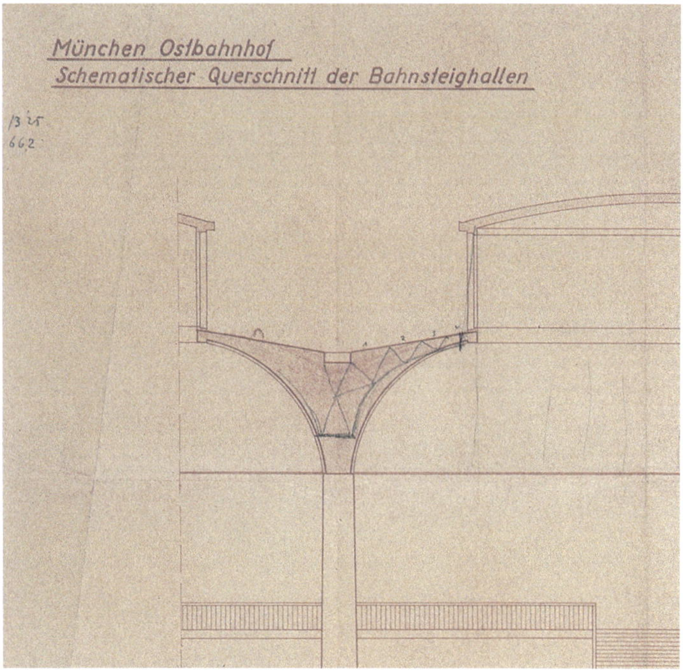

G) Fritz Leonhardt, München Ostbahnhof, Schematischer Querschnitt der Bahnsteighallen, Schalenbauweise, November 1940

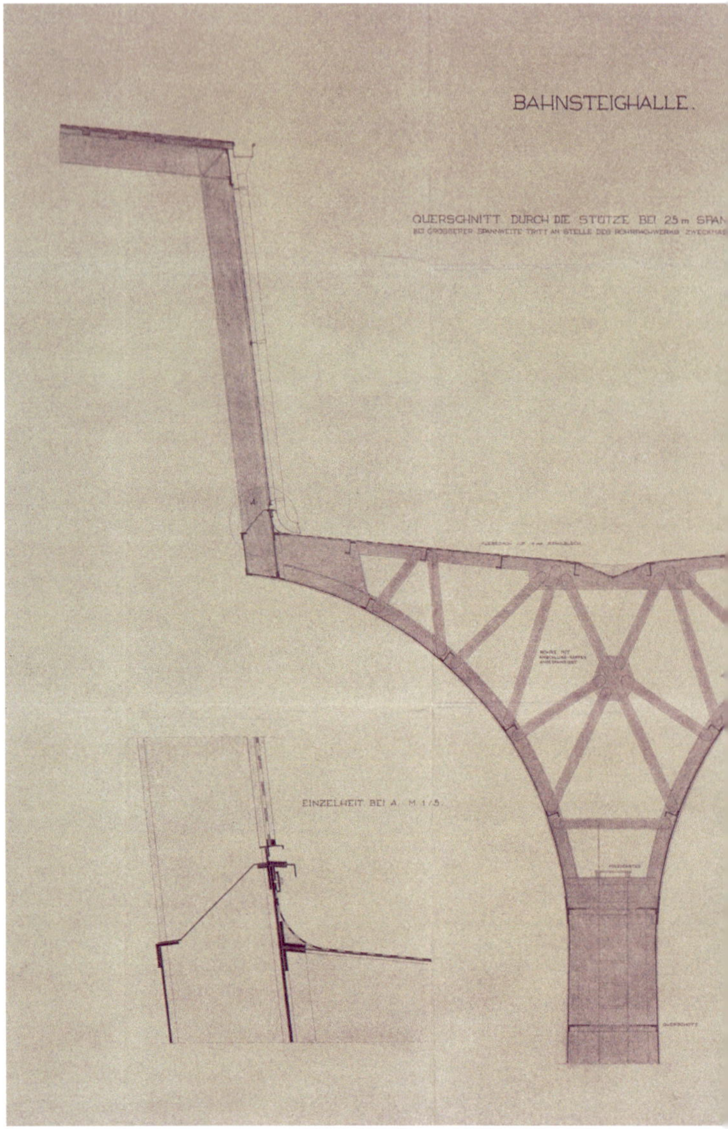

H) Fritz Leonhardt, München Ostbahnhof, Bahnsteighallen, Querschnitt durch die Stütze, datiert vom 30. 6. 1941

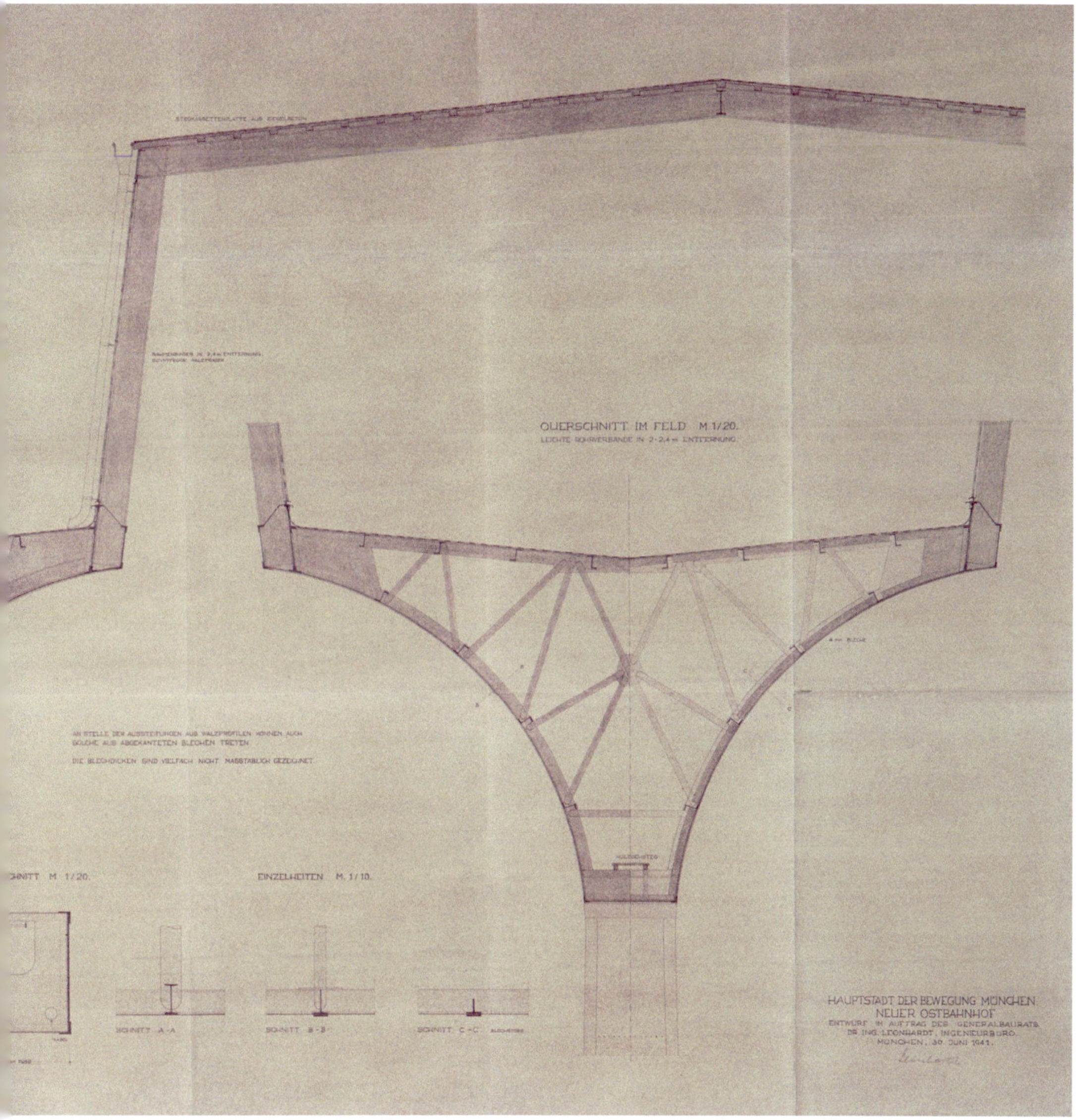
QUERSCHNITT IM FELD M 1/20.
EINZELHEITEN M. 1/10.
SCHNITT A-A
SCHNITT B-B
SCHNITT C-C
DIE BLECHDICKEN SIND VIELFACH NICHT MASSTABLICH GEZEICHNET.
HAUPTSTADT DER BEWEGUNG MÜNCHEN
NEUER OSTBAHNHOF
ENTWURF IM AUFTRAG DES GENERALBAURATS
DR ING. LEONHARDT, INGENIEURBÜRO.
MÜNCHEN, 30. JUNI 1941.

9) Leonhardt 1940, S. 413–423.

10) MAN-Gustavsburg, Plan »Bahnsteighalle München-Ost. Querschnitt durch die Säule«, 19. Dezember 1941 (handschriftlich L 9.2.42) (saai Karlsruhe).

11) Planungsabteilung des GBR München, »Wirtschaftsplan München«, Entwurf von Hans Hanffstengel 1943, publiziert in: Früchtel 2008, S. 162 f, Abb. 151 und S. 206.

12) Heinz Tillmanns, »Ostbahnhof München«, 1942 (Stadtarchiv München, GB/61 Filmnr. 3061). Publiziert in: Rasp 1981, S. 198, Abb. 173. Und: Nerdinger 1993, S. 84.

13) Leonhardt 1984, S. 92.

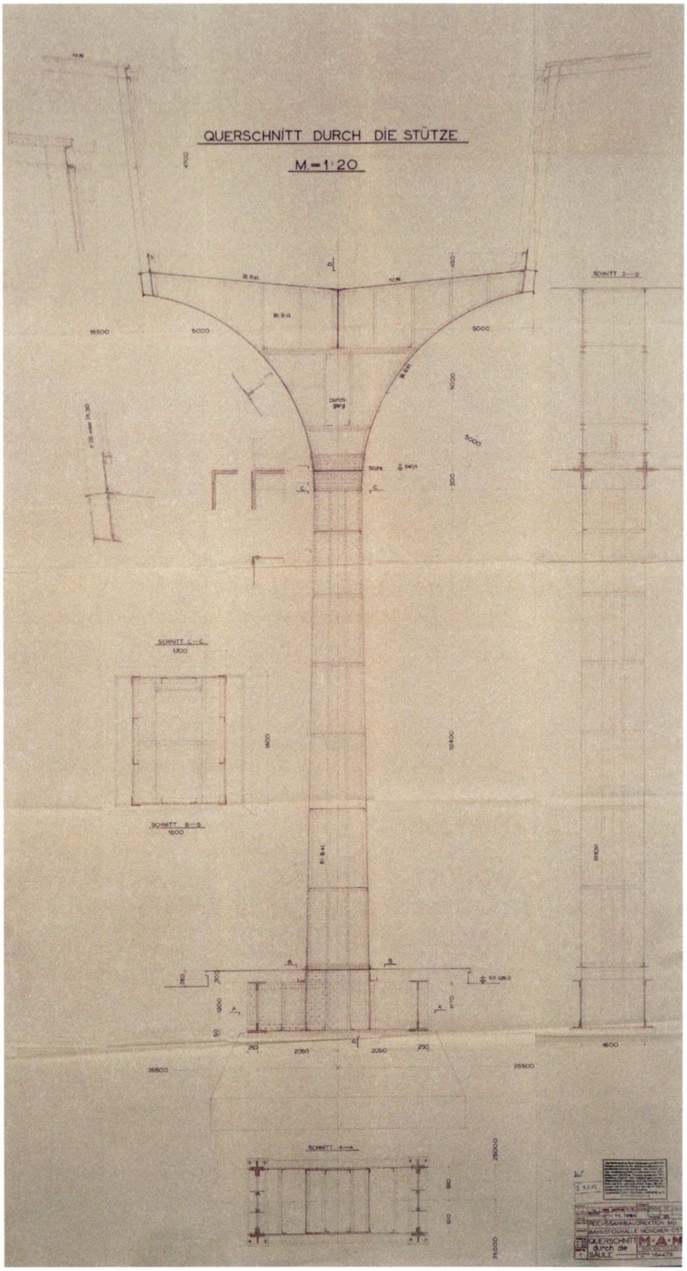

I) MAN Gustavsburg, Querschnitt durch die Stütze, datiert vom 19. 12. 1941

hof nicht denselben Anspruch auf Repräsentation hatte wie die Kuppel des Neuen Hauptbahnhofs im Westen, scheint an diesem Projekt das Thema Stahleinsparung planungsrelevant gewesen zu sein. Der zeitliche Zusammenhang mit Leonhardts Aufsatz »Leichtbau – eine Forderung unserer Zeit. Anregungen für den Hoch- und Brückenbau«, [9] der 1940 erschienen war, legt die Vermutung nahe, dass hier die im Aufsatz angesprochenen leichten Stahlrohrprofile zur Anwendung vorgeschlagen wurden. Diese Auslegung würde sich mit der im Werk von Fritz Leonhardt durchgängig nachweisbaren Verbindung von Forschung und Baupraxis decken. Dass die Problematik der Anschlüsse nicht zufriedenstellend gelöst wurde, zeigt die Schwierigkeit, die den Ingenieuren das Konstruieren mit Rohrprofilen bereitete.

Ein im saai überlieferter Werkplan der Firma MAN vom Dezember 1941 im Maßstab 1:20 ist wohl wegen dieser Schwierigkeiten beim Konstruieren mit Rohrprofilen wieder als konventionell genietete Stahlkonstruktion mit aussteifenden Blechen gezeichnet. [I] [10]

Nach Einführung der Breitspurbahn 1942 wurde der Standort des Ostbahnhofs verlegt. Er sollte nun am Orleansplatz, an der Stelle des noch heute existierenden Ostbahnhofs, neu gebaut werden. Der Wirtschaftsplan der Planungsabteilung des Generalbaurats von 1943 dokumentiert diese Rückverlegung an den alten Standort. [11] Die Entwürfe zu diesem Bahnhofsgebäude sind durch eine Perspektive von Heinz Tillmanns aus dem Jahr 1942 überliefert: sie zeigt eine mit einem monumentalen Turm axial überhöhte Anlage, die wesentlich repräsentativer gewesen wäre als die funktionalen Bauten von Paul Bonatz mit den Gleishallen Fritz Leonhardts. [12] Eine Beteiligung Leonhardts an den Planungen zu diesem neuen Bahnhof am Orleansplatz lässt sich archivalisch nicht nachweisen.

Leonhardt bedauerte rückblickend, dass die großzügige verkehrstechnische Neugestaltung Münchens mit Kriegsende wieder aufgegeben wurde: »Die Stadt München hat damit eine große Chance vergeben, denn der nach Westen verlegte Durchgangsbahnhof hätte zusammen mit dem dadurch aufgewerteten Ostbahnhof den Eisenbahnverkehr wesentlich verbessert.« [13]

1) Früchtel 2008, S. 284.

2) Durth 2001, S. 160 f.

3) Früchtel 2008, S. 285.

4) Giesler 1977, S. 90.

5) Modellfoto »Donauuferbebauung« (saai Karlsruhe). Publiziert in: Giesler 1977, S. 97 f.

6) Giesler 1977, S. 97.

7) Leonhardt 1984, S. 93. Er fügt an: »In den Fotografien von Gieslers feinen Holzmodellen ist die Hängebrücke festgehalten.«

8) Abbildung des Modells zudem publiziert in: Giesler 1977, S. 97 ff.

A) B) Modell der Stadt Linz mit Hängebrückenentwurf Fritz Leonhardts, bauzeitliches Modellfoto

C) Schaechterle/Leonhardt, Schaubild einer Hängebrücke mit Stahlpylonen ohne Querriegel

Der Entwurf des Hallendachs für eine Ausstellungshalle in Linz

Die Stadt Linz erhielt als letzte Stadt neben Berlin, Nürnberg, Hamburg und München den Rang einer Führerstadt. Nach dem Einmarsch der deutschen Truppen in Österreich am 12. März 1938 erklärte Hitler Linz zu seiner Patenstadt und leitete umgehend die architektonische Neugestaltung ein.[1] Er widmete sich mit großem persönlichen Interesse dieser Stadt an der Donau, die er als seine Heimatstadt betrachtete und als seinen Alterssitz vorsah.[2] Dazu war eine schlossartige Anlage oberhalb von Altstadt und Donauufer in Planung, die aus der Kleinstadt Linz eine Metropole in Anlehnung an die ungarische Donaustadt Budapest formen sollte. Die gesamten Planungen, die von 1938 bis ins letzte Kriegsjahr 1945 liefen und Linz in Konkurrenz zu Wien zur Kulturhauptstadt aufwerten sollten, wurden geheim gehalten. Entlang des Donauufers waren monumentale Partei- und Verwaltungsbauten vorgesehen.[A] [B] Der Anspruch als Kulturstadt manifestierte sich in zahlreichen kulturellen Veranstaltungsorten, u. a. Ausstellungshallen, in denen die in ganz Europa geraubte Kunstsammlung Hitlers untergebracht werden sollte.[3]

Die für die Neukonzeption verantwortlichen Architekten wechselten mehrfach: So hatte direkt nach der Annexion Österreichs Albert Speer erste Pläne vorgelegt. Im Stadtbauamt Linz war 1938 ein ehemaliger Mitschüler Hitlers, der Architekt Anton Estermann, mit einem »Schematischen Raumaufteilungsplan« beschäftigt, der Grundlage für die weitere Gestaltung sein sollte, die ab März 1939 von dem Münchner Architekturprofessor Roderich Fick übernommen wurde. Dieser erhielt den Titel Reichsbaurat für die Stadt Linz a. d. Donau und dieselben Vollmachten wie Hermann Giesler als Generalbaurat in München. Auch er war damit Hitler direkt unterstellt. Im Konflikt mit den städtischen Planungsbehörden, die sich übergangen sahen, verlor Fick allerdings im Laufe der Jahre 1939/40 die Planungshoheit über die Monumentalbebauung am Donauufer. Im Herbst 1940 beauftragte Hitler Hermann Giesler persönlich mit der Donauuferbebauung.[4] Gegenüber der Linzer Altstadt sollten repräsentative Gebäude für Stadt und Partei, das Technische Rathaus, das Stadthaus, das Hochhaus für den Kreis, die Reichsstatthaltergebäude, die Gauleitung und die Halle der Volksgemeinschaft das Ufer säumen, ihnen gegenüber als kulturelles Gegenstück die Technische Universität sowie Galerien mit ausgedehnten Gärten und Ausstellungshallen. Das an dieser Stelle etwa 225 m breite Strombett der Donau hätte die kulissenhafte Aneinanderreihung und Gegenüberstellung der Neubauten ermöglicht.[5]

Neben einer dreibogigen Granitbrücke,[6] die nach einem Entwurf des Architekten Friedrich Tamms sofort gebaut wurde, war als Verbindung zwischen der Linzer Seite und der Urfahrseite eine Hängebrücke vorgesehen.[B] Sie sollte den Anschluss der Linzer Seite an die Ausstellungsflächen gewährleisten.

Die Planung dieser Brücke wurde Fritz Leonhardt als Experte für Hängebrücken übertragen. In seiner Autobiografie beschrieb Leonhardt die Konstruktion, die einer Abbildung in seinem mit Karl Schaechterle 1937 publizierten Ratgeber »Die Gestaltung der Brücken« entspricht:[C] »Eine reizvolle sehr schlanke Hängebrücke mit frei stehenden Stahlpylonen direkt am Ufer und kurzen Seitenöffnungen, die gerade nur die breiten Uferstraßen überbrückten. Die Pylone standen frei – ohne Querriegel, weil die Brücke zu breit war, um ein Portal zu bilden.«[7] Diese Angabe stimmt nicht mit den Modellfotos der Giesler'schen Planungen überein, die im saai überliefert sind.[A] [B] Rechts auf den Modellfotos lässt sich an den Pylonen der Hängebrücke eindeutig ein schmaler Querriegel erkennen, in deutlicher Anlehnung an die Pylone der Köln-Rodenkirchener Autobahnbrücke.[8] Vermutlich handelt es sich um zwei unterschiedliche Planungsstufen.

Dachkonstruktion einer Ausstellungshalle

Von besonderem Interesse in Bezug auf den Leichtbau sind zwei Zeichnungen für eine Ausstellungshalle, die von Leonhardt signiert und auf den 30. September 1942 datiert sind. Um welches Gebäude der Donauuferbebauung es sich dabei handelt, lässt sich nicht feststellen. Auf dem Lageplan von 1944 ist der Umriss nicht eindeutig zuzuordnen. Er könnte auf die Gauhalle passen, ist dafür aber zu gering dimensioniert. Vielleicht ist der von Leonhardt bearbeitete Entwurf eines der mit »Ausstellung« bezeichneten Kopfgebäude. Ein baulicher Anschluss lässt sich jedoch im Grundriss nicht ablesen.

Auf der Zeichnung sind im Maßstab 1:500 Grund- und Aufriss einer 53 m × 83 m messenden, stützenfreien Arena dargestellt, die mit einem sehr flach geneigten Satteldach (6 Prozent Gefälle) überdeckt

9) »Stählerne Baugerüste für Hochbauten. Vorschlag für eine reichseinheitliche Durchbildung«, 19. Januar 1942 (Archiv LAP/Hochbau, Auftragsnr. 41).

10) Bardke 1927, S. 188.

11) Leonhardt 1940, S. 413–423.

12) Grüning 1986.

13) Wachsmann 1930.

14) Wachsmann 1959, S. 54.

15) Wachsmann 1959, S. 60.

16) Publiziert in: Maier 1989, S. 220.

17) Maier 1989, S. 216.

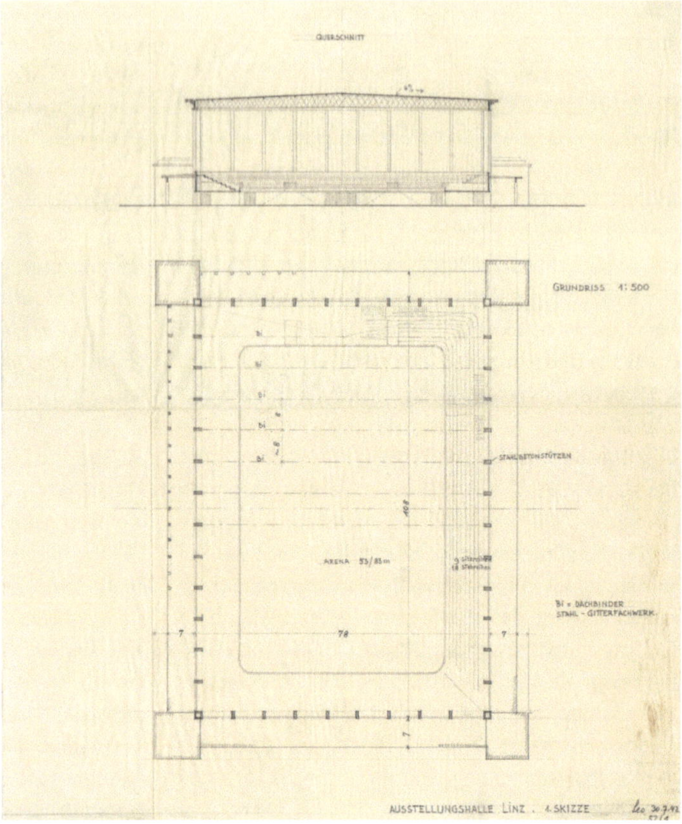

D) Fritz Leonhardt, Ausstellungshalle Linz, datiert vom 30. 9. 1942

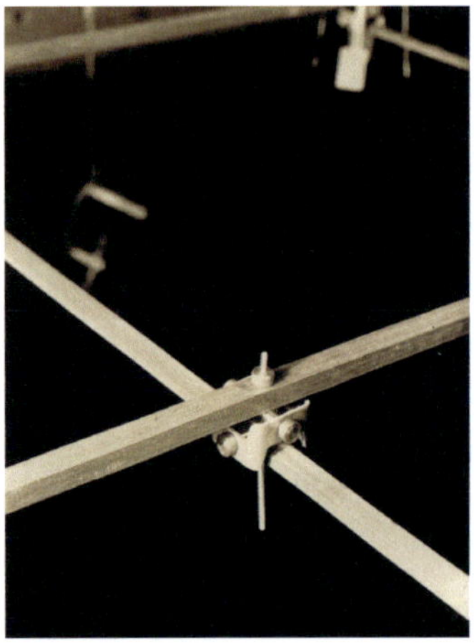

E) F) Fotos einer Messinstallation, von Leonhardt aufbewahrt im Zusammenhang mit der Ausstellungshalle Linz

ist. Auf Stahlbetonstützen sind als Dachkonstruktion Binder aus »Stahl-Gitterfachwerk« angegeben, die sich auch im Schnitt erkennen lassen. [D]

Da diese Skizzen im Nachlass Fritz Leonhardt zusammen mit Fotos von Knotenpunktmodellen aufbewahrt worden sind, könnte man vermuten, dass diese als »Gitterfachwerk« bezeichnete Dachkonstruktion im Zusammenhang mit dem Thema Materialminimierung stand. Auf den Fotos sind zwei verschiedene Modelle zu sehen: [E] [F] [I] [H] eine Ausführung mit dünnen, querrechteckigen Vollprofilen, bei denen die Verbindung über eine justierbare Verschraubung mit Abstandhalter erfolgt. [E] [F] Diese beiden Fotos stammen vermutlich aus Modellmessreihen im Zusammenhang mit Leonhardts Dissertation.

Auf den anderen beiden Fotos sieht man einen Knotenpunktprototyp aus Rohrprofilen, die gesteckt und geschraubt werden sollten. [H] [I] Ein Rohr läuft durch, die anzuschließenden Rohre sind gestoßen, wozu sie aufgesägt und auseinandergebogen bzw. über eine angeschweißte Montageplatte befestigt werden. Diese Art Anschluss erinnert an demontable Gerüstsysteme, mit denen sich Fritz Leonhardt, wie anhand von Dokumenten aus dem LAP-Archiv deutlich wird, zu dieser Zeit beschäftigt hat. [9]

Hohlrohrprofile

Die Voraussetzung für solche Stabwerke waren nahtlose Rohrprofile, die Ende des 19. Jahrhunderts von den Brüdern Mannesmann in Remscheid entwickelt wurden. 1927 hatte Paul Bardke in seinem Buch »Gemeinschaftliche Darstellung der gesamten Schweißtechnik« festgehalten, dass Knotenpunkte aus Rohrprofilen infolge ihrer hohen Knickfestigkeit eine bedeutende Gewichtsersparnis gegenüber Profilkonstruktionen erzielen. [10] Auch Leonhardt erwähnte den Gerüstbau in seinem Aufsatz »Leichtbau – eine Forderung unserer Zeit« [11] im Abschnitt über die Verwendung von stahlsparenden Rohrprofilen. Die in seinem Aufsatz als »Anschlüsse für Rohrfachwerke« vorgestellten Verbindungen sind nicht geschraubt, sondern geschweißt. [G] Leonhardt sah in der Schweißtechnik eine wesentliche Voraussetzung für den Leichtbau, denn wie seine Versuche mit Schraubverbindungen zeigen, ist die Ausführung von räumlich komplizierten Knotenpunkten erst durch das Schweißen möglich geworden.

Leonhardt war nicht der einzige Ingenieur, der sich zu dieser Zeit mit räumlichen Verbindungen aus Rohrprofilen beschäftigte. In den USA war der aus Deutschland stammende – er studierte in Berlin und Dresden – und in den Vereinigten Staaten forschende Architekt und Ingenieur Konrad Wachsmann intensiv mit diesen Konstruktionen beschäftigt. [12] Bereits während seiner Tätigkeit als leitender Konstrukteur der Holzbaufirma Christoph Unmack AG in Niesky hatte Wachsmann in den 1920er-Jahren zu ingenieurtechnischem Holzbau publiziert. [13] Nach seiner Emigration in die Vereinigten Staaten entwickelte er zusammen mit Walter Gropius 1942/43 das General-Paneel-System für einen modularen Elementbau aus Fertigbauplatten. Sein besonderes Augenmerk galt der Problematik des Fügens, aus der er sein theoretisches System der Module herleitete: »Das Modul ist die abstrakte Grundeinheit eines Messwertes, der durch Multiplikation, Subtraktion oder Division das geometrische System einer gedachten modularen Ordnung zahlenmäßig bestimmt.« [14]

Dabei ist der Leichtbau definiert als »Leistungsmodul, (das) durch das Verhältnis von Material und günstiger Ausnutzung bestimmt (wird). Unter dem Begriff der Leistung (...) handelt es sich um gewisse statische Eigenschaften und produktionstechnische und wirtschaftliche Bedingungen.« [15]

Auf Grundlage dieser Theorie hatte Konrad Wachsmann 1944/45 leichte Tragwerke aus Rohrquerschnitten in Stahl für die Atlas Aircraft Corporation entwickelt. [16] Er führte zahlreiche Versuche durch, um die günstigen statischen Eigenschaften von Rohrquerschnitten für den Stahlbau nutzbar zu machen. Im Wesentlichen entwickelte er einen Knotenpunkt und bewegliche Wandflächenaggregate für eine Dachkonstruktion mit auskragenden Hauptbindern und abgehängten Nebenbindern, die als Fachwerkträger ausgebildet waren. Selbst die Stützen waren fachwerkartige Konstruktionselemente. Die Verbindung der genormten Stäbe sollte über »lamellenartige Augenplatten« erfolgen, die durch Kabelverspannung in Querrichtung ausgesteift wurden. Der Nachteil dieser Anschlusspunkte war, dass kein Anschluss von Druckstäben rechtwinklig zu den Knotenpunkten möglich war. Mit diesen wirtschaftlich und technisch optimierten Systemen sollten leichte, schnell zu montierende Flugzeughangars gebaut werden. [17] Erst 1951 gelang es Wachsmann, nach zweijähriger Entwicklungszeit einen Knotenpunkt vorzulegen, der Nebenrohre in jedem Winkel nach allen Richtungen in jeder beliebigen Kombi-

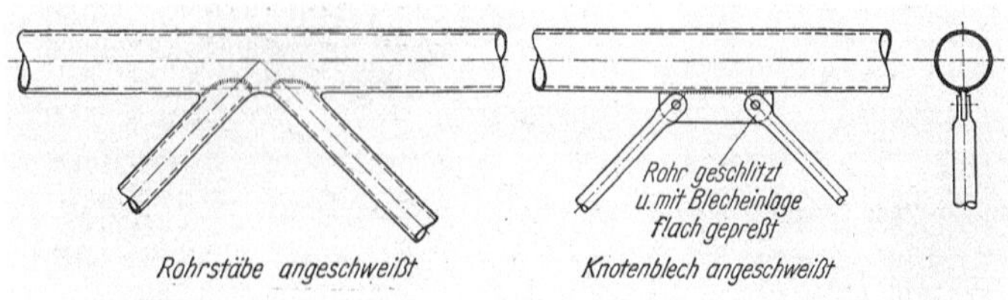

G) Fritz Leonhardts Vorschlag für Anschlüsse bei Rohrfachwerk, in: »Leichtbau – eine Forderung unserer Zeit. Anregungen für den Hoch- und Brückenbau«

H) I) Fotos eines Knotenpunkt-Prototyps, von Leonhardt aufbewahrt im Zusammenhang mit der Ausstellungshalle Linz

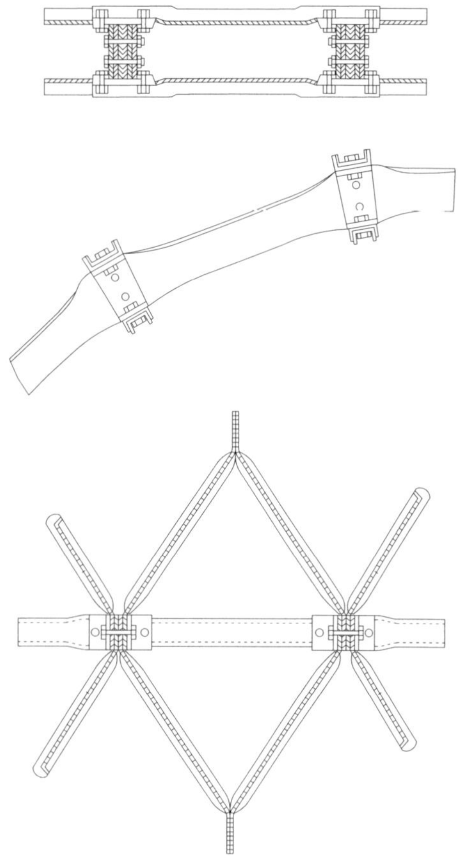

J) Hogo Junkers, Lamellendach in Stahl

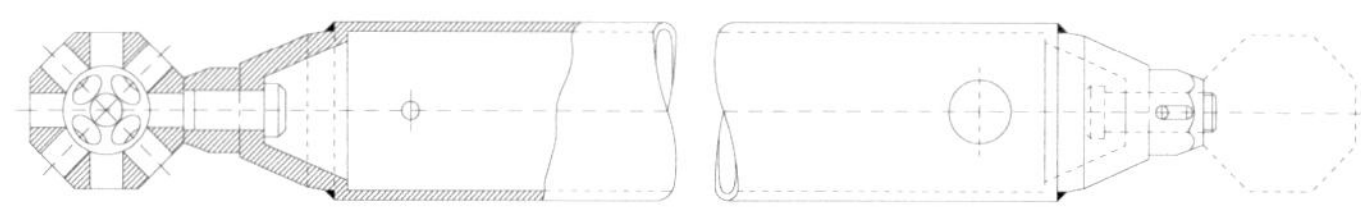

K) MERO-Kupplung

18) Maier 1989, S. 228 f.

19) Wachsmann 1959, S. 136–159. Siehe dazu auch: Nerdinger 2010, S. 193–215.

20) Weller/Tasche/Baatz 2009, S. 537.

21) Weller/Tasche/Baatz 2009, S. 537 ff.

22) MERO 1972, S. 2.

23) MERO 1972, Titelblatt.

24) MERO 1972, S. 6.

25) Mengeringhausen 1972, S. 1.

26) Mengeringhausen 1972, S. 2.

27) MERO 1972, S. 2 f. Abb. 1, 2, 3c, 4.

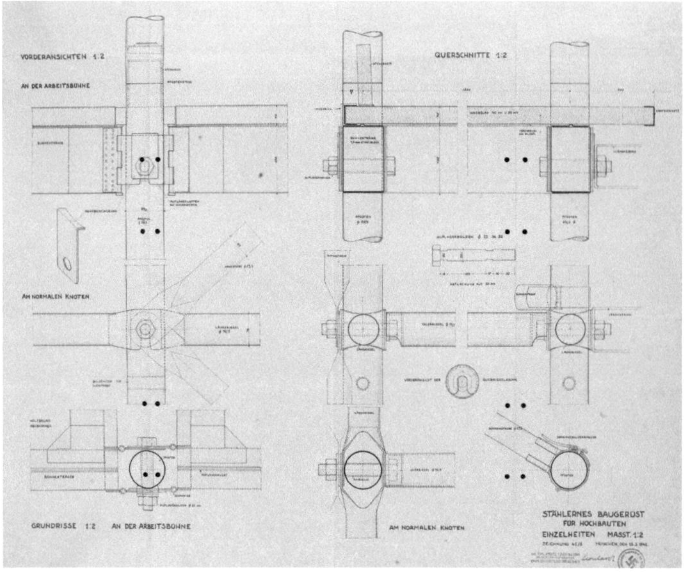

L) Fritz Leonhardt, Stählerne Baugerüste für Hochbauten, datiert vom 19. 1. 1942

nation anschließbar machte. Dieses im Auftrag der US Air Force geplante Hangarsystem war als räumliches Flächentragwerk ausgebildet und mobil einsetzbar.[18] 1959 publizierte Wachsmann in seinem Buch »Wendepunkt im Bauen« diese Entwürfe unter dem Begriff »Mobilar Structure«.[19]

Eine andere, ähnlich leichte Lösung für Flugzeughallen ließ sich der Ingenieur Hugo Junkers 1924/1925 patentieren.[J] [20] Nach seinem Maschinenbaustudium an den Technischen Hochschulen in Charlottenburg und Aachen war er als Entwickler und Unternehmer vor allem im Flugzeugbau tätig. Sein Hallensystem aus Stahllamellen, die biegesteif verbunden sind, ist eine der Weiterentwicklungen des Zollinger-Dachs aus rautenförmigen Holzbohlen. Fritz Zollinger hatte diese Erfindung 1921 zum Patent angemeldet. Das Junkers-System ist die Umsetzung des Zollinger-Systems im Baustoff Stahl: Die standardisierten Lamellen, Knotenbleche und Pfetten werden mittels Schrauben an den Knotenpunkten verbunden. Anders als bei Zollingers Holzbausystem laufen die einzelnen 1,5 bis 2,5 m langen Lamellen nur über ein Feld. Durch die Abkantung der einzelnen Lamellen an den Enden können jeweils vier Lamellen mit einem U-förmigen Knotenblech miteinander verbunden werden, an dem auch die durchlaufenden Ober- und Unterpfetten verschraubt werden. Dieses System ist vom Flugzeugbau inspiriert, da Hugo Junkers bereits ab 1919 mit Gründung der Junkers Flugzeugwerke AG in Dessau auf diesem Gebiet tätig gewesen war.[21]

Zeitgleich experimentierte in Deutschland der Maschinenbauingenieur Max Mengeringhausen ebenfalls mit der Verbindung von Hohlrohrprofilen. Mengeringhausen hatte Maschinenbau und Wirtschaftswissenschaften in Berlin und München studiert. 1928 gründete er in Berlin das erste haustechnische Ingenieurbüro in Deutschland und erwirkte die Einrichtung der haustechnischen Abteilung innerhalb des Vereins Deutscher Ingenieure (VDI). Nach seiner Berufung an die Ingenieurschule Berlin-Neukölln richtete er dort 1930 ein Institut für Haustechnik ein – eine der MPA Stuttgart vergleichbare Einrichtung zur Materialprüfung –, an dem in Zusammenarbeit mit dem VDI grundlegende Forschungsarbeiten zur Prüfung und Normierung durchgeführt wurden.[22]

Das Institut für Haustechnik unter Mengeringhausens Leitung meldete 1941 Raumfachwerke aus Rohrprofilen zum Patent an, die an den Enden zugespitzt waren und über ein kugelförmiges Bauelement verbunden werden sollten. Diese geschmiedete Stahlkugel mit 16 konzentrischen Innengewinden und je einer ebenen Auflagefläche war das wesentliche Grundelement des Bausystems, das abgeleitet aus dem Nachnamen des Erfinders »ME« und »RO« für Rohrprofile als »MERO« bezeichnet wurde.[23] Mittels dieser »MERO-Knoten« konnten maximal 16 Stäbe an einem Punkt verbunden werden. Versuchsreihen mit verschiedenen Anschlusselementen ergaben, dass die MERO-Kupplung, bestehend aus einem Schraubbolzen, einer Schlüsselmuffe und einem Kupplungsstift, die optimale Lösung bildete, um den MERO-Knoten mit den Stäben aus Rohrprofilen zu verbinden.[K] [24]

Das MERO-System insgesamt basierte auf dem »Baugesetz regelmäßiger Raumfachwerke«, das Mengeringhausen aus den Arbeiten seiner Lehrer August Föppl und Ludwig Föppl abgeleitet hatte. Kerninhalt ist die Zerlegung eines flächenzentrierten Kubus, der in 16 Viertel-Oktaeder und 8 Tetraeder – insgesamt 24 Vierflache – geteilt werden kann. Diese kleinstmöglichen regelmäßigen Körper im Raum sind statisch stabil und damit als Elementarkörper für die Bildung eines Raumfachwerks besonders geeignet.[25] Bauwirtschaftlich weisen so konstruierte Raumfachwerke laut Mengeringhausen folgende Vorteile auf:

»1. Alle derartigen Raumfachwerke können mit einer einzigen Art von Knotenstücken ausgeführt werden, die dadurch gekennzeichnet ist, dass das Knotenstück 19 konzentrische Anschlüsse entsprechend den Teilungslinien des flächenzentrierten Cubus besitzt.

2. Alle derartigen Raumfachwerke können mit einer Stab-Reihe ausgeführt werden, deren System-Längen eine geometrische Reihe mit dem Faktor $\sqrt{2}$ bilden.«[26]

Alle Konstruktionsteile lassen sich durch diese Normung industriell besonders wirtschaftlich herstellen und auf Lager legen. Sie sind einfach zu transportieren und können vor Ort schnell montiert werden.[27]

Dass Fritz Leonhardt sich für diese Entwicklungen Mengeringhausens sehr interessierte, lässt sich

28] »Stählerne Baugerüste für Hochbauten. Vorschlag für eine reichseinheitliche Durchbildung«, 19. Januar 1942 [Archiv LAP/Hochbau, Auftragsnr. 41].

29] MERO 1972, S. 2f. Abb. 1, 3c, 4.

30] »Stählerne Baugerüste für Hochbauten. Vorschlag für eine reichseinheitliche Durchbildung«, 19. Januar 1942 [Archiv LAP/Hochbau, Auftragsnr. 41], S. 2.

31] »Stählerne Baugerüste für Hochbauten. Vorschlag für eine reichseinheitliche Durchbildung«, 19. Januar 1942 [Archiv LAP/Hochbau, Auftragsnr. 41], S. 5.

32] Leonhardt 1940, S. 417.

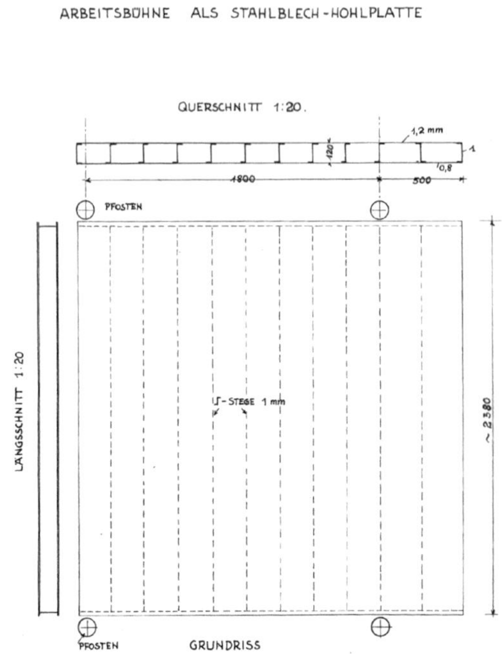

M] Fritz Leonhardt, Stählerne Baugerüste für Hochbauten, datiert vom 19. 1. 1942

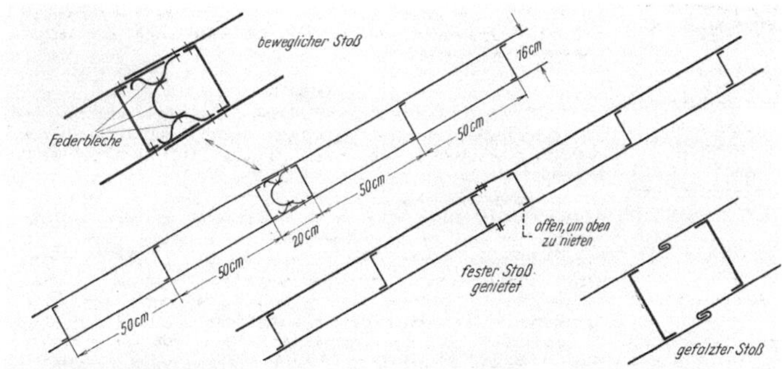

N] Fritz Leonhardts Vorschlag für leichte Dachplatten, in: »Leichtbau – eine Forderung unserer Zeit. Anregungen für den Hoch- und Brückenbau«

anhand der im saai aufbewahrten Zeitungsausschnittsammlung feststellen. Leonhardt hat zu MERO-Systemen mehrere Artikel und Firmenbroschüren aufbewahrt. Die bibliografischen Daten lassen vermuten, dass diese Sammlung im Zusammenhang mit den Planungen der Olympischen Spielstätten 1972 in München angelegt wurde, frühestens im Kontext des Deutschen Pavillons für die Weltausstellung in Montréal 1967, wo für die Ausstellungseinbauten verschiedene Plattformsysteme diskutiert wurden. Ob Leonhardt schon in den 1940er-Jahren über das Patent von Max Mengeringhausen auf dem Laufenden war, lässt sich archivalisch nicht belegen, wäre aber durchaus möglich über seine Kontakte zum VDI in Berlin.

Immerhin entwickelte Fritz Leonhardt gleichzeitig mit Mengeringhausen »Stählerne Baugerüste für Hochbauten«. [28] Das Institut für Haustechnik hatte das MERO-Konstruktionssystem unter anderem auch zum Gerüstbau eingesetzt. [29] Mit dem Verweis, dass »stählerne Baugerüste [...] in vielen Ländern, insbesondere in den U.S.A. seit Jahren weite Verbreitung gefunden haben« [30], schlägt das Ingenieurbüro Dr.-Ing. Fritz Leonhardt 1942 ein Gerüst vor, das am fertiggestellten Mauerwerk rückverankert und erstmals bei den Großbauten innerhalb der Neugestaltung der Hauptstadt der Bewegung München eingesetzt werden sollte.

Für die Pfosten und die Querriegel sowie die Diagonalen waren wie beim MERO-System Rohrquerschnitte vorgesehen mit angeschweißten oder angenieteten Auflagerhülsen, die mittels einer Auflagerschraube fixiert werden sollten. [L] Im Gegensatz zu Mengeringhausens System bietet Leonhardts Gerüst allerdings nur Anschlussvarianten in einem Winkel von 90 Grad. Die Flexibilität, die das MERO-System durch den MERO-Knoten gewährleistet, erreicht der Vorschlag Leonhardts damit nicht. Um die Anschlussproblematik zu entzerren, ist bei Leonhardts Gerüst außerdem der Längsriegel ein aus zwei U-förmigen Blechen zusammengenieteter Kastenträger. Begründet wird die Vermeidung von Rohrprofilen für dieses Bauteil mit der Biegebeanspruchung. Die Kastenform soll wiederum Gewicht sparen. Die mit der Zeichnung zur Linzer Ausstellungshalle überlieferten Fotos zeigen höchstwahrscheinlich einen Anschlusspunkt dieses Gerüstbauvorschlags. [H] [I]

Die vom Ingenieurbüro Dr.-Ing. Fritz Leonhardt gewählten Belagplatten sind »Stahl-Hohl-Dielen aus dünnen Blechen«, um bei der tieferen Gerüstvariante die Platten noch von Hand verlegen zu können. [M] [31] Diese Platten sind von der konstruktiven Durchbildung fast identisch mit den als Dachplatten vorgeschlagenen Hohlplatten aus Fritz Leonhardts Aufsatz »Leichtbau – eine Forderung unserer Zeit.« [N] [32]

1) Leonhardt 1940, S. 413–423.

2) Bardke 1927, S. 193.

3) Voormann/Pfeifer/Trautz 2006, S. 287.

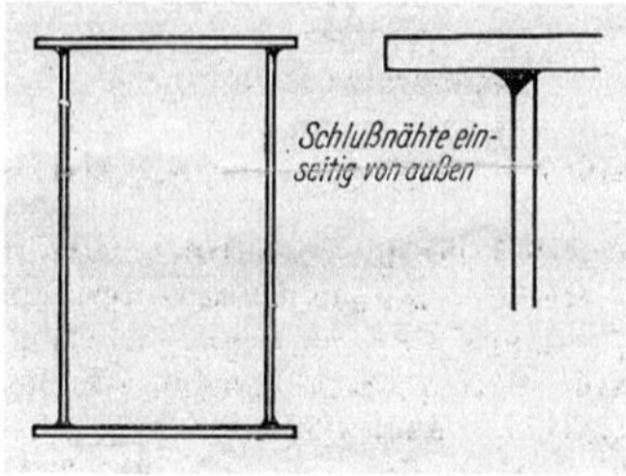

A) Geschweißter Hohlträger, ebene Bleche, in: »Leichtbau – eine Forderung unserer Zeit. Anregungen für den Hoch- und Brückenbau«

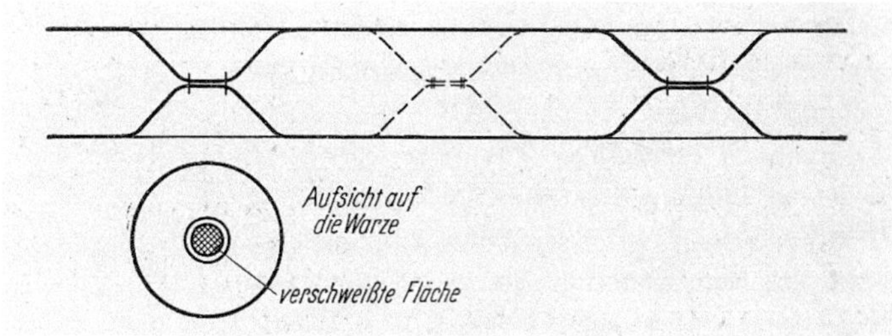

B) Leonhardts Vorschlag für eine Platte aus Blechen, mit Punktschweißung an eingepressten Warzen, in: »Leichtbau – eine Forderung unserer Zeit. Anregungen für den Hoch- und Brückenbau«

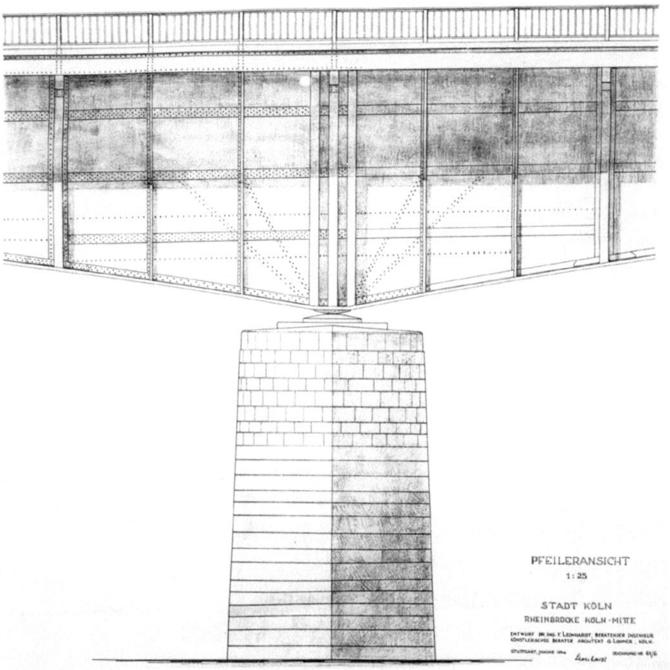

C) Fritz Leonhardt mit Gerd Lohmer, Brücke Köln-Deutz 1946–48, Ansicht des Pylons mit genietetem Stahlkastenträger

BAUTECHNISCHE INNOVATION UND ARCHITEKTONISCHE FORMENSPRACHE

Leonhardts Frühwerk der Jahre 1934 bis 1943 ist mit wenigen Ausnahmen dem Stahlbau verpflichtet. Von den Erfahrungen während seines Studienaufenthalts in den USA profitierend und durch eigene materialtechnische Innovationen in Zusammenarbeit mit der MPA Stuttgart erwarb er sich schnell den Ruf eines Spezialisten für Hängebrücken bei der Reichsautobahn. Dabei hielt er intensiv den Kontakt in die USA, wo er in regem Austausch mit seinem Onkel Otto Nissler und Prof. Solomon C. Hollister von der Purdue-University die internationalen Entwicklungen bis in Kriegszeiten hinein verfolgte und auf diese Weise den Techniktransfer aus den USA nach Deutschland beförderte.

Leonhardt nutzte dabei seine im Reichsverkehrsministerium geknüpften Kontakte. Nach Karl Schaechterle wurden Paul Bonatz und Fritz Todt seine Förderer, über die er nach München zu Hermann Giesler gelangte. Innerhalb des nationalsozialistischen Bauwesens war Leonhardt letzten Endes an drei von fünf Führerstadtplanungen beteiligt: Hamburg, München und Linz. Um unter der nationalsozialistischen Diktatur ein freies Ingenieurbüro zu leiten und Aufträge an diesen Großprojekten übernehmen zu können, war der Parteieintritt für Leonhardt vorteilhaft. Im Gegensatz zu einigen seiner Kollegen wartete er damit bis zum November 1939, als er sich als Beratender Ingenieur in München selbstständig machte und ohne Aufträge vermutlich zum Kriegsdienst eingezogen worden wäre.

Die Entwürfe, an denen Leonhardt in München beteiligt war, waren wie die erste Hängebrücke der Reichsautobahn und die Elbehochbrücke von hohem Prestigeanspruch. Sie sollten als Leistungsschau des deutschen Stahlbaus verstanden werden und waren von Hitler persönlich als Bauwerke der Technik definiert worden. Daher grenzen sie sich ab von der Schwere der nationalsozialistischen Repräsentationsarchitektur in Massivbauweise, wie sie Albert Speer für Berlin plante. Leonhardts Sparsamkeit, die ihn gegen Maßlosigkeit und Materialverschwendung ankämpfen ließ, bewahrte seinen Ingenieurkonstruktionen eine gewisse Schlichtheit und veranlasste ihn, in technischer Hinsicht auf mehreren Gebieten des Stahlbaus innovative Entwicklungen voranzutreiben. Leonhardts Aufsatz »Leichtbau – eine Forderung unserer Zeit. Anregungen für den Hoch- und Brückenbau« [1] fasst die Themenbereiche in sehr übersichtlicher Form zusammen und wird nicht zuletzt aus diesem Grund heute als für seine Zeit visionär bezeichnet. Bei der differenzierten Betrachtung der einzelnen Themen lässt sich feststellen, in welchen Bereichen besonders innovativ geforscht wurde und Grundlagen für die bautechnische Weiterentwicklung nach Ende des Zweiten Weltkriegs geschaffen werden sollten.

Die Schweißtechnik

Laut Begriffsdefinition wurde seit dem 1924 veröffentlichten Beschluss der Normungskommission ohne Nachbehandlung schmiedbares Eisen als »Stahl« bezeichnet. Doch auch nach 1924 blieb der Begriff Eisen für Stahl umgangssprachlich weiterhin in Gebrauch. Die entscheidende Entwicklung im 19. Jahrhundert war die des »Schweißeisens« und des »Flussstahls«, dessen geringer Kohlenstoffgehalt das Material in der Weiterverarbeitung entscheidend verbesserte. Damit konnten Walzprofile hergestellt werden, die bis zu 40 Prozent geringere Materialstärken aufwiesen, als die gusstechnisch nötigen Abmessungen der Gusseisenprofile. [2]

Um diesen Werkstoff weiterzubearbeiten, wurde Ende des 19. Jahrhunderts im Maschinenbau das Schweißen entwickelt, zuerst in Form der Wassergasschweißung, bei der eine Wassergasflamme die Schmiedequelle ersetzte und somit das traditionelle Schmieden mit dem Hammer überflüssig machte. In den 1880er-Jahren gelang es erstmals, mithilfe eines elektrischen Lichtbogens Schweißungen auszuführen. Wegen fehlender Schweißmaschinen konnte sich diese Form des Schweißens lange nicht durchsetzen. [3]

Im ersten Jahrzehnt des 20. Jahrhunderts tauchte mit dem autogenen Schweißen ein neues Schweißverfahren auf. Da die Bezeichnung irreführend war, wurde sie vom Fachausschuss für Schweißtechnik des VDI in »Gasschmelzschweißung« umbenannt, heute spricht man von Azetylenschweißen. Das Verfahren war durch die Entdeckung des Azetylens 1892 in Nordamerika möglich geworden. Mit einem Knallgebläse kann aus Azetylen mit verdichtetem Sauerstoff eine Flamme erzeugt werden. In Stahlzylindern auf die Baustelle gebracht, war das Gas und damit das Verfahren mobil und konnte vor Ort eingesetzt werden, was für die Bautechnik im Gegensatz zum Maschinenbau, der

4) Bardke 1927, S. 2.

5) Voormann/Pfeifer/Trautz 2006, S. 287.

6) Bardke 1927, S. 193.

7) Voormann/Pfeifer/Trautz 2006, S. 289, 293 f.

8) Leonhardt 1940, S. 415.

9) Leonhardt 1940, S. 415.

10) MPA Stuttgart, »Versuche zur Klarstellung der Ursachen der Schäden an den Brücken bei Kalkberge und am Kaiserberg«, 1938–1942 (Universitätsarchiv Stuttgart, 33/1/832–842). Und: MPA Stuttgart, »Schadesfall Rheinbrücke Frankental«, 1940–1942 (Universitätsarchiv Stuttgart, 33/1/788).

D) Kettenbrücke über die Menaistraße in England 1826, abgebildet in dem dreiteiligen Aufsatz zu Hängebrücken von Schaechterle und Leonhardt

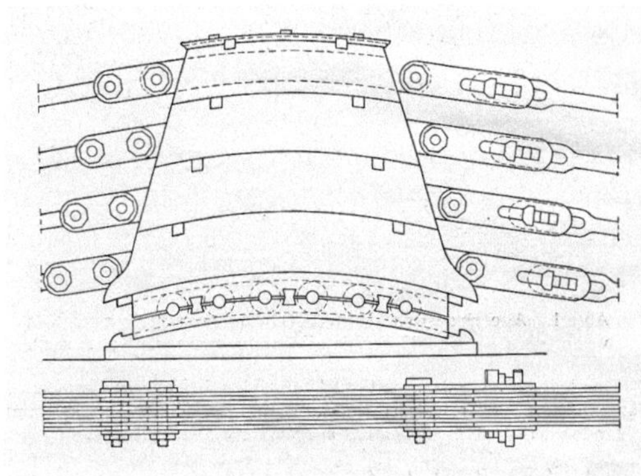

E) Kettenbrücke über die Menaistraße in England 1826, Detail der Sattellager über den Steinpfeilern, abgebildet in dem dreiteiligen Aufsatz zu Hängebrücken von Schaechterle und Leonhardt

fabrikmäßig erfolgen konnte, eine Voraussetzung war. Ein weiterer wichtiger Schritt war um 1900 die Entwicklung eines geeigneten Brenners, um die Hitze zu regulieren. [4] Dank dieser Innovationen konnte sich das Azetylenschweißen vor allem im Maschinenbau im ersten Jahrzehnt des 20. Jahrhunderts etablieren. [5]

Einen entscheidenden Entwicklungsschub erfuhr die mobile Schweißtechnik während des Ersten Weltkriegs, da kriegswichtige Anlagen, die beschädigt worden waren, schnell wiederhergestellt werden mussten. Da durch die Wärmeeinwirkung in den Werkstücken eine hohe Eigenspannung auftritt, entstanden jedoch unkontrollierte Verformungen, die die Einführung des Azetylenschweißens im Bauwesen weiterhin behinderten.

Im Laufe der 1920er- und 1930er-Jahre gelang es, das elektrische Lichtbogenschweißen weiterzuentwickeln und im Schiff- und Fahrzeugbau einzusetzen. Im Bauwesen konnte es sich gegen das herkömmliche Nietverfahren im Stahlbau jedoch nur langsam durchsetzen, da die Qualität der Ausführung nur schwer zu prüfen war. Dennoch wurden die Vorteile des Schweißens zu dieser Zeit vor allem von der Stahlindustrie angepriesen. Diese Argumente griff Leonhardt 1941 in seinem Aufsatz auf: Man benötige weniger Arbeitskräfte, da weniger Handgriffe zu verrichten seien als beim Nieten. Die Arbeitskräfte mussten aber sehr gut ausgebildet sein, da das Prüfen der Schweißnähte schwierig und vor Ort nicht lange möglich war. Auf der Baustelle anwendbare Materialprüfungen, wie sie an der MPA Stuttgart entwickelt wurden, sollten diesen Nachteil beheben. Der Mehrpreis für die teuren Gase – so Leonhardt – werde durch die Einsparung an Material aufgewogen, da die zum Nieten erforderlichen Flansche wegfielen. [A] Das hatte schon 1927 Bardke als ausschlaggebenden Punkt genannt. [6]

Tatsächlich wurde Mitte der 1920er-Jahre, befördert durch materialtechnische Untersuchungen an der TH Dresden, das Lichtbogenschweißen auch in der Bautechnik langsam eingeführt. 1929 wurden vom Fachausschuss für Schweißtechnik im VDI »Richtlinien für die Ausführung und Abnahme geschweißter Stahlbauten« vorgelegt. Wegen mehrerer spektakulärer Schadensfälle an Brücken zwischen 1936 und dem Zweiten Weltkrieg wurde die Schweißtechnik jedoch wieder infrage gestellt. [7]

Fritz Leonhardt beobachtete diese Entwicklung interessiert, wie sich im Abschnitt »III. Über die Fertigung« in seinem Aufsatz »Leichtbau – eine Forderung unserer Zeit« [8] ablesen lässt. Er hält fest: »Die gründliche wissenschaftliche Forschung auf dem Gebiet des Schweißens hat zuverlässige Verfahren entwickelt und die Grenzen abgesteckt.« [9]

Als etablierte Verfahren nennt Leonhardt den symmetrisch geschweißten Stumpfstoß und kleine örtliche Anschlüsse, da bei diesen Verbindungsarten nicht viele Wärmespannungen auftreten. Die Problematik der Schrumpfspannungen bei Längsnähten ist ihm bewusst, er hält bei »genügend zähen Metallen« dennoch die Anwendbarkeit für möglich. Bei Schweißnähten, die große Bauteile verbinden, solle eine »geeignete Schweißfolge« eingehalten werden. In diesem Punkt flossen vermutlich die Erkenntnisse aus dem Schadensfall der Autobahnunterführung bei Kirchheim u. Teck, an der die OBR Stuttgart beteiligt war, mit ein (siehe Kapitel »Die Autobahnüberführung Jungingen« [J]). Leonhardt empfiehlt deshalb bei dünnen Blechen die Punktschweißung anstelle der Stumpf- oder Kehlnahtschweißung, da dabei weniger Spannungen im Material auftreten. [B] Innerhalb der MPA Stuttgart waren unter Hermann Maier-Leibnitz, Karl Deininger und Kurt Klöppel im Auftrag der Direktion der Reichsautobahn zahlreiche Versuchsreihen zu Schadensfällen bei geschweißten Brücken durchgeführt worden, für die im Reichsverkehrsministerium Karl Schaechterle verantwortlich war oder bei denen er als Gutachter hinzugezogen wurde. [10]

Die Pylone auf Fritz Leonhardts Baustelle in Köln-Rodenkirchen wurden weiterhin genietet und selbst nach dem Ende des Zweiten Weltkriegs ließ Fritz Leonhardt beim Wiederaufbau der Köln-Deutzer Brücke die einzelnen Bauteile der flachen Stahlhohlkastenbrücke nieten und nicht schweißen. [C]

11) Schaechterle/Leonhardt 1941, S. 1 ff.

12) Schaechterle/Leonhardt 1941, S. 3.

13) Prüfbericht der Materialprüfungsanstalt an der Technischen Hochschule Stuttgart/Institut für die Materialprüfungen des Bauwesens, 14. Juli 1938. (Universitätsarchiv Stuttgart, 33/1/797), S. 1.

14) Prüfbericht der Materialprüfungsanstalt an der Technischen Hochschule Stuttgart/Institut für die Materialprüfungen des Bauwesens, 14. Juli 1938 (Universitätsarchiv Stuttgart, 33/1/797), S. 4.

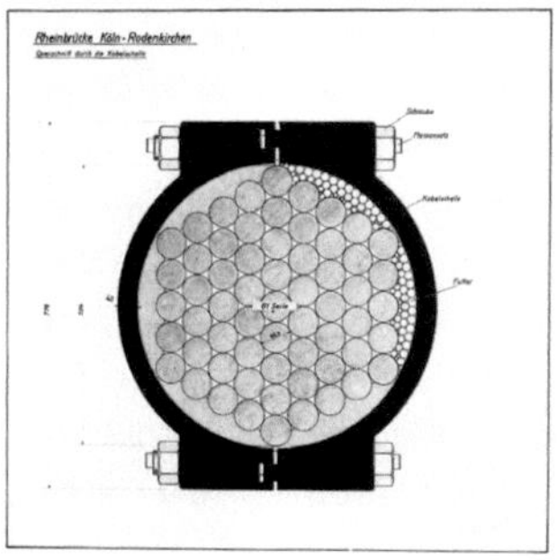

F) G) H) Rheinbrücke bei Köln-Rodenkirchen, Entwicklung der Kabelschelle in Modell, Ausführung und Zeichnung

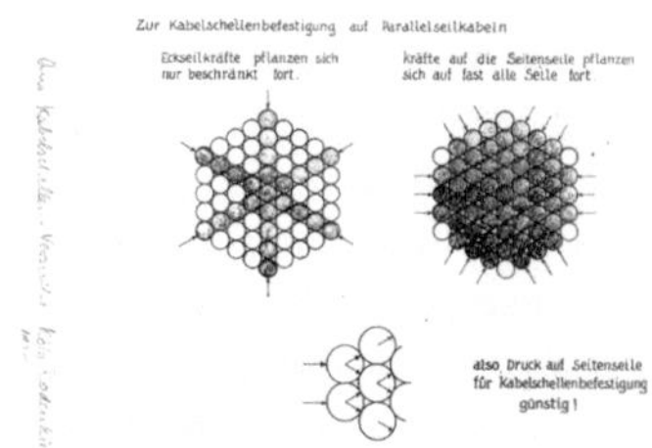

I) J) Rheinbrücke bei Köln-Rodenkirchen, Versuchsbeschreibung zur Kabelschellenbefestigung auf sechseckigen Tragkabeln

Die Seiltechnik

Ein wichtiger Aspekt für Hängebrücken ist der technische Standard der Seile und der Seiltechnik. Fritz Leonhardt hat im Zusammenhang mit der Planung und Bauausführung der Autobahnbrücke bei Köln-Rodenkirchen in diesem Bereich umfangreiche Materialprüfungen an der MPA Stuttgart durchführen lassen. Als er und Karl Schaechterle 1940 einen Forschungsauftrag zur Elbehochbrücke für Hamburg bekamen, konnten diese Versuche fortgesetzt werden und führten zu wesentlichen Erkenntnissen über de Anwendung von patentverschlossenen Stahlseilen im Großbrückenbau.

Die Entwicklung der Stahlseiltechnik war im 19. Jahrhundert im Wesentlichen durch die Bedürfnisse des Bergbaus – zur Erschließung der Energiequelle der industriellen Revolution – vorangetrieben worden. Die ersten Erfahrungen bei der Übernahme der Drahtseilbündel aus der Bergbautechnik in die Bautechnik verliefen problematisch, da bei stehenden Zuggliedern, wie sie im Bauwesen erforderlich sind, ganz andere Beanspruchungen relevant sind als bei den laufenden Zuggliedern des Bergbaus, die in erster Linie sehr flexibel sein müssen. Zudem war die Haltbarkeit der Stahlseile im Bergbau durch Abnutzung begrenzt, die Seile konnten nach einer bestimmten Zeit ersetzt werden, was in der Bautechnik nicht möglich ist.

In den USA erforderte in der zweiten Hälfte des 19. Jahrhunderts der Ausbau des Eisenbahnnetzes die Überbrückung von breiten Verkehrshindernissen. Nur Hängebrücken konnten die erforderlichen Spannweiten erreichen, weshalb die USA im Bereich des Hängebrückenbaus die Führung übernahmen.

Leonhardt vollzog in seiner dreiteiligen Aufsatzserie zu Hängebrücken die Entwicklung von Ketten mit handgeschmiedeten Gliedern über die Flacheisen bis zu den Drahtseilen nach. [D] [E] [11] Der Ingenieur Johann August Röbling verwendete 1854 für die Brücke, die die Schlucht nach den Niagarafällen überspannt, im Luftspinnverfahren hergestellte Paralleldrahtkabel. 1870–83 konstruierte er mit den im selben Verfahren hergestellten Kabeln die Brooklyn Bridge über den East River in New York. [12]

Für die Hängebrücke der Reichsautobahn über den Rhein bei Köln-Rodenkirchen leistete Fritz Leonhardt Ende der 1930er-Jahre zusammen mit Otto Graf an der MPA Stuttgart einen wesentlichen Beitrag zur Weiterentwicklung der Seiltechnik in Deutschland. [F] [G] [H] [I] [J] Bereits bei einer ersten Besprechung zwischen Otto Graf und Fritz Leonhardt im Dezember 1937 wurde die MPA Stuttgart mit Zugversuchen an Seilen für die geplante Hängebrücke beauftragt. [13] Am 28. März 1938 wurde ein Arbeitsplan für diese Prüfungen festgelegt. Entwickelt werden sollten:

»I. Hängeseile, deren Bruchfestigkeit infolge der starken Biegung der Seile um die Kabelschellen klassifiziert werden sollte.

II. Tragkabel, bei denen in mehreren Versuchen die Elastizitätsmaße und Bruchlasten von Flachlitzenseilen, verschlossenen Seilen unterschiedlicher Durchmesser und Paralleldrahtbündeln von rundem sowie sechskantigem Durchmesser getestet wurden.« [14]

Die Versuche fanden zum Teil bei der Firma Felten & Guilleaume in Mülheim unter Anwesenheit eines Mitarbeiters der MPA Stuttgart statt, zum anderen an der MPA in Stuttgart selbst. Fritz Leonhardt setzte sich intensiv mit zwei unterschiedlichen Seilvarianten auseinander: den patentverschlossenen Seilen und den Paralleldrahtkabeln, die im Luftspinnverfahren hergestellt werden. Paralleldrahtkabel wurden seit Ende des 19. Jahrhunderts vor allem in den USA für die großen, weitgespannten Hängebrücken verwendet, beispielsweise für die Golden Gate Bridge in San Francisco mit einer Hauptspannweite von 1280 Metern. [K] Dafür werden die in den USA als Tragkabel bezeichneten Tragseile vor Ort auf der Baustelle im sogenannten Luftspinnverfahren versponnen.

In Deutschland wurde dieses Verfahren nicht angewandt. Deutsche Firmen wie die Seilfabrik Felten & Guilleaume produzierten verschlossene Spiralseile, die bei den deutschen Hängebrücken wie der Rheinbrücke Köln-Mülheim verbaut worden waren (siehe Kapitel »Die Hängebrücke bei Köln-Rodenkirchen« [N]). Diese Seile wurden in der Fabrik hergestellt und auf Haspeln zur Baustelle gebracht. Das war transporttechnisch nur deshalb möglich, weil die maximale Spannweite von 300 bis 400 m bei deutschen Hängebrücken nur ein Drittel derjenigen der amerikanischen Großbrücken betrug. Die Hauptspannweite der Hängebrücke Köln-Rodenkirchen maß 378 Meter.

Als Leonhardt ab 1939 in die Planungen der Elbehochbrücke Hamburg involviert war, wurde diskutiert, ob die patentverschlossenen Seile auch für größere Spannweiten leistungsfähig wären, denn

15) Arbeitsgemeinschaft Nord-Süd Elbehochbrücke Hamburg, »Begründung für die Wahl von Tragkabeln aus verschlossenen Seilen.« 5. September 1939 (Universitätsarchiv Stuttgart, 33/1/820), S. 4.

16) Arbeitsgemeinschaft Nord-Süd Elbehochbrücke Hamburg, »Begründung für die Wahl von Tragkabeln aus verschlossenen Seilen«, 5. September 1939 (Universitätsarchiv Stuttgart, 33/1/820), S. 12.

17) Arbeitsgemeinschaft Nord-Süd Elbehochbrücke Hamburg, »Begründung für die Wahl von Tragkabeln aus verschlossenen Seilen«, 5. September 1939 (Universitätsarchiv Stuttgart, 33/1/820), S. 14.

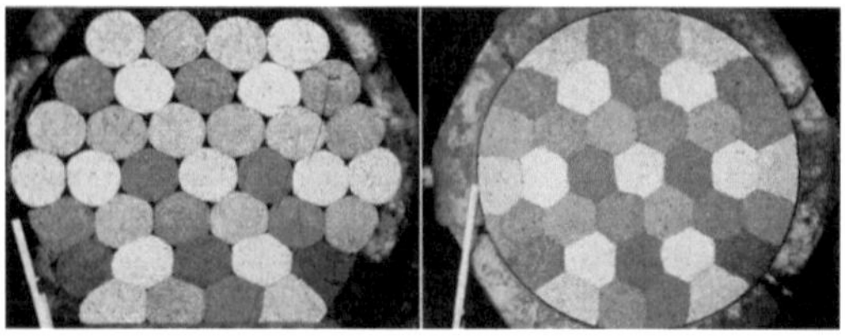

K) Paralleldrahtkabel, Probestück in der Presse, abgebildet in dem dreiteiligen Aufsatz zu Hängebrücken von Schaechterle und Leonhardt

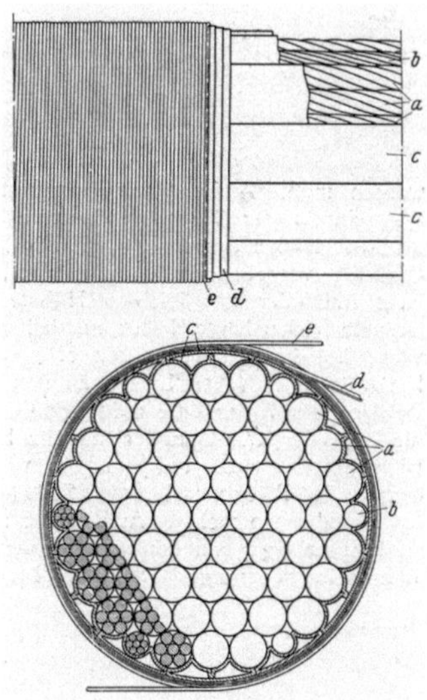

L) Paralleldrahtkabel amerikanischer Bauart, abgebildet in dem dreiteiligen Aufsatz zu Hängebrücken von Schaechterle und Leonhardt

die Elbehochbrücke sollte mit einer Gesamtspannweite von annähernd 1300 m die Dimensionen der amerikanischen Großbrücken erreichen. Im Zusammenhang mit den Planungen für Hamburg wurden folgende Aspekte diskutiert:

Herstellung
Es stellte sich die Frage, ob verschlossene Seile von rund 1500 m Länge und etwa 100 mm Durchmesser überhaupt hergestellt und transportiert werden konnten. Die Seilfirmen sicherten die Herstellung zu, das Problem lag im Transport der auf Seilhaspeln aufgewickelten Kabel. Deren Gewicht und Abmessungen schlossen eine komplette Vorfertigung in der Fabrik aus. Als Lösung wurde eine Teilfertigung in der Fabrik vorgeschlagen. Das endgültige Verspinnen der fertigen Seile sollte auf der Baustelle erfolgen. [15]

Statische Zugfestigkeit
Ein sogenanntes patentverschlossenes Seil besteht aus einem runden Kerndraht, mehreren Lagen von Runddrähten, Keildrähten und außen liegenden Z-förmigen Profildrähten. Die summierten Bruchlasten der Einzeldrähte ergeben eine »rechnerische Bruchlast« und die »mittlere rechnerische Bruchfestigkeit«.

Die tatsächliche Bruchlast wurde durch Versuche eindeutig bestimmt und mit 90 Prozent der rechnerischen angesetzt. Vergleichende Versuche ergaben, dass bei Paralleldrahtkabeln die tatsächliche Bruchlast wesentlich geringer war als die Summe der einzelnen Drahtbruchlasten. Eine tatsächliche rechnerische Bruchlast ließ sich für diese Seilart nicht ermitteln, da die Vorortfertigung nicht simulierbar war.

Dauerschwellfestigkeit
Die Verkehrsbelastung einer Hängebrücke bedingt ein häufiges An- und Abschwellen der Spannung. Daher wurden Versuche zur Dauerschwellfestigkeit durchgeführt. Für die Köln-Rodenkirchener Brücke wurden diese Tests an verschlossenen Spiralseilen durchgeführt. Es ergab sich eine Sicherheit gegen Dauerbelastung, die auch für die geplante Elbehochbrücke in Hamburg ausreichend gewesen wäre. Für Paralleldrahtkabel wurden keine Versuche durchgeführt.

Dehnung und Elastizitätsmodul
Im Hinblick auf das Elastizitätsmodul rechnete man für die Verkehrslast bei Paralleldrahtkabeln 1800 t/cm^2 und bei verschlossenen Kabeln 2600 t/cm^2. Das niedrige Elastizitätsmodul wurde als der große Vorteil der Paralleldrahtkabel angesehen, weil damit die Seillängung geringer ausfiel. Die Versuche an der MPA Stuttgart ergaben jedoch, dass »durch die Verwendung von Paralleldrahtkabeln anstatt verschlossener Seile eine irgendwie beachtenswerte Erhöhung der Brückensteifigkeit nicht erreicht werden kann«. [16]

Damit war eines der wesentlichsten Argumente für die in den USA verwendeten Paralleldrahtkabel entkräftet.

Biegsamkeit
Seilkrümmungen treten auf bei der Verankerung, am Umlenklager, auf dem Kabelsattel und an den Schellen. Bei der Verankerung der Seile in Seilköpfen werden die Seile auseinandergespreizt und vergossen. Den deutschen Ingenieuren waren die an der Mount Hope Bridge in Rhode Island und der Ambassador Bridge in Detroit aufgetretenen Drahtbrüche an den Kabelschuhen bekannt. Bei den gebrochenen Seilen handelte es sich um Paralleldrahtkabel. Wegen der Umlenkung am Kabelsattellager war eine große Biegsamkeit der Kabel erforderlich.

Die von der Arbeitsgemeinschaft Nord-Süd für die Elbehochbrücke Hamburg in Auftrag gegebenen Untersuchungen sprachen sich auch in diesem Punkt für das patentverschlossene Seil aus: »Bei der Verwendung verschlossener Seile konnte man sich bisher auf die an vielen Ausführungen erhärtete Tatsache stützen, dass diese eine sehr große Biegsamkeit besitzen und daher erhebliche Krümmungen ohne wesentliche Einbuße an Tragfähigkeit und ohne Störung des Seilaufbaus ertragen.« [17]

Korrosionsschutz
Patentverschlossene Seile waren wegen ihrer Korrosionsbeständigkeit von Vorteil, denn die kleinen Zwischenräume zwischen den Drähten konnten noch während der Fertigung in der Fabrik mit Mennige ausgegossen werden. Außen griffen die sich überdeckenden Z-förmigen Verschlussdrähte ineinander und bildeten einen vollkommen dichten Abschluss. Die luftversponnenen Paralleldrahtkabel hingegen hatten deutlich mehr Hohlräume, in die vor allem während der Vorortfertigung Feuchtigkeit un-

18) Fritz Leonhardt, Typoskript, o. T., nicht datiert (wohl 1940) (saai Karlsruhe), S. 7.

19) Niederschrift der Besprechung des Prüfungsausschusses für die Elbehochbrücke Hamburg an der Materialprüfungsanstalt der Technischen Hochschule Stuttgart, 6. April 1940 (Universitätsarchiv Stuttgart, 33/1/743), S. 4.

20) Karl Schaechterle an Fritz Todt, 13. November 1939 (Universitätsarchiv Stuttgart, 33/1/743), S. 1.

21) Niederschrift der Besprechung des Prüfungsausschusses für die Elbehochbrücke Hamburg an der Materialprüfungsanstalt der Technischen Hochschule Stuttgart, 6. April 1940 (Universitätsarchiv Stuttgart, 33/1/743), S. 4.

22) Voormann/Schüller 2009, S. 382.

23) Arbeitsgemeinschaft Nord-Süd Elbehochbrücke Hamburg, Niederschrift der Sitzung am 30. August 1940 (Universitätsarchiv Stuttgart, 33/1/820), S. 3.

24) Arbeitsgemeinschaft Nord-Süd Elbehochbrücke Hamburg, »Begründung für die Wahl von Tragkabeln aus verschlossenen Seilen«, 5. September 1939 (Universitätsarchiv Stuttgart, 33/1/820).

25) Arbeitsgemeinschaft Nord-Süd Elbehochbrücke Hamburg, Niederschrift der Sitzung am 30. August 1940 (Universitätsarchiv Stuttgart, 33/1/820), S. 3 f.

26) Arbeitsgemeinschaft Nord-Süd Elbehochbrücke Hamburg, »Begründung für die Wahl von Tragkabeln aus verschlossenen Seilen«, 5. September 1939 (Universitätsarchiv Stuttgart, 33/1/820), S. 17 f.

27) Fritz Leonhardt an die MPA Stuttgart, 13. März 1940 (Universitätsarchiv Stuttgart, 33/1/820).

28) Arbeitsgemeinschaft Nord-Süd Elbehochbrücke Hamburg, Niederschrift der Sitzung am 21. Juni 1940 (Universitätsarchiv Stuttgart, 33/1/820), S. 3.

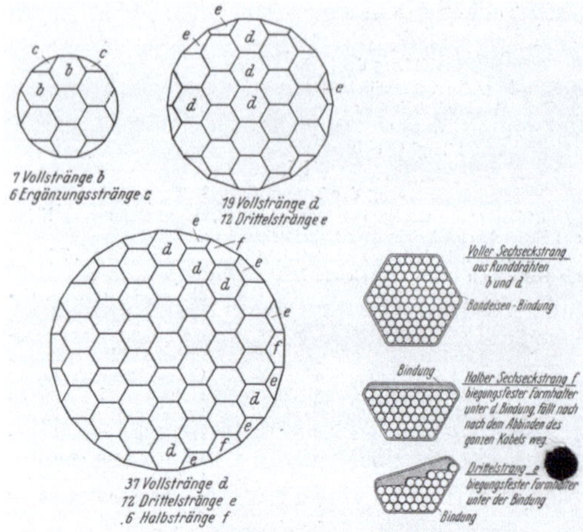

M) Vorschlag Leonhardts für ein rundes Paralleldrahtkabel aus sechseckigen Litzen mit Ergänzungslitzen am Rand, abgebildet in dem dreiteiligen Aufsatz zu Hängebrücken von Schaechterle und Leonhardt

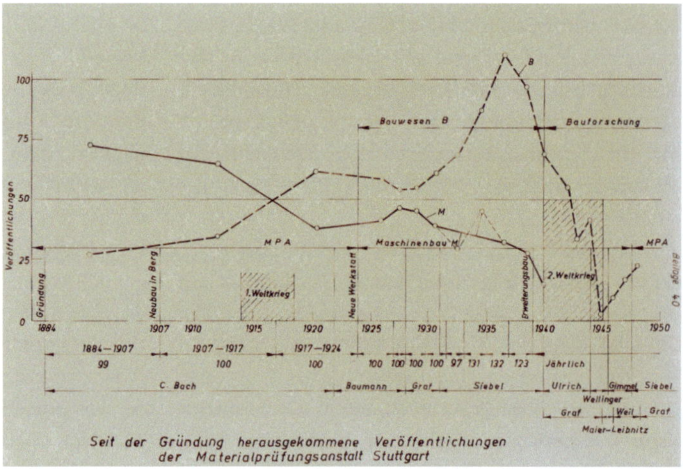

N) Entwicklung der Veröffentlichungen der MPA Stuttgart

kontrolliert eindringen konnte. Bei amerikanischen Brücken wurden die einzelnen Drähte als Korrosionsschutz teilweise verzinkt. Diese Art des Korrosionsschutzes konnte aber während des Luftspinnverfahrens beschädigt werden. Daher wurden diese Kabel durch eine Kabelumwicklung geschützt. [L]

Montage

Da patentverschlossene Seile in der Fabrik hergestellt werden, ist deren Vorfertigung ein wesentlicher Zeitvorteil bei der Montage, denn die Herstellung der Kabel im Luftspinnverfahren kostet wertvolle Montagezeit.

Obwohl Leonhardt in einem Gutachten zu der Elbehochbrücke in Hamburg zu dem Schluss kommt, dass »die Dauerfestigkeit der patentverschlossenen Seile nach Versuchen für die Rheinbrücke Rodenkirchen 10 bis 20 % kleiner [ist], als die der Paralleldrahtkabel« [18], wurden für die Rheinbrücke Köln-Rodenkirchen aus den oben angeführten Gründen patentverschlossene Seile verwendet. Diese wurden in der Seilfabrik Felten & Guilleaume hergestellt.

In der Folge des Forschungsauftrags Schaechterle-Leonhardt für die Elbehochbrücke schlug Karl Schaechterle 1940 Seilversuche und mechanostatische Untersuchungen an Hängetragwerken vor und kündigte eine abschließende Stellungsnahme nach Beendigung der folgenden Versuche an. [19]

»a) Untersuchungen an gezogenen und gewalzten Drähten, Zerreiß- und Dauerfestigkeiten, Dehnungen, Streckgrenzen. Einflüsse der Kaltverformung und Wärmebehandlung.

b) Prüfung von Paralleldrahtkabeln (...) und patentverschlossenen Kabeln. (...)

c) Erkundung der zweckmäßigen Ausbildung der Seilköpfe. Vergusslänge, Kabelneigung, Gleitbewegungen (...).« [20]

Im Zusammenhang mit den Auflagern der Seile an den Pylonsätteln wurde auch die Ausformung des Kabelquerschnitts diskutiert. Die Niederschrift einer Besprechung des Prüfungsausschusses belegt, dass Leonhardt hier ein US-amerikanisches Patent für runde Kabel als Beispiel vorzeigte und seine daraus entwickelten eigenen Ideen vorbrachte. [L] [M] [21] In diesem Vermerk ist ein weiterer Beleg für den Technologietransfer in den 1930er-Jahren von den USA nach Deutschland zu sehen. Daran wird die Rolle der Ingenieure wie Fritz Leonhardt deutlich. [22]

An der MPA Stuttgart [23] erfolgten auch Gefügebilderaufnahmen zu den von Kurt Klöppel koordinierten Zugversuchen mit Rund- und Profildrähten, an denen die Querschnittsverminderungen beim Bruch gemessen wurden. Otto Graf übergab im Laufe einer Besprechung im August 1940 eine Zusammenstellung der Arbeitsgemeinschaft Nord-Süd zur »Begründung für die Wahl von Tragkabeln aus verschlossenen Seilen« [24] mit dem Hinweis: »Leonhardt habe (...) vor kurzem geäußert, dass ihm das patentverschlossene Seil (...) als günstig erscheine.« [25]

Vor allem die positiven Erfahrungen der deutschen Firmen mit verschlossenen Seilen gegenüber dem in Deutschland unbekannten Luftspinnverfahren bei Paralleldrahtkabeln sprächen für die patentverschlossenen Seile. [26]

Im März 1940 schlug Fritz Leonhardt in Absprache mit Karl Schaechterle vor, die gesamten Versuche zu Seilen »innerhalb der Versuche der Arbeitsgemeinschaft des Brückenamtes Hamburg durchzuführen«. [27] In der Folge wurde für die Versuche an der MPA Stuttgart von Kurt Klöppel eigens eine neue Seilprüfmaschine angeschafft, mit der man »den tatsächlichen Verhältnissen am Bauwerk sehr nahe kommt«. [28] Mit dieser Maschine konnten Dauerversuche durchgeführt werden.

Diese Versuchsreihen, die Ende der 1930er-Jahre und bis in die Zeit des Zweiten Weltkriegs hinein liefen, waren, bedingt durch den Prestigeanspruch der Projekte, mit hohem finanziellem Aufwand betrieben worden. Sie bewirkten einen Entwicklungsschub, der dazu beitrug, den technischen Vorsprung, den die USA im 19. und in den ersten drei Jahrzehnten des 20. Jahrhunderts gegenüber den Europäern hatten, etwas zu vermindern. Deutsche Ingenieure wie Karl Schaechterle, Kurt Klöppel, Franz Dischinger und Fritz Leonhardt leisteten in ihren Bereichen einen Beitrag dazu. Nach einer kriegs- und nachkriegsbedingten Unterbrechung in den Jahren 1944 bis Ende der 1940-er Jahre [N] führten sie die Entwicklung auf dem Gebiet der Stahlseiltechnik im Bereich der hochfesten, für Vorspannung ausgelegten Stahlseile fort.

Spätestens nachdem Albert Speer die Nachfolge von Fritz Todt als Generalbevollmächtigter für die Bauwirtschaft angetreten hatte, wurden die zivilen Planungen zunehmend eingeschränkt, auch wenn, wie sich am Beispiel der Münchner Kuppel belegen

29) Zur Entwicklung der Patente siehe: Tabelle 1 »Die Entwicklungsgeschichte des Spannbetons im Spiegel der erteilten Patente bis 1942«, abgebildet in: Specht, 1987, S. 136 ff.

30) Specht 1987, S. 137.

31) Französische Patente 870070 und 926505. Specht 1987, S. 138.

32) Kabierske 2009, S. 172.

33) Kleinmanns/Weber 2009.1, S. 373.

34) Weber/Kleinmanns 2009.1, S. 374.

35) Die erste Schrägkabelbrücke überhaupt war 1955 in Strömsund, Schweden gebaut worden. Tang 1987, S. 167.

36) MPA Stuttgart, »Zugversuche mit Brückenseilen für die Nordbrücke Düsseldorf«, 1954 (Universitätsarchiv Stuttgart, 33/1/898).

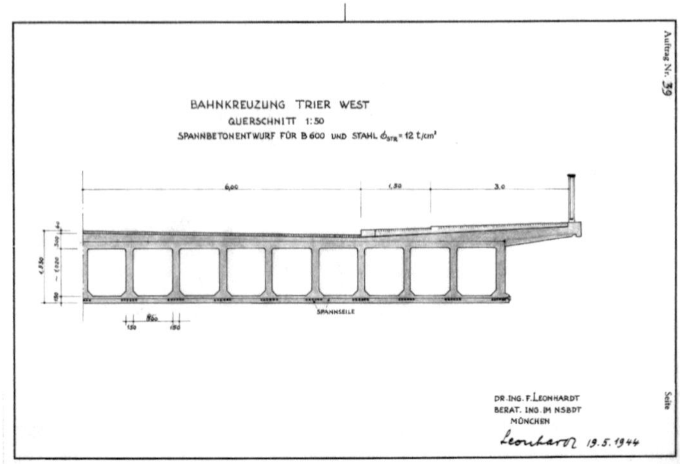

O) Fritz Leonhardt, Stahlbetonentwurf für die Bahnkreuzung in Trier-West 1944

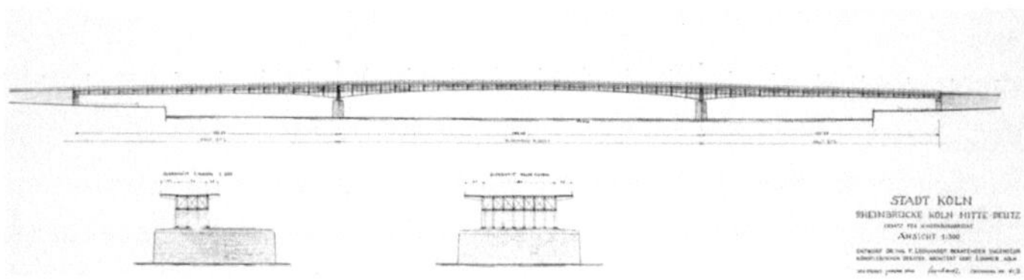

P) Fritz Leonhardt mit Gerd Lohmer, Brücke in Köln-Deutz 1946–48

lässt, diese Regelungen nicht immer sofort umgesetzt wurden.

Die Entwicklungen im Spannbetonbau

Forschungen zu Kabelbrücken aus Stahl wurden während des Krieges und in der unmittelbaren Nachkriegszeit wegen des kriegsbedingten Stahlmangels nahezu komplett eingestellt. Die Brückeningenieure, allen voran Franz Dischinger, der sich schon seit den 1920er-Jahren mit dem Thema Stahlbeton beschäftigt hatte, aber auch Fritz Leonhardt wandten sich ab 1944 dem Spannbeton zu. Dieses Verfahren ist eine Weiterentwicklung des Stahlbetons, bei dem der Bewehrungsstahl vorgespannt wird, um Rissbildung im Beton zu minimieren und die Spannweite der Konstruktion bei minimalem Einsatz von Material zu maximieren. In diesem Sinne kann man auch die Entwicklungen im Spannbetonbau als einen Leichtbauansatz interpretieren.

Die Vorspannung kann mit den unterschiedlichsten Verfahren aufgebracht werden. In den ersten vier Jahrzehnten des 20. Jahrhunderts sind zahlreiche Ansätze und verschiedenste Patente dazu angemeldet worden. [29] In Deutschland waren die Firmen Wayss & Freytag sowie Dyckerhoff & Widmann mit den Chefingenieuren Franz Dischinger und Ulrich Finsterwalder führend. 1938 hatte Wayss & Freytag bei Oelde eine 33 m weit gespannte Autobahnbrücke errichtet, die mittels Spanndrähten vorgespannt war. [30] Somit war das Thema Stahlseile, eingesetzt zur Vorspannung und damit auf das absolute Minimum an Stahl reduziert, weiterhin von großer Bedeutung. 1940 schaffte der französische Ingenieur Eugène Freyssinet den Durchbruch mithilfe von Drahtbündeln mit Keilverankerung und Verbund durch Betoninjektion. [31] Auf dieses Verfahren, das Freyssinet 1941 in der Zeitschrift »Traveaux« publizierte, war Fritz Leonhardt aufmerksam geworden, als er 1943 für die Baltölwerke in Kiviöli in Estland im Rahmen der Organisation Todt im Einsatz war. Er nahm mit Freyssinet Kontakt auf und reiste noch während des Krieges zweimal nach Paris, um Freyssinet eine Kooperation anzubieten. [32] 1944 schlug er für eine Bahnunterführung in Trier [O] seine erste Brücke in Spannbeton vor, nachdem der vorangegangene Entwurf in Stahl aus Kontingentierungsgründen keine Aussicht auf Realisierung hatte. [33]

Der Spannbeton, dessen Einsatz in den letzten Kriegsjahren für die Ingenieure als einzig realisierbare Konstruktion von immer größerer Bedeutung war, nahm einen enormen Aufschwung in der unmittelbaren Nachkriegszeit. Stahl war weiterhin kontingentiert. Dass die Köln-Deutzer Rheinbrücke, die Fritz Leonhardt 1946–48 zusammen mit Gerd Lohmer entworfen hatte, in Stahl wiederaufgebaut werden konnte, war die absolute Ausnahme und laut Leonhardt auf seinen persönlichen Einsatz beim britischen Oberbefehlshaber Montgomery zurückzuführen. [P] [34]

Ein neuer Bautypus im Brückenbau, der ebenfalls erst durch die Weiterentwicklungen von hochfesten Stahlseilen baubar geworden war, waren die sogenannten Schrägkabelbrücken. Fritz Leonhardt baute 1956 mit der Nordbrücke – später in Theodor-Heuss-Brücke umbenannt – die erste Schrägkabelbrücke in Düsseldorf und eine der ersten weltweit. [Q] [35] Die MPA Stuttgart war dabei für Zugversuche mit Brückenseilen zuständig. [36] In der Folge wurde das Büro L+A zum führenden Spezialisten für Schrägkabelbrücken, was ihm Aufträge und Beratungen in der ganzen Welt einbrachte.

Seiltechnik im Hochbau

Das Spezialwissen der Ingenieure des Büros L+A wurde bald auch für den Hochbau interessant, u. a. für den Zeltbau bei den sogenannten leichten und weitgespannten Flächentragwerken.

Der Zeltbau als uraltes Thema der Architekturgeschichte hatte Ende des 19. und in den ersten Jahrzehnten des 20. Jahrhunderts eine immer größere Rolle bei Architekturentwürfen gespielt. Grund dafür waren die neuen Bauaufgaben, die die industrialisierte Gesellschaft an Architekten und speziell die Ingenieure stellte: Produktionshallen für Industrie und verkehrstechnische Anlagen, weitgespannte Hallen für Sportveranstaltungen wie die seit 1896 wiederbelebten Olympischen Spiele sowie Versammlungsstätten, die für mehrere Zehntausende Besucher Raum boten. Alle diese Bauten erforderten große, stützenfreie Räume. Die seit 1851 regelmäßig veranstalteten Welt- und Gewerbeausstellungen mit ihren großen Maschinenhallen und Pavillons waren das Experimentierfeld für solche Konstruktionen.

Ein erster Vorreiter auf diesem Feld, der im Zusammenhang mit dem Thema Leichtbau immer genannt wird, war der russische Ingenieur Vladimir Suchov. Für die Allrussische Ausstellung in Nischnij Nowgorod hatte er 1896 mehrere Ausstellungshallen mit Hängedächern aus Stahlseilnetzen errich-

37) Graefe 1989.1, S. 185–186, Abb. 38.

38) Joedicke 1993, S. 5.

39) Posener 1980, S. 66.

40) Bill 1951, S. 30.

41) Chan-Magomedow 1983, S.183, Abb. 495–497.

42) Chan-Magomedow 1983, S.220, Abb. 597–600.

Q) Fritz Leonhardt mit Friedrich Tamms, Düsseldorfer Nordbrücke, später Theodor-Heuss-Brücke 1953–57

tet.[37] Diese Seilnetzkonstruktionen kamen jedoch – wie die meisten Zeltbauten – nur während der Ausstellung, also temporär zum Einsatz. Damit waren wichtige Kriterien wie die Dauerschwellfestigkeit und vor allem der Rostschutz der Seile nachrangig.

In den Zwischenkriegsjahren entwarfen mehrere Architekten Konstruktionen, die den Einsatz von Seilen erfordert hätten, wenn sie realisiert worden wären: so beispielsweise der Entwurf der Brüder Heinz und Bodo Rasch für ein Stadion für 80 000 Zuschauer von 1927[38] und Bruno Tauts »Volkshaus zur Zusammenkunft der Werktätigen«, das dieser 1920 skizzierte.[39] Auch Le Corbusier hat 1937 ein Stadion für 100 000 Zuschauer entworfen, das ein an einem Tragkabel abgehängtes Dach zeigt.[40] Dieser Vorschlag erinnert an die Dachlandschaft, die über 30 Jahre später von den Architekten Günter Behnisch & Partner für die Sportstätten der Olympischen Spiele vorgeschlagen und in veränderter Form in München konstruiert wurde.

Ungebaute Vision blieben zahlreiche Vorschläge der weltweiten Architektur-Avantgarde für die junge Sowjetunion, die in den 1920er-Jahren gezeichnet wurden: Die Brüder Alexander, Leonid und Viktor Wesnin konzipierten 1924 eine mit Seilen abgespannte Zeltkonstruktion als Flugzeughangar.[41] Und einer ihrer Schüler, Ivan Leonidov, schlug 1927 in einem Entwurf im Rahmen seiner Diplomarbeit für das Lenininstitut eine Kombination aus Hochhaus und mit Seilen abgespanntem, beinahe schwebendem Kugelraum vor.[42] Gebaut wurden seine Visionen nicht. Vermutlich ein Grund dafür ist in der damals noch nicht bereitstehenden Bautechnik zu suchen. Erst als im Ingenieurbau in den 1940er-Jahren die dafür nötige Technik entwickelt wurde, war es möglich, Leichtkonstruktionen bei nicht temporären Bauten einzusetzen.

Aus architekturhistorischer Sicht ist erwähnenswert, dass gerade in der Zeit des Nationalsozialismus, die oberflächlich betrachtet oft als eine Epoche des Rückgriffs und des Stillstands gewertet wurde, im Ingenieurbau ein wesentlicher Innovationsschub stattfand. Das Primat der Stahleinsparung im Ingenieurbau förderte die Entwicklung. Für den Technikhistoriker ist es durchaus geläufig, dass in Kriegszeiten kriegswichtige technische Entwicklungen massiv vorangetrieben werden: beispielsweise im Ersten Weltkrieg die Schweißtechnik, da sie für die Rüstungstechnik von besonderer Bedeutung war. Die Entwicklungen in der Seiltechnik und im Leichtbau Ende der 1930er-Jahre und während des Zweiten Weltkriegs waren allerdings nicht primär kriegswichtig. Hier gab der Prestigeanspruch des nationalsozialistischen Regimes den Anstoß, das im Hängebrückenbau in Konkurrenz zu den USA treten wollte. Dass damit überraschenderweise dem Leichbau der Weg bereitet wurde, scheint ein interessanter Aspekt in der Diskussion um die Rolle des Bauwesens im Nationalsozialismus.

Die personellen Kontinuitäten im Bauingenieurwesen sind sicher ein Grund dafür, dass im Bereich der Bautechnik die zwölf Jahre der nationalsozialistischen Herrschaft keinen Bruch darstellen und dass der Wissenstransfer in die Nachkriegszeit reibungslos erfolgen konnte.

43) Leonhardt 1984, S. 78.

44) Mengeringhausen 1970, S. 1.

45) Kurrer/Pelke/Stiglat 2009, S. 796.

46) Maier-Leibnitz 1941/42.

47) Kayser/Lehmitz/Leonhardt/Müller/Schlaich/Voßbein 1970, S. 245–249.

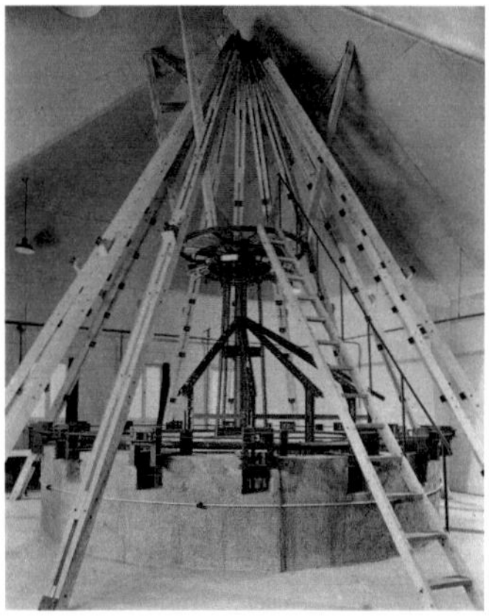

R) S) T) Von-der-Tannstraße München, Errichtung des Messmodells der MPA Stuttgart für den Neuen Hauptbahnhof München

Die Modellstatik

Unter Modellstatik versteht man eine Methode, Tragwerke zu dimensionieren, bei der die Tragwerkstruktur mit maßstäblichen Modellen nachgebaut wird. Anhand dieser Modelle können Belastungssituationen der Konstruktion simuliert werden. Die Durchbiegung oder Verformungen im Lastfall wurden dabei in den 1930er- und 1940er Jahren optisch gemessen. Die Übertragung der Ergebnisse auf die zu bauende Konstruktion ist u. a. abhängig von den am Messmodell verwendeten Materialien, deren Eigenschaften bei der Umrechnung berücksichtigt werden müssen.

Fritz Leonhardt schreibt in seiner Autobiografie, dass Karl Schaechterle ab 1934 die Modellstatik in Deutschland eingeführt und für Bogenbrücken angewendet habe. Er gibt außerdem an, dass die Modellstatik als Methode in den USA gebräuchlich war. [43] Sicher ist, dass Modellstatik bei der Reichsautobahn eingesetzt wurde, was sich anhand der Unterlagen der MPA Stuttgart, die die Versuche durchführte, belegen lässt. Die finanziell und personell großzügige Ausstattung, die der Reichsautobahn gewährt wurde, bedingte einen Aufschwung der Modellstatik ab den 1930er-Jahren.

Konstruktionen wie die geplante Kuppel für den neuen Münchner Hauptbahnhof, die Seiltragwerke der Hängebrücken oder die orthotropen Platten der stählernen Leichtfahrbahnen waren statisch überbestimmt. Wollte man die Flächentragwirkung dieser Systeme zur Dimensionierung heranziehen, waren aufwendige Gleichungssysteme zu lösen, was nur mit einem enormen Aufwand zu bewältigen und daher in der Baupraxis nicht anwendbar war. Raumfachwerke wie die Tragwerke von Max Mengeringhausen oder Konrad Wachsmann sind »im Sinne des Gesetzes von Föppl statisch überbestimmt (...) und nach den klassischen Methoden der Statik des 19. Jahrhunderts nicht mehr berechenbar und bemessbar«. [44] Aus diesem Grund wurde in der ersten Hälfte des 20. Jahrhunderts intensiv nach Möglichkeiten gesucht, diese Konstruktionen näherungsweise zu berechnen. Fritz Leonhardts Dissertation »Die vereinfachte Berechnung von Trägerrosten« war ein Beitrag zu dieser »Rationalisierung des statischen Rechnens im Deutschen Brückenbau am Vorabend des Zweiten Weltkriegs«. [45] Seine Ergebnisse ließ Fritz Leonhardt an der MPA Stuttgart mittels Modellstatik überprüfen.

Auch für hochgradig statisch unbestimmte Systeme wie die Kuppel in München standen Anfang der 1940er-Jahre noch keine handhabbaren Berechnungsmethoden zur Verfügung. Deshalb wurden von der MPA Stuttgart mehrere Messmodelle eingesetzt. Das größte der Modelle im Maßstab 1:50 wurde in einer eigens dafür errichteten Halle in München gebaut. [R] [S] [T] Auch für die Rheinbrücke bei Köln-Rodenkirchen ist ein Messmodell im Maßstab 1:100 an der MPA Stuttgart fotografisch nachweisbar, [U] ebenso wie das über 12 m lange Modell im Maßstab 1:125 der Elbehochbrücke Hamburg (siehe Kapitel »Die Entwürfe für die Elbehochbrücke Hamburg« [M]). Die Zeichnungen dafür wurden von Fritz Leonhardt geliefert. An diesen Modellen wurde an der MPA Stuttgart das Verhalten der Hängebrücke unter verschiedenen mechanostatischen Aspekten getestet. Hermann Maier-Leibnitz publizierte in einem mehrteiligen Aufsatz von 1941/42 die Ergebnisse. [46]

In den 1960er-Jahren wurde Modellstatik auch bei der Dimensionierung von komplexen Tragwerken eingesetzt. Die leichten Flächentragwerke, die am Institut für Leichte Flächentragwerke (IL) in Stuttgart von Frei Otto geplant worden waren, wurden in maßstäblichen Modellen aus dünnen Drähten gebaut. An den Knotenpunkten konnten Gewichte angehängt werden, um die verschiedenen Lastfälle wie Schnee, Wind oder unregelmäßige Punktlasten zu simulieren. [V] [X] Eine Methode bestand darin, die Modelle mit Doppelbelichtung zu fotografieren, um die auftretende Verformung zu ermitteln.

Nicht nur Seiltragwerke konnten auf diese Weise statisch überprüft werden. Auch Schalenkonstruktionen, wie das weit auskragende Dach des Hallenschwimmbads Sechslingspforte (Alsterschwimmhalle) in Hamburg, dimensionierte man unter Zuhilfenahme eines Messmodells aus Plexiglas. [Y] Die Überdachung der Schwimmhalle durch eine nur auf drei Punkten gelagerte Stahlbetonschale nach dem Entwurf der Architekten Niessen & Strömer 1956 war eine Herausforderung für die Ingenieure des Büros L+A. Die Modellmessungen fanden am von Leonhardt initiierten Institut für Modellstatik unter der Leitung von Robert K. Müller statt. [47]

Auch im Schalenbau ab den 1950er-Jahren war das Büro L+A um Materialoptimierung bemüht: Die aus dem Spannbetonbrückenbau bekannte Vorspannung kam auch bei Schalendächern zum Einsatz, und zwar erstmals 1955 bei einem kleinen

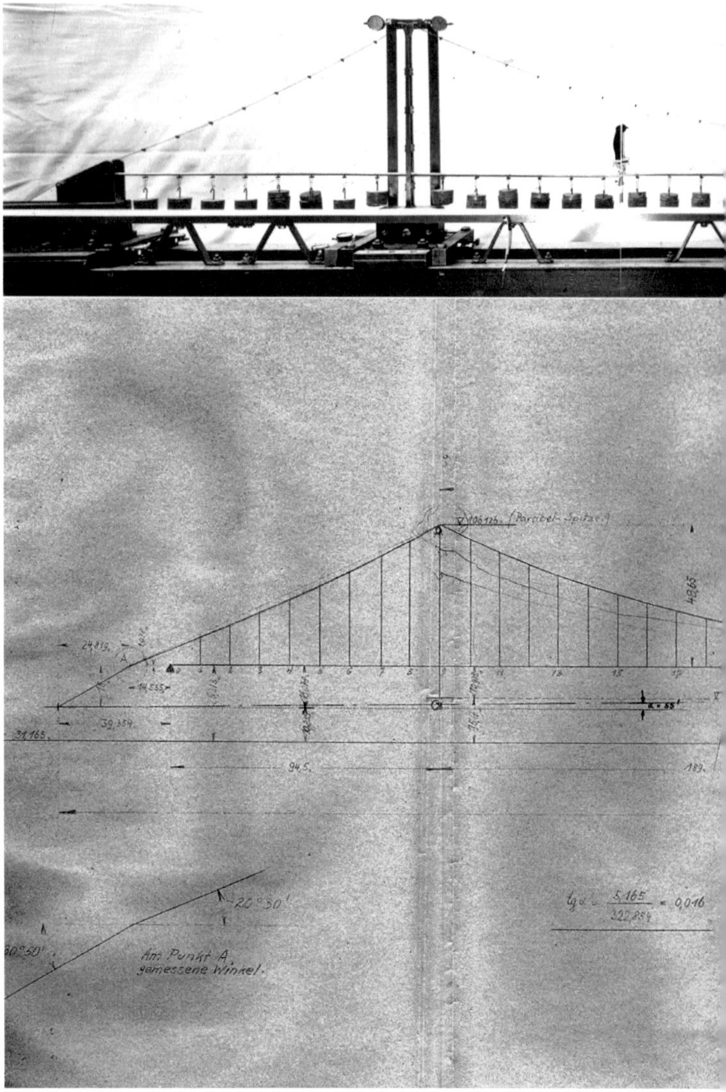

U) Messmodell und Zeichnung der MPA Stuttgart für die Rheinbrücke bei Köln-Rodenkirchen

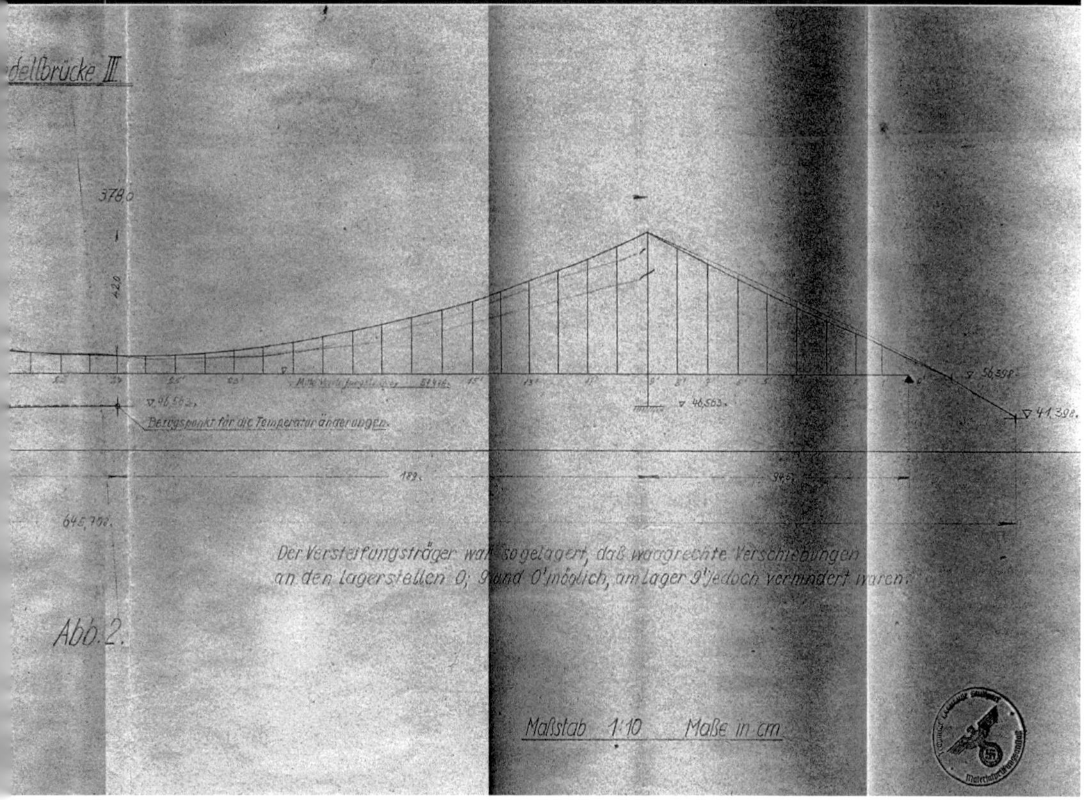
dellbrücke II
378,0
42,0
∇ 46,563
Bezugspunkt für die Temperaturänderungen
∇ 46,563
∇ 56,398
∇ 41,398
189
94,5
645,702
Der Versteifungsträger war so gelagert, daß waagrechte Verschiebungen
an den Lagerstellen 0; 9 und 0' möglich, am Lager 9' jedoch verhindert waren.
Abb. 2.
Maßstab 1:10 Maße in cm

48) Leonhardt gibt als Gründungsdatum 1958 an: Leonhardt 1984, S. 246. Stiglat das Jahr 1960: Stiglat 2004, S. 89 und 168 f und die Firma RIB 1961: www.rib-software.com/de/ueber-rib/unternehmen/geschichte-der-rib/die-1960er, Abruf: 29. 11. 2011.

49) Spieker 2009, S. 122.

V) Institut für Leichte Flächentragwerke Stuttgart, Messmodell für den IL-Pavillon in Stuttgart, den Prototyp für den Deutschen Pavillon auf der Weltausstellung in Montréal 1967

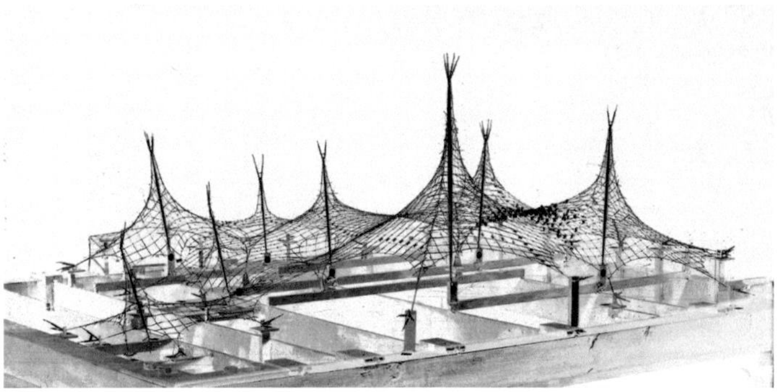

X) Institut für Leichte Flächentragwerke Stuttgart, Messmodell für den Deutschen Pavillon auf der Weltausstellung in Montréal 1967

Y) Messmodell für das Hyperschalendach des Hallenschwimmbads Sechslingspforte (Alsterschwimmhalle) in Hamburg 1956–1973

Versuchsbau in Stuttgart, dem Hängedach des Kaufhauses Gaissmaier an der Gerokstraße. Dieses kleine Gebäude konnte als Prototyp für die 1957 fertiggestellte, vorgespannte Hängedachschalenkonstruktion der Wuppertaler Schwimmhalle (1954–1957) identifiziert werden. Zeitgleich wurde mit den sich lange hinziehenden Planungen für das nicht nur einfach, sondern doppelt gekrümmte Hyperschalendach der Alsterschwimmhalle begonnen, wofür Jörg Schlaich bei L+A als Projektleiter verantwortlich war. Das Messmodell der Hyperschale stand 2009 noch im Foyer der Fakultät für Bau- und Umweltingenieurwissenschaften der Universität Stuttgart. [Y)]

Friedrich Wilhelm Bornscheuer hatte 1958 gleichzeitig mit Fritz Leonhardt seine Professur an der damaligen Technischen Hochschule Stuttgart angetreten. Bornscheuer lehrte das Fach Baustatik erstmals baustoffübergreifend und wurde von Fritz Leonhardt im Kuratorium für Modellstatik unterstützt. Zusammen mit Volker Hahn von der Firma Züblin gründeten die beiden das erste Recheninstitut für das Bauwesen (RIB). [48)] Die Technische Hochschule Stuttgart etablierte sich in dieser Zeit als ein Zentrum für die damals so genannte EDV im Bauwesen. Am Institut für Luft- und Raumfahrt führte der Bauingenieur John Argyris ein Finite-Elemente-Programm (FEM) ein. Diese inneruniversitäre Entwicklung brachte das RIB für die Bemessung von Platten, Scheiben und Faltwerken praxisoptimiert auf den Markt.

Rechnergestützte Berechnungsverfahren wurden auch für die Bemessung der Zeltkonstruktionen für die Olympischen Spiele in München vom Büro Leonhardt, Andrä & Partner (LAP) in Zusammenarbeit mit John Argyris eingesetzt. Gleichzeitig arbeitete man an Messmodellen mit dem von Klaus Linkwitz entwickelten fotogrammetrischen Kraft-Dichte-Verfahren. Dabei mussten die Ungenauigkeiten der Messmodelle mit einer ebenfalls von Linkwitz entwickelten elektronischen Methode des Fehlerausgleichs herausgerechnet werden. [49)]

1) Kabierske 2009, S. 172.

2) Leonhardt 1984, S. 104 f.

3) Landeshauptstadt Düsseldorf, 1979.

4) Leonhardt/Andrä/Wintergerst 1969. Und: Beyer 1974.

5) Svensson/Andrä/Eilzer/Wickbold 2009.

A) Fritz Leonhardt mit Friedrich Tamms, Rheinkniebrücke in Düsseldorf im Freivorbau 1957

B) Fritz Leonhardt, Schillersteg (Ferdinand-Leitner-Steg) in Stuttgart, 1961

LEICHTBAU DER NACHKRIEGSZEIT – EIN AUSBLICK

Die Kriegsjahre nach Einstellung der nationalsozialistischen Großprojekte ab Mai 1943 verbrachte Fritz Leonhardt als Mitglied der Baugruppe Giesler innerhalb der Einsatzgruppe Russland-Nord. Er war als Hauptbauleiter für die Organisation Todt in Estland. Als die Front näher rückte, wurde Leonhardt im April 1944 ins oberschlesische Eulengebirge versetzt, wo nach den Entwürfen von Herbert Rimpl ein Führerhauptquartier einschließlich Waffenproduktionsstätte unter dem Decknamen »Riese« gebaut wurde. Dort blieb er nur wenige Monate, bevor er sich dank seiner guten Kontakte im Reichsverkehrsministerium nach München zurückversetzen lassen konnte, wo er bis Ende des Krieges die Abteilung »Bauforschung – Entwicklung und Normung« der Organisation Todt leitete. Neben der Planung von bombensicheren Fabriken in Oberbayern beschäftigte sich Leonhardt in dieser Funktion bereits intensiv mit Themen, die für den Wiederaufbau nach dem Krieg relevant werden sollten: mit Spannbeton, Trümmerverwertung durch Schüttbauweise, Tafelbauweise und Fragen der Normung, um den Bauprozess zu beschleunigen. [1]

Nach den Wirren der ersten Nachkriegswochen gelang es Leonhardt, seine Frau und seine drei Kinder aus Bayern zurück nach Württemberg zu holen. Seine Eltern waren in Stuttgart ausgebombt worden und hatten in Schömberg im Schwarzwald auf einem Bauernhof Zuflucht gefunden, wo auch Leonhardt mit seiner Familie unterkam. [2]

Nach dem Untergang des »Dritten Reiches« stand Deutschland vor der ungeheuren Aufgabe des Wiederaufbaus. Einem engagierten, ehrgeizigen Bauingenieur bot sich wiederum ein reiches Betätigungsfeld. Noch vor dem Abschluss des Spruchkammerverfahrens zur Entnazifizierung, in dem Fritz Leonhardt als »Mitläufer« eingestuft wurde, nahm er 1946 die Arbeit mit seinem Ingenieurbüro wieder auf. Nach und nach holte er dazu die seit dem Köln-Rodenkirchener Brückenbau bewährten Mitarbeiter Wolfhart Andrä, Willi Baur, Hermann Maier, Helmut Mangold und Louis Wintergerst zu sich nach Stuttgart, von denen später einige zu Büropartnern wurden.

Die meisten Brücken über Rhein, Mosel und Neckar waren im letzten Kriegsjahr zerstört worden. Ihr schneller Wiederaufbau war eine der Voraussetzungen für das Wirtschaftswunder der Nachkriegszeit. Fritz Leonhardt kamen nun nicht nur sein Ruf als exzellenter Ingenieur, sein fast manischer Arbeitseifer und sein durchsetzungsfähiger Wille zugute, sondern er konnte auch die in den Jahren 1934 bis 1945 geknüpften Kontakte weiter nutzen. Als Angestellter der OBR Stuttgart und vor allem im Berliner Reichsverkehrsministerium hatte er wichtige berufliche Verbindungen zu Architekten und Bauingenieuren geknüpft. Spielten als Mentoren vor dem Krieg besonders seine schwäbischen Landsleute Karl Schaechterle, Fritz Todt und Paul Bonatz eine Rolle, so waren nach dem Krieg die Kontakte zu seinem früheren Hochschullehrer Otto Graf an der MPA Stuttgart sowie zu den Architekten Friedrich Tamms und Gerd Lohmer im Rheinland hilfreich.

Friedrich Tamms nahm 1948 das Angebot an, als Beigeordneter der Stadt Düsseldorf dort den Wiederaufbau zu leiten. Er bot Leonhardt die Chance, die ersten Schrägkabelbrücken in Deutschland zu errichten. [3] Die an frei stehenden Doppelpylonen seilverspannte Fahrbahntafel der Brücken ermöglichte die Montage im Freivorbau, ohne den Schiffsverkehr zu stören. [A] Die technischen Grundlagen für schräge Kabel waren schon in den 1940er-Jahren von Franz Dischinger gelegt worden, der nachgewiesen hatte, dass mit den neu entwickelten hochfesten Drähten die Realisierung dieses Brückensystems möglich war. Nach der Nordbrücke (1952–57) in Düsseldorf wurde 1969 dort die Rheinkniebrücke gebaut und 1973 schließlich die neue Oberkasseler Brücke. Da letztere eine Behelfsbrücke ersetzte, wurde sie als erste Schrägkabelbrücke neben der bestehenden Brücke gefertigt und nach deren Abbruch querverschoben. [4] Alle drei Brücken sind mit frei stehenden Pylonen und parallel geführten Kabeln in Harfenform konstruiert. Diese für Düsseldorf charakteristische Form ist den ästhetischen Vorstellungen Tamms' geschuldet und wurde zum Signet der »Düsseldorfer Brückenfamilie«.

Leonhardt betonte, dass den Ingenieuren die Büschelform näher liege, die er und sein Partner Andrä 1961 für den Schillersteg (heute: Ferdinad-Leitner-Steg) zur Bundesgartenschau in Stuttgart einsetzten. Für diesen Steg, der inzwischen unter Denkmalschutz steht, setzten die Ingenieure des Büros L+A erstmals Paralleldrahtkabel ein, die mit dickwandigen PE-Rohren mit Zementmörtelfüllung gegen Korrosion geschützt sind. [B] [5]

6) Svensson/Andrä/Eilzer/Wickbold 2009, S. 72–85.

7) Otto 1954.

8) Otto 1954, S. 13.

9) Publiziert in: Nerdinger 2005, S. 185, Abb. 18.4.

10) Leonhardt 1984, S. 216.

11) Burkhardt 2005, S. 91.

12) Burkhardt 2005, S. 91–101.

13) Nerdinger 2005, S. 6.

14) Otto 1996, Möller 2005, S. 33–43.

15) Burkhardt 2005.

16) Möller 2005, S. 33.

17) IL 21 »Grundlagen« (1979), IL 22 »Form« (1988), IL 23 »Konstruktion« (1992), IL 24 »Das Prinzip Leichtbau« (1996), IL 25 »Experimente«.

18) Otto 1962.

19) Roland 1965.

20) Weitere Publikationen folgten: z. B. Burkhardt 1984. Und: Wilhelm 1985. Eine vollständige Bibliografie findet sich bei Nerdinger 2005, S. 370–382.

C) Frei Otto bei der Eröffnung der Ausstellung »Fritz Leonhardt 1909–1999 – Die Kunst des Konstruierens«, Stuttgart 2009

Beginnend mit den beiden identischen Schrägkabelbrücken über zwei Arme des Rio Paraná zwischen den Städten Zárate und Brazo Largo bei Buenos Aires in Argentinien Anfang der 1970er-Jahre, wurde das Büro Leonhardt und Andrä (L+A) in den folgenden Jahrzehnten weltweit führend im Bau von Schrägkabelbrücken, die sich für große Spannweiten besser eignen als Hängebrücken. [6]

Fritz Leonhardt und Frei Otto

1954 traf Fritz Leonhardt auf Frei Otto [C], der seine zwischen 1946 und 1953 entwickelten Theorien zu Seilnetzen 1954 in seiner Dissertation »Das hängende Dach« [7] publiziert hatte. Mit dem ihm eigenen und für die späteren Publikationen des Instituts für Leichte Flächentragwerke (IL) so typischen zeichnerischen Duktus und experimentellen Ansatz hatte Frei Otto darin Membranen, Seilnetze und Seilträgernetze in bereits realisierter Form und als Projekte zusammengestellt. »(Im Sinne) der Meinung, dass man bei jeder Gestaltungsarbeit die architektonischen Probleme mit geringstem technischem Aufwand lösen sollte und dass es für jede statische Aufgabe nur eine Lösung gibt, die die möglichen Belastungen am einfachsten aufnimmt und dabei zugleich die architektonischen Forderungen erfüllt, wurde versucht, das ›natürliche Tragwerk‹ zu finden.« [8]

Für die Bundesgartenschau in Köln 1957 konnten die beiden innovativen Konstrukteure zum ersten Mal zusammenarbeiten: Die Ingenieure von L+A übernahmen die statische Bemessung des Eingangsbogens, eines der temporären Zelte, mit denen Frei Otto das Gelände bestückte. [9]

Fritz Leonhardt war von Frei Ottos »unerschöpflicher Phantasie« [10] so überzeugt, dass er sich als Dekan der Fakultät für Bauwesen der Technischen Hochschule Stuttgart engagiert dafür einsetzte, Frei Otto nach Stuttgart zu holen. 1964 wurde Frei Otto nach Stuttgart berufen und das Institut für Leichte Flächentragwerke (IL) eingerichtet. [11] Forschungs- und hochschulpolitisch ist es ein großer Verdienst Leonhardts als Dekan und Rektor, 1969 mit dem Sonderforschungsbereich (SFB) 64 »Weitgespannte Flächentragwerke« den ersten interfakultativen Sonderforschungsbereich an der Stuttgarter Architektur- und Bauingenieurfakultät begründet zu haben. [12]

Der Architekt, Konstrukteur, Forscher und Visionär Frei Otto [13] beschäftigte sich systematisch mit leichten Baukonstruktionen. Im Gegensatz zu Fritz Leonhardt, für den das Thema Leichtbau eine Entscheidung aus der Praxis mit pragmatischen Lösungen war, wollte Frei Otto das »Prinzip Leichtbau« [14] theoretisch fundieren. Er entwickelte in den Jahren 1964–1991 mit seinen Mitarbeitern eine Theorie des »Prinzips Leichtbau«, zuerst an der von ihm 1958 gegründeten und geleiteten Entwicklungsstätte für den Leichtbau in Berlin und seit 1964 am IL in Stuttgart. [15]

Die 41 Publikationen des IL [16] stellen noch immer den Höhepunkt der wissenschaftlichen Auseinandersetzung mit dem Thema Leichtbau dar, insbesondere die Bände IL 21 bis IL 25 unter dem Titel »Form – Kraft – Masse«. [17] Die am IL betriebene Grundlagenforschung wurde durch die SFB der Deutschen Forschungsgemeinschaft (DFG) 64 »Weitgespannte Flächentragwerke« und 230 »Natürliche Konstruktionen« der Universitäten Stuttgart und Tübingen gefördert.

Im Band 24 mit dem Titel »Das Prinzip Leichtbau« wurden drei neue Maßeinheiten eingeführt: »Bic,« »Tra« und die relative konstruktive Schlankheit.

Frei Ottos Definition der relativen Schlankheit entsprach nicht dem formalen Schlankheitsbegriff Fritz Leonhardts, für den sich die Schlankheit einer Konstruktion aus dem Verhältnis von konstruktiver Bauhöhe zu Hauptspannweite ergab. Leonhardt berücksichtigte mit seiner Definition nicht die Masse der Konstruktion, die für die Überbrückung der Spannweite eingesetzt worden war. Obwohl Fritz Leonhardt und Frei Otto im Bereich des Leichtbaus dieselben Ziele verfolgten, war ihre Vorgehensweise genauso wie die Begrifflichkeiten, mit denen sie operierten, verschieden. Die Zusammenarbeit des IL und des Büros L+A kann nichtsdestotrotz als äußerst fruchtbar angesehen werden.

Formensprache einer demokratischen Gesellschaft

Frei Otto publizierte schon 1962 seine Forschungen zu Bauten aus Seilen, Netzen und Membranen zusammen mit einem Beitrag zu deren Berechnung von Rudolf Trostel. [18] Seine eigenen Projekte und Studien wurden erstmals 1965 unter dem Titel »Frei Otto – Spannweiten« [19] vorgestellt. [20]

Frei Otto sah im Leichtbau die Zukunft für eine demokratische Gesellschaft in der Bundesrepublik Deutschland. Die Architekturgeschichtsschreibung

21) Nerdinger 2005, S. 9–11, FN 17.

22) Nerdinger 2005, S. 240 ff.

23) Fritz Leonhardt an die Firma L. Strohmeyer, 13. Oktober 1965, als Anlage 4 Skizzen »Seilnetz Montréal. Langklemme 2:1«, 20. August (1965) (Archiv LAP/Montréal). Weber 2011. S. 75 f.

24) Svensson/Andrä/Eilzer/Wickbold 2009, S. 72–85.

25) Spieker 2009, S. 117 ff.

26) Krohn 2004, S. 9.

27) Richard Buckminster Fuller, »Last Words«, RIBA Journal, August 1983, S. 39. Zit. nach: Krohn 2004, S. 19, FN 13.

28) Die Datierung auf 1927 entspricht der Eigeninterpretation Richard Buckminster Fullers. Martin Pawley korrigiert diese Datierung: Pawley 1990, S. 46.

29) Baldwin 1996, S. X (Vorwort).

30) Baldwin 1996, S. 15.

31) Ein von Richard Buckminster Fuller eingeführter Neologismus: »Dymaxion«, a fusion of syllables related directly and indirectly to »dynamism«, »maximum«, and »ions«. Marks 1960, S. 24.

32) Marks 1960. Und: Krausse 1973.

33) Krausse 1973, S. 144 f.

D) Frei Otto und Rolf Gutbrod mit L+A, Seilnetze des Deutschen Pavillons für die Weltausstellung in Montréal/Kanada 1967

interpretiert seine natürlichen, materialsparenden Tragwerke, die die Architektur der Bonner Republik maßgeblich prägten, als Reaktion auf die Repräsentationsbauten der nationalsozialistischen Zeit. [21]

Mit dem Deutschen Pavillon für die Weltausstellung in Montréal 1967 gewannen Frei Otto und der Stuttgarter Architekt Rolf Gutbrod mit einem leichten Flächentragwerk den Wettbewerb. [D] [22] Die junge Bundesrepublik wollte sich mit diesem Prestigeprojekt der deutschen Nachkriegsarchitektur transparent und offen präsentieren. Die schwierige Aufgabe, die leichte Zeltkonstruktion für den kanadischen Winter standfest zu machen, fiel dem Ingenieurbüro L+A zu. Mit technischer Präzision brachte Fritz Leonhardt die von Frei Otto entworfenen Seilnetze der Zelte in eine baulich realisierbare Form, was sich anhand des im Archiv des heutigen Büros LAP recherchierten Briefwechsels belegen lässt. Die Skizzen von Frei Otto und Fritz Leonhardt zeigen, wie der Ingenieur die Ideen des Architekten in präzise Konstruktionszeichnungen umsetzte. [F] [G] [H] [I] [23]

Um die Vorspannung der Seile festzulegen, die die Steifigkeit der Konstruktion gegen Flatterschwingungen gewährleistet, wurde zusätzlich zu den Berechnungen am IL mit Messmodellen gearbeitet (siehe Kapitel »Bautechnische Innovation und architektonische Formensprache« [V] [X]). In Stuttgart-Vaihingen bauten die Mitarbeiter Frei Ottos zudem einen Versuchspavillon, den sogenannten IL-Pavillon, um im Maßstab 1:1 die Vorspannung der Seilnetzkonstruktion zu testen. [E] Die statische Bemessung erfolgte im Büro L+A durch den Ingenieur Harald Egger. [24]

Die geschwungene Zeltlandschaft wurde zum Symbol für eine neue, weltoffene Gesellschaft der Bundesrepublik Deutschland nach dem Zweiten Weltkrieg, und so wundert es nicht, dass auch für die Olympiade 1972 ein bewusst temporär wirkender Entwurf ausgewählt wurde: die natürlich in die Landschaft eingefügten Zeltdächer der Architekten Behnisch & Partner, für die Frei Otto die Dächer optimiert hatte. [J] [K] Die Problematik der Realisierung bestand in den Dimensionen, da die Zelte für München fast die zehnfache Dachfläche des Pavillons von Montréal erreichten. Leonhardt übernahm mit seinem Büro L+A die Tragwerksplanung und gründete wegen der Risiken des Auftrags die GmbH »Leonhardt, Andrä und Partner Beratende Ingenieure VBI, Stuttgart« (LAP). [25] Als Projektleiter wurde Jörg Schlaich eingesetzt, der Leonhardts Nachfolger am Lehrstuhl in Stuttgart werden sollte.

Doch nicht nur die junge Bundesrepublik Deutschland versuchte nach dem Zweiten Weltkrieg mittels leichter, scheinbar temporär wirkender Bauten sich auf der internationalen Architekturbühne neu darzustellen. Auch in anderen Ländern wurden in den 1960er-Jahren leichte Flächentragwerke etabliert. Ein wichtiger Protagonist der Leichtbauentwicklung in den Vereinigten Staaten trat bereits in den 1930er-Jahren mit seinen Theorien an die Öffentlichkeit. Der »Ingenieur, Naturwissenschaftler, Philosoph, Mathematiker, Dichter und Künstler« [26] ohne akademischen Abschluss, aber mit universalem Anspruch, Richard Buckminster Fuller, sah in den Architekten das Potential zur Verbesserung der Welt: »Architects have a very extraordinary reponsibility – they really do have a responsibility of putting things together. Darling people, I want you to realise that in the era of specialisation – the architect is really all we have whose business is with everything.« [27]

Richard Buckminster Fuller war überzeugt davon, dass in der Entwicklung neuer Technologien in der Bautechnik die Chance lag, Armut, Hunger und Kriege für immer zu überwinden – unter der Voraussetzung, dass die vorhandenen Ressourcen optimiert eingesetzt würden. Dafür arbeitete er ab 1927 [28] an seiner sogenannten »design science revolution« [29] mit dem Ziel der »ephemeralization«: »There are three basic ways to cut material's use: First, make less design smaller; second, use materials in their most efficient form (do more with less), third, use minimum-surface (hence, minimum materials) geometry.« [30]

Als Ingenieur und Designer entwarf er, gegründet auf der Vision eines interkontinentalen Transports, seine «Dymaxion World« [31], bestehend aus transportablen und deswegen extrem materialminimierten Häusern und Wohntürmen sowie einem Auto und dem «Dymaxion-Bathroom«. [32]

Für die Entwicklung der Leichtkonstruktionen sind vor allem Richard Buckminster Fullers systematische Grundlagenforschungen zur strukturellen Geometrie von Bedeutung, die ihn zu den sogenannten geodätischen Strukturen führten. Die während des zweiten Weltkriegs im Auftrag der Luftwaffe begonnenen Untersuchungen konnte Richard Buckminster Fuller nach dem Krieg am Black Mountain College in North Carolina fortsetzen. [33] Er ex-

E) Institut für Leichte Flächentragwerke in Stuttgart-Vaihingen, im Bau 1966

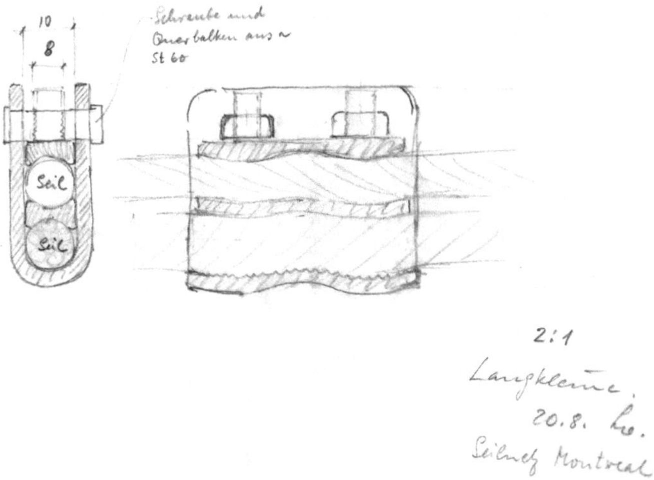

F) Deutscher Pavillon Montréal, Konstruktionsskizze Fritz Leonhardts 1965

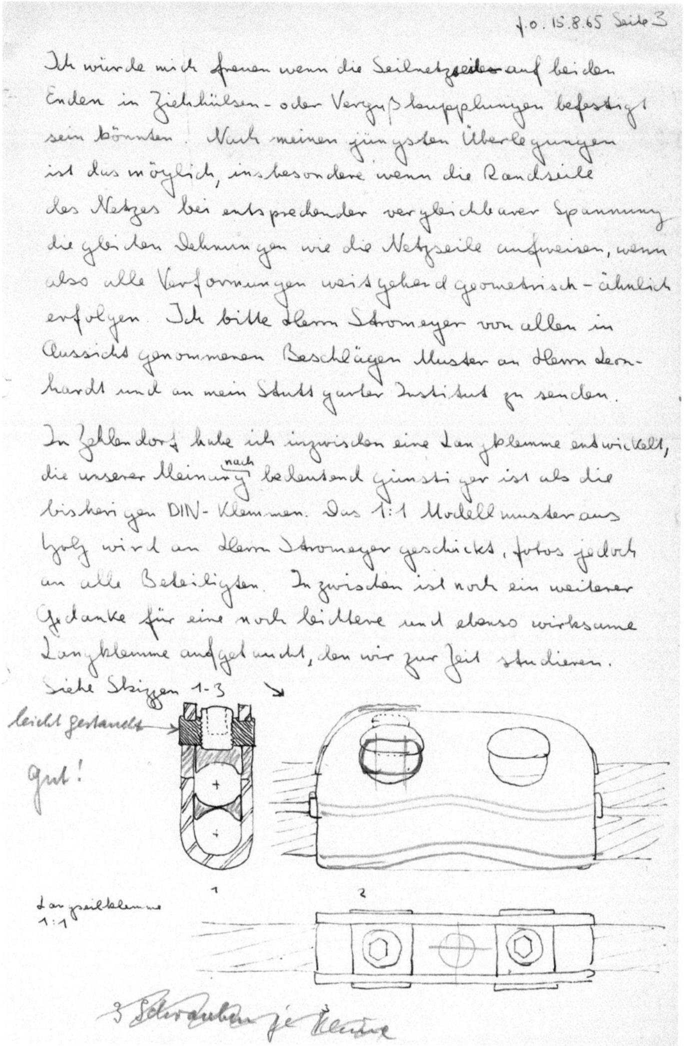

f.o. 15.8.65 Seite 3

Ich würde mich freuen wenn die Seilnetzseile auf beiden Enden in Ziehhülsen- oder Vergußkupplungen befestigt sein könnten. Nach meinen jüngsten Überlegungen ist das möglich, insbesondere wenn die Randseile des Netzes bei entsprechender vergleichbarer Spannung die gleichen Dehnungen wie die Netzseile aufweisen, wenn also alle Verformungen weitgehend geometrisch-ähnlich erfolgen. Ich bitte Herrn Stromeyer von allen in Aussicht genommenen Beschlägen Muster an Herrn Leonhardt und an mein Stuttgarter Institut zu senden.

In Zehlendorf habe ich inzwischen eine Langklemme entwickelt, die unserer Meinung nach bedeutend günstiger ist als die bisherigen DIN-Klemmen. Das 1:1 Modellmuster aus Holz wird an Herrn Stromeyer geschickt, Fotos jedoch an alle Beteiligten. Inzwischen ist noch ein weiterer Gedanke für eine noch leichtere und ebenso wirksame Langklemme aufgetaucht, den wir zur Zeit studieren.
Siehe Skizzen 1-3

G) Deutscher Pavillon Montréal, Brief mit Skizze Frei Ottos

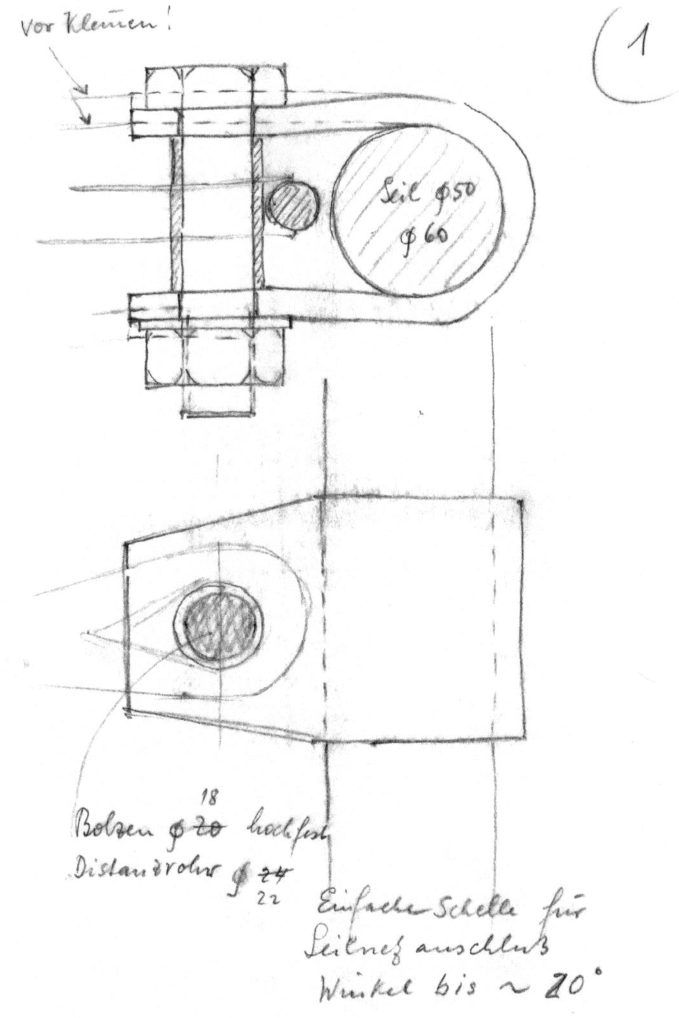

H) Deutscher Pavillon Montréal,
Konstruktionsskizzen Fritz Leonhardts 1965

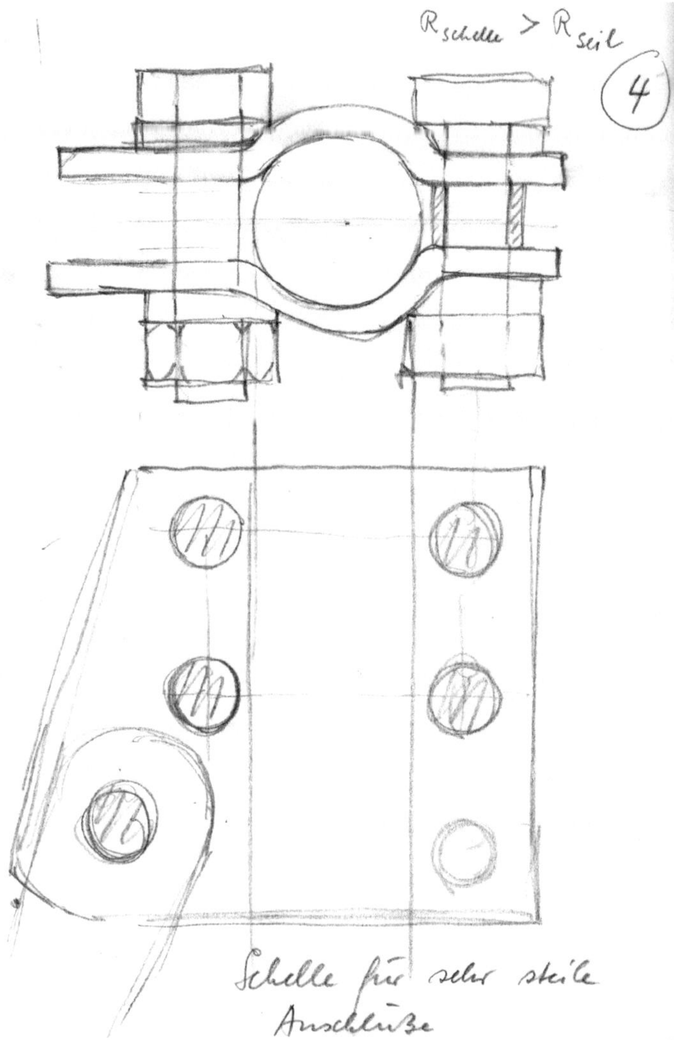

I] Deutscher Pavillon Montréal,
Konstruktionsskizzen Fritz Leonhardts 1965

34) Krausse 1973, S. 148.

35) Zusammengesetzt aus »tension« und »integrity«. Krausse 1973, S. 148.

36) Richard Buckminster Fuller, 4 D Timelock, Self-published in 1928. Reprinted in 1970 by The Lama Foundation, Corrales. Zit. nach: Baldwin 1996, S. 231. Dort findet sich auch eine ausge-wählte Bibliografie der Publikationen von Richard Buckminster Fuller.

37) Krausse/Lichtenstein 1999 und 2001. Zur Rezeption des Werks: Krohn 2004. Abbildung US-Pavillon Weltausstellung 1967 in Montréal publiziert in: Krohn 2004, S. 76.

38) »Es wird mehr zum Thema Leichtkonstruktionen geschrieben, als ein einzelner Mensch lesen könnte, selbst wenn er nichts anderes tun würde als lesen« (Frei Otto 1995). Z. B. in den 1960er-Jahren: Otto 1962, Joedicke 1962, Rühle 1969, In den 1970er-Jahren: Hinterdorf 1972, Knoerzer 1975, Noesgen 1976.

39) Kurrer 2002, S. 33.

40) Nerdinger 2005.1, S. 260–269.

41) Kil 1998, S. 235

42) Leonhardt 1984.1, Leonhardt 1977, Leonhardt 1975.

43) Mit dem Begriff der »Zweiten Stuttgarter Schule« ist – wie bereits in der Einführung zu dieser Arbeit erläutert – die Fortführung und Weiterentwicklung der sogenannten »Ersten Stuttgarter Schule« in der ersten Hälfte des 20. Jahrhunderts mit den Vertretern Paul Bonatz, Paul Schmitthenner, Hugo Keuerleber und Heinz Wetzel im Bereich der Architektur gemeint. Diese Bezeichnung verwendete bereits Rolf Gutbrod 1985 in einen Vortrag »Was blieb von 50 Jahren«, publiziert im Katalog der Ausstellung »Rolf Gutbrod. Bauten in Stuttgart« im Museum am Weißenhof, Stuttgart, 1990, S. 6–13. Aktuell widmete sich Klaus Jan Philipp dieser Frage in seinem Vortrag »Die Stuttgarter Schule«, im Rahmen des Kolloquiums »100 Jahre Institut für Architekturgeschichte«, Universität Stuttgart, 8. – 9. Juli 2011.

J) K) Günter Behnisch & Partner mit Frei Otto und LAP, Projektleiter Jörg Schlaich, Seilnetzdächer für die Olympiastadien in München 1972

perimentierte mit materialminimierten Strukturen, deren Gleichgewicht durch »diskontinuierliche Druckkräfte und kontinuierliche Zugkräfte aufrechterhalten wird« [34] und die er mit dem Neologismus »tensegrity« [35] bezeichnete. Für seine Studien arbeitete er zusammen mit Architekten, Designern, Ingenieuren und Mathematikern. Richard Buckminster Fuller verbreitete seine Theorien zu Leichtkonstruktionen auf ausgedehnten Vortragsreihen und in Projektkursen an Universitäten, Kunsthochschulen und Instituten sowie in zahlreichen Büchern. [36]

Sein Einfluss auf die gebaute Architektur zeigte sich mit einer zeitlichen Verzögerung. Erst in den Jahren nach dem Zweiten Weltkrieg fanden seine geodätischen Kuppeln weite Verbreitung und mit dem US-amerikanischen Pavillon auf der Weltausstellung 1967 in Montréal zeitgleich mit den Zeltdächern Frei Ottos Eingang in die Architekturgeschichte. [37]

Zusammenfassend lässt sich feststellen, dass gegen Ende der 1960er-Jahre Leichtkonstruktionen in der gebauten Architektur internationale Verbreitung fanden. In gleichem Maße wird die Literatur zu diesem Thema umfangreich. [38] Ingenieurwissenschaftliche Publikationen beschäftigten sich mit der Bemessung und Berechnung der leichten Flächentragwerke und weitgespannten Konstruktionen, die sich dank neuer, rechnergestützter Methoden rasch weiterentwickelten, da durch die Einführung von Personalcomputern das computergestützte statische Rechnen zur Selbstverständlichkeit geworden war. [39] Von den Architekturkritikern wurde die Formensprache der leichten Konstruktionen spätestens seit den Zeltdächern für die Olympiade in München von Günter Behnisch und Frei Otto (1968–72) [40] als Synonym für die »bewährten demokratischen Traditionen der alten Bundesrepublik« [41] gedeutet.

Der unbestrittene Verdienst des »Baumeisters« Fritz Leonhardt liegt darin, die »Stuttgarter Schule des konstruktiven Ingenieurbaus« nachhaltig geprägt zu haben. Leonhardts Idee postuliert das fruchtbare Miteinander von Architekt und Ingenieur, zu dem er sich in zahlreichen Aufsätzen und Vorträgen programmatisch äußerte. [42] Der interdisziplinäre Bearbeitungsansatz stellte in dem von ihm unterstützten SFB 64 »Weitgespannte Flächentragwerke« den Impuls zur Weiterentwicklung der Bautechnik dar. In dieser Konstellation an der Stuttgarter Technischen Hochschule – ab 1970 Universität Stuttgart – liegen möglicherweise die Wurzeln des Erfolgs von Architekten und Konstrukteuren wie Rolf Gutbrod, Frei Otto, Günter Behnisch & Partner oder Jörg Schlaich, deren Formensprache die Bundesrepublik in den 1960er- und 1970er-Jahren repräsentierte. Zu untersuchen, wie sich die Entwicklung der »Stuttgarter Schule des konstruktiven Ingenieurbaus« auf die Architektur der »Zweiten Stuttgarter Schule« [43] auswirkte, ist ein Forschungsdesiderat der Architekturgeschichte des 20. Jahrhunderts. Dass dabei die Aspekte der Bautechnikgeschichte eine maßgebliche Rolle spielten, sollte mit dieser Arbeit nachgewiesen werden.

LITERATURVERZEICHNIS

Andrä/Leonhardt 1949: Wolfhart Andrä, Fritz Leonhardt, Die Trägerrostberechnung. Genaue und vereinfachte Methoden mit zahlreichen Hilfstafeln, Formeln und Beispielen, Stuttgart 1949

Andrä 1999: Hans-Peter Andrä, »Beispiele aus den Arbeiten von Fritz Leonhardt im Hoch- und Industriebau«, Der Stahlbau, 68, 1999, Nr. 7, S. 494–506

Aßmann 2000: Martin Aßmann, »Der Ingenieur muss das Sagen haben. Zum Tod von Fritz Leonhardt«, Beratende Ingenieure, 29, 2000, Nr. 2, S. 12

Bach 1908: Carl Bach, Die Materialprüfungsanstalt der Königlich Technischen Hochschule Stuttgart, Berlin 1908

Bach 1929: Carl Bach, »Die Materialprüfungsanstalt an der Technischen Hochschule Stuttgart«, Stuttgarter Zeitung, Festausgabe 15. bis 18. Mai 1929, S. 8

Bach/Burkhardt/Otto 1987: Klaus Bach, Berthold Burkhardt, Frei Otto, Seifenblasen, Mitteilungen des Instituts für Leichte Flächentragwerke 18, Stuttgart 1987

Bärnreuther 1993: Andrea Bärnreuther, Revision der Moderne unterm Hakenkreuz. Planungen für ein »neues München«, München 1993

Baldwin 1996: James T. Baldwin, BuckyWorks. Buckminster Fuller's Ideas for Today, New York 1996

Bardke 1927: Paul Bardke, Gemeinschaftliche Darstellung der gesamten Schweißtechnik, Berlin 1927

Bauersfeld 1962: Walter Bauersfeld, »Die Entwicklung des Zeiss-Dywidag-Verfahrens«, Vortrag, gehalten in Berlin am 12. 12. 1942, in: Jürgen Joedicke, Schalenbau. Konstruktion und Gestaltung, Dokumente der Modernen Architektur, Band 2, Stuttgart 1962, S. 1281–1283

Baumann/Graf 1927: Richard Baumann, Otto Graf, »Die Entwicklung der Materialprüfungsanstalt an der Technischen Hochschule Stuttgart seit 1906«, Zeitschrift des Vereins Deutscher Ingenieure, 71, 1927, Nr. 42, S. 1470

Becker/Quarthal 2004: Norbert Becker, Franz Quarthal (Hrsg.), Die Universität Stuttgart nach 1945. Geschichte, Entwicklungen, Persönlichkeiten, Stuttgart 2004

Beyer 1963: Erwin Beyer (Hrsg.), Brücken für Düsseldorf 1961–1962, Düsseldorf 1963

Beyer 1974: Erwin Beyer u. a., »Die Oberkasseler Rheinbrücke und der geplante Querverschub«, in: Erwin Beyer, Karl Lange (Hrsg.), Verkehrsbauten. Brücken, Hochstraßen, Tunnel. Entwicklungstendenzen aus Düsseldorf, Düsseldorf 1974, S. 153–219

Beyer/Lange 1974: Erwin Beyer, Karl Lange (Hrsg.), Verkehrsbauten. Brücken, Hochstraßen, Tunnel. Entwicklungstendenzen aus Düsseldorf, Düsseldorf 1974

Bieger 1987: Klaus-Wolfgang Bieger, »Dischingers Leistungen bei der Entwicklung der Schalenbauweise«, in: Manfred Specht (Hrsg.), Spannweite der Gedanken. Zur 100. Wiederkehr des Geburtstages von Franz Dischinger, Berlin/Heidelberg/New York 1987, S. 67–80

Bill 1951: Max Bill (Hrsg.), Le Corbusier. Oeuvre complète, Band 3 1934–1938, Zürich 1951

Böker 2009: Johann Josef Böker, »Fritz Leonhardt im Südwestdeutschen Archiv für Architektur und Ingenieurbau«, in: Joachim Kleinmanns, Christiane Weber (Hrsg.), Fritz Leonhardt 1909–1999. Die Kunst des Konstruierens, Stuttgart/London 2009, S. 6

Bonatz/Schaechterle/Tamms 1936: Paul Bonatz, Karl Schaechterle, Friedrich Tamms, Gestaltungsaufgaben beim Brückenbau der Reichsautobahn, Berlin 1936

Bonatz 1938: Paul Bonatz, »Die Hängebrücke der Reichsautobahn über den Rhein bei Köln«, Die Straße, 5, 1938, Nr. 3, S. 75–77

Bonatz 1942: Paul Bonatz, »Dr. Todt und seine Reichsautobahn«, Deutsche Kunst, März 1942, S. 51

Brinkmann 1981: Günther Brinkmann (Hrsg.), Selbstdarstellung des SFB 64, Stuttgart 1981

Bundesminister für Verkehr 1954: Bundesminister für Verkehr u. a. (Hrsg.), Denkschrift zur Übergabe der wiederhergestellten Autobahnbrücke über den Rhein in Rodenkirchen bei Köln, Bonn/Düsseldorf 1954

Burkhardt 1984: Berthold Burkhardt (Hrsg.), Frei Otto. Schriften und Reden 1951–1983, Braunschweig 1984

Burkhardt 2005: Berthold Burkhardt, »Das Institut für leichte Flächentragwerke – Universitätsinstitut und Spinnerzentrum«, in: Winfried Nerdinger (Hrsg.), Frei Otto. Das Gesamtwerk. Leicht bauen – natürlich gestalten, Ausstellungskatalog, Architekturmuseum der TU München 2005, Basel/Boston/Berlin 2005, S. 91–101

Chan-Magomedow 1983: Selim O. Chan-Magomedow, Pioniere der sowjetischen Architektur. Der Weg zur neuen sowjetischen Architektur in den zwanziger und zu Beginn der dreißiger Jahre, Wien/Berlin 1983

Classens 1951: Wilhelm Classens, »Der Umbau der Münchener Bahnanlagen in Planung und Ausführung der Jahre 1938–45«, Eisenbahntechnik, 5, 1951, Nr. 6, S. 121–136, Nr. 7, S. 152–159

Conradi 2000: Peter Conradi, »Suche nach geistigen Brücken. Die Bundesarchitektenkammer zum Tode des Ingenieurs Fritz Leonhardt«, Deutsches Architektenblatt, 32, 2000, Nr. 2, S. 138

Cozzi 1996/97: Julia Cozzi, Fritz Leonhardt e la sua filosofia costruttiva: Ingegnere o architetto?, Istituto Universitario di Architettura di Venezia, Dipartimento di Costruzione dell'Architettura 1996/1997

Ditchen 2009: Henryk Ditchen, Die Beteiligung der Stuttgarter Ingenieure an der Planung und Realisierung der Reichsautobahnen unter besonderer Berücksichtigung der Netzwerke von Fritz Leonhardt und Otto Graf, Berlin 2009

Dülffer 1978: Jost Dülffer, Hitlers Städte. Baupolitik im Dritten Reich, Köln/Wien 1978

Durth 2001: Werner Durth, Deutsche Architekten. Biographische Verflechtungen 1900–1970, Stuttgart 1986, 2. Auflage Stuttgart/Zürich 2001

Fiedler 2009: Erich Fiedler, »Die Entwicklung der orthotropen Fahrbahnplatte in Deutschland«, Der Stahlbau, 78, 2009, Nr. 8, S. 562–576

Frank 1985: Hartmut Frank (Hrsg.), Faschistische Architekturen. Planen und Bauen in Europa 1930–1945, Hamburg 1985

Frank 1991: Hartmut Frank, »Das Tor der Welt. Die Planungen für die Hängebrücke über die Elbe und für ein Hamburger ›Gauforum‹ 1935–1945«, in: Ulrich Höhns (Hrsg.), Das ungebaute Hamburg. Visionen einer anderen Stadt in architektonischen Entwürfen der letzten hundertfünfzig Jahre, Hamburg 1991, S. 78–99

Früchtel 2008: Michael Früchtel, Der Architekt Hermann Giesler. Leben und Werk (1898–1987), Tübingen 2008

Fuhlrott 1975: Rolf Fuhlrott, Deutschsprachige Architektur-Zeitschriften. Entstehung und Entwicklung der Fachzeitschriften in der Zeit von 1789–1918, München 1975

Fuller 1970: Richard Buckminster Fuller, 4 D Timelock, self-published in 1928, reprinted in 1970

Gerber 1967: Hans Gerber, »Paul Bonatz als Lehrer«, Baumeister, 64, 1967, Nr. 1, S. 8–18

Giesler 1977: Hermann Giesler, Ein anderer Hitler. Bericht seines Architekten Hermann Giesler, Landsberg a. Lech 1977

Gimmel 1949: Paul Gimmel, 65 Jahre Materialprüfungsanstalt an der Technischen Hochschule Stuttgart (unveröffentlichtes Typoskript), 1949

Graefe 1989: Rainer Graefe (Hrsg.), Zur Geschichte des Konstruierens, Stuttgart 1989

Graefe 1989.1: Rainer Graefe, »Hängedächer des 19. Jahrhunderts«, in: Rainer Graefe (Hrsg.), Zur Geschichte des Konstruierens, Stuttgart 1989, S. 168–187

Graf 1937: Otto Graf, »Über Leichtfahrbahnen für stählerne Straßenbrücken«, Der Stahlbau, 10, 1937, Nr. 14, S. 110–112 und Nr. 16, S. 123–127

Graf 1938: Otto Graf, »Aus Untersuchungen mit Leichtfahrbahndecken zu Straßenbrücken«, Berichte des Deutschen Ausschusses für Stahlbau, hrsg. vom Deutschen Stahlbau-Verband, Nr. 9, Ausgabe B, Berlin 1938

Graubner 1931: Gerhard Graubner, Paul Bonatz und seine Schüler, Stuttgart 1931

Grüning 1986: Michael Grüning, Der Wachsmann-Report. Auskünfte eines Architekten, Berlin 1986

Günschel 1966: Günter Günschel, Große Konstrukteure 1. Freysinnet, Maillart, Dischinger, Finsterwalder, Bauwelt Fundamente Band 17, Berlin/Frankfurt a. M./Wien 1966

Gürtler Berger 2009: Theresia Gürtler Berger, »Fritz Leonhardts Erbe. Zum Umgang mit seinen Bauten«, in: Joachim Kleinmanns, Christiane Weber (Hrsg.), Fritz Leonhardt 1909–1999. Die Kunst des Konstruierens, Stuttgart/London 2009, S. 132–139

Hahn 1995: Volker Hahn, »Fritz Leonhardt. Laudatio von Volker Hahn«, Baukultur, 1995, Sondernr. 1/2, S. 114–116

Hammer 2000: Lothar Hammer, »Persönliches. Der Brückenbauer. Zum Tode von Fritz Leonhardt«, Der Architekt, 2000, Nr. 2, S. 7

Heinle/Leonhardt 1989: Erwin Heinle, Fritz Leonhardt, Towers. A Historical Survey, London u. a. 1989

Heinle/Schlaich 1996: Erwin Heinle, Jörg Schlaich, Kuppeln aller Zeiten – aller Kulturen, Stuttgart 1996

Hinterdorf 1972: Gert Hinterdorf, Tragwerke aus Plasten, Stuttgart 1972

Holgate 1997: Alan Holgate, The Art of Structural Engineering. The Work of Jörg Schlaich and his Team, Stuttgart/London 1997

Homberg 1949: Hellmut Homberg, Einflußflächen für Trägerroste, Dahl 1949

IRB 2002: Fraunhofer Informationszentrum Raum und Bau (IRB), Literaturdokumentation Ingenieure: Fritz Leonhardt, Stuttgart 2002

Joedicke 1962: Jürgen Joedicke, Schalenbau. Konstruktion und Gestaltung, Dokumente der Modernen Architektur Band 2, Stuttgart 1962

Joedicke 1993: Jürgen Joedicke, Bodo Rasch. Ideen – Projekte – Bauten. Werkbericht 1924 bis 1984, Ausstellung in der Galerie am Weißenhof Stuttgart vom 26. Januar bis zum 4. März 1984, Stuttgart 1984, Neuauflage 1993

Kabierske 2009: Gerhard Kabierske, »Fritz Leonhardt. Etappen eines aktiven Lebens«, in: Joachim Kleinmanns, Christiane Weber (Hrsg.), Fritz Leonhardt 1909-1999. Die Kunst des Konstruierens, Stuttgart/London 2009, S. 164–191

Kaiser/König 2006: Walter Kaiser, Wolfgang König (Hrsg.), Geschichte des Ingenieurs. Ein Beruf in sechs Jahrtausenden, München/Wien 2006

Kayser/Lehmitz/Leonhardt/Müller/Schlaich/Voßbein 1970:Rolf Kayser, Karl Lehmitz, Fritz Leonhardt, Robert K. Müller, Jörg Schlaich, Hartmut Voßbein, »Das Hyperschalendach des Hallenbades Hamburg Sechslingspforte«, Die Bautechnik, 65, 1970, Teil I (Leonhardt/Schlaich): »Entwurf und Tragverhalten«, Nr. 9, S. 207–215, Teil II (Müller/Kayser): »Modelluntersuchung«, Nr. 10, S. 245–249, Teil III (Voßbein/Lehmitz): »Bauausführung«, Nr. 11, S. 261–264.

Kil 1998: Wolfgang Kil, »Verhältnisse träumen oder Staat zeigen«, in: Romana Schneider, Wilfried Wang (Hrsg.), Moderne Architektur in Deutschland 1900 bis 2000. Macht und Monument, Ostfildern-Ruit 1998, S. 235–247

Kleinmanns /Weber 2009: Joachim Kleinmanns, Christiane Weber (Hrsg.), Fritz Leonhardt 1909–1999. Die Kunst des Konstruierens, Stuttgart/London 2009

Kleinmanns/Weber 2009.1: Joachim Kleinmanns, Christiane Weber, »Die Anfänge des Spannbetonbaus. Zum 100. Geburtstag Fritz Leonhardts«, Beton- und Spannbetonbau, 104, 2009, Nr. 6, S. 372–379

Klöppel 1942: Kurt Klöppel, »Zur Berechnung des Trägerrostes«, Der Stahlbau, 15, 1942, Nr. 21/22, S. 78–80

Knoerzer 1975: Jürgen Knoerzer, Erleben und Gestalten weitgespannter Flächentragwerke. Empirische Ansätze zur Analyse und Planung der Erlebniswirkung von Bauwerken, (Diss.) Stuttgart 1975

Krausse/Chruxin 1968: Joachim Krausse, Christian Chruxin (Hrsg.), R. Buckminster Fuller. Die Aussichten der Menschheit 1965–1985. Profil der industriellen Revolution, Frankfurt a. M. 1968

Krausse 1973: Joachim Krausse (Hrsg.), R. Buckminster Fuller. Bedienungsanleitung für das Raumschiff Erde und andere Schriften, Hamburg 1973

Krausse/Lichtenstein 1999 und 2001: Joachim Krausse, Claude Lichtenstein, Your Private Sky, 2 Bände, Baden/Schweiz 1999 und Zürich 2001

Krohn 2004: Carsten Krohn, Buckminster Fuller und die Architekten, Berlin 2004

Kuder 1997: Ulrich Kuder (Hrsg.), Architektur und Ingenieurwesen zur Zeit der nationalsozialistischen Gewaltherrschaft 1933–1945, Berlin 1997

Kunze 2001: Matthias Kunze, Ingenieure für Hitlers »Germania«. Technische Planungen für die »Grosse Halle des Volkes«, (Diplomarbeit) Cottbus 2001

Kurrer 2002: Karl-Eugen Kurrer, Geschichte der Baustatik, Berlin 2002

Kurrer 2004: Karl-Eugen Kurrer, »Hermann Maier-Leibnitz. Ein vergessener Wegbereiter des fordistischen Industriebaus in Württemberg«, in: Norbert Becker, Franz Quarthal (Hrsg.), Die Universität Stuttgart nach 1945, Stuttgart 2004, S. 146–152

Kurrer 2005: Karl-Eugen Kurrer, »Hermann Maier-Leibnitz. Wegbereiter des Industriebaus der klassischen Moderne«, Der Stahlbau, 74, 2005, Nr. 8, S. 623–634

Kurrer 2008: Karl-Eugen Kurrer, The History of the Theory of Structures. From Arch Analysis to Computational Mechanics, Berlin 2008

Kurrer 2009: Karl-Eugen Kurrer, »Fritz Leonhardts Bedeutung für die konstruktionsorientierte Baustatik«, in: Joachim Kleinmanns, Christiane Weber (Hrsg.), Fritz Leonhardt 1909–1999. Die Kunst des Konstruierens, Stuttgart/London 2009, S. 24–29

Kurrer 2009.1: Karl-Eugen Kurrer, »Genius loci des Stahlbaus: Mainz, Gustavsburg und der Deutsche Stahlbautag 2008«, Der Stahlbau, 78, 2009, Nr. 2, S. 108–123

Kurrer/Pelke/Stiglat 2009: Karl-Eugen Kurrer, Eberhard Pelke, Klaus Stiglat, »Einheit von Wissenschaft und Kunst im Brückenbau. Hellmut Homberg (1909–1990) – Sein Beitrag zur Theorie des Brückenbaus (Teil II)«, Die Bautechnik, 86, 2009, Nr. 12, S. 794–809

Lackner 1990: Erna Lackner, »Fritz Leonhardt«, FAZ-Magazin, 1990, Nr. 540, S. 8, 10–14

Landeshauptstadt Düsseldorf 1979: Landeshauptstadt Düsseldorf (Hrsg.), Friedrich Tamms. Ein Baumeister und seine Stadt. Materialien zur Düsseldorfer Stadtentwicklung, Düsseldorf 1979

Leonhardt 1938: Fritz Leonhardt, »Die Gründung der Hängebrücke der Reichsautobahn über den Rhein bei Rodenkirchen«, Die Straße, 5, 1938, Nr. 3, S. 70–75

Leonhardt 1939: Fritz Leonhardt, Die vereinfachte Berechnung zweiseitig gelagerter Trägerroste. Das Modellverfahren und Begründung der vereinfachten Berechnung, (Diss.) Berlin 1939

Leonhardt 1939.1: Fritz Leonhardt, »Der Entwurf einer Reichsautobahnbrücke über den Rhein bei Köln-Rodenkirchen«, Der Deutsche Baumeister, 1, 1939, Nr. 7, S. 24–30

Leonhardt 1940: Fritz Leonhardt, »Leichtbau – eine Forderung unserer Zeit. Anregungen für den Hoch- und Brückenbau«, Die Bautechnik, 18, 1940, Nr. 36/37, S. 413–423

Leonhardt 1940.1: Fritz Leonhardt, Anleitung für die vereinfachte Trägerrostberechnung mit Hilfstafeln, Formeln und Beispielen, Berlin 1940

Leonhardt 1940.2: Fritz Leonhardt, »Zum Einsturz der Hängebrücke über die Meerenge von Tacoma«, Fortschritte und Forschungen im Bauwesen (Reihe A), 1940, Nr. 9, S. 10, 20, 28–32.

Leonhardt/Andrä 1949: Fritz Leonhardt, Wolfhart Andrä, Die Trägerrostberechnung. Genaue und vereinfachte Methoden mit zahlreichen Hilfstafeln, Formeln und Beispielen, Stuttgart 1949

Leonhardt/Andrä/Wintergerst 1969: Fritz Leonhardt, Wolfhart Andrä, Louis Wintergerst, »Entwurfsbearbeitung und Versuchen«, in: Friedrich Tamms, Erwin Beyer, Kniebrücke Düsseldorf. Ein neuer Weg über den Rhein, Düsseldorf 1969

Leonhardt 1975: Fritz Leonhardt, »Zusammenarbeit von Architekt und Ingenieur«, Deutsche Bauzeitung, 80, 1975, Nr. 1, S. 8

Leonhardt 1977: Fritz Leonhardt, »Wenn der Gang der Entwicklung in eine bessere Zukunft führen soll. Gedanken zur Überwindung der Krise des Architektenberufes«, Architektur und Wohnwelt, 85, 1977, Nr. 6, S. 451–455

Leonhardt 1982: Fritz Leonhardt, Brücken. Ästhetik und Gestaltung, Stuttgart 1982

Leonhardt 1984: Fritz Leonhardt, Baumeister in einer umwälzenden Zeit. Erinnerungen, Stuttgart 1984

Leonhardt 1984.1: Fritz Leonhardt, »Zu den Grundfragen der Ästhetik bei Bauwerken«, Sitzungsberichte der Heidelberger Akademie der Wissenschaften, 2. Abhandlung 1984, S. 29–48

Leonhardt 1990: Fritz Leonhardt, »Karl Schaechterle. Ein Leben für fortschrittlichen Brückenbau«, in: VDI Jahrbuch 1990, S. 130–159

Linkwitz 1999: Klaus Linkwitz, »Arbeit auf Ehrenwort – Fritz Leonhardt und die Münchener Olympiadächer«, Die Bautechnik, 76, 1999, Nr. 7, S. 608–614

Ludwig 1974: Karl-Heinz Ludwig, Technik und Ingenieure im Dritten Reich, Düsseldorf 1974

Maier 1989: Otto Maier, Die räumliche Syntax. Konrad Wachsmanns Beitrag zum Bauen unserer Zeit, (Diss.) Karlsruhe 1989

Maier-Leibnitz 1942: Hermann Maier-Leibnitz, »Grundsätzliches über Modellmessungen zur Klarlegung der Formänderungen und Spannungen von verankerten Hängebrücken«, Die Bautechnik, 19, 1941, Nr. 46/47, S. 508–515, Nr. 48, S. 520–522, Nr. 53/54, S. 573–583, und: 20, 1942, Nr. 53/54, S. 457–463, Nr. 54/56, S. 486–490

Manegold 1970: Karl-Heinz Manegold, Universität, Technische Hochschule und Industrie. Ein Beitrag zur Emanzipation der Technik im 19. Jahrhundert, Berlin 1970

Marks 1960: Robert W. Marks, The Dymaxion World of Buckminster Fuller, New York 1960

May 2007: Roland May, Paul Bonatz. Die Bauingenieure und die Brücken, (Diss.) Darmstadt 2007 (unveröffentlichtes Manuskript)

Mengeringhausen 1970: Max Mengeringhausen, »Zur Geschichte der ›Berliner Raumstrukturen‹«, Bauwelt, 61, 1970, Nr. 6, S. 226–230

Mengeringhausen 1972: Max Mengeringhausen, »Kompositionsgesetze der Raumfachwerke«, Tagungsbericht 9. IVBH-Kongress in Amsterdam vom 8. – 13. Mai 1972, Zürich 1972

MERO 1972: MERO-Firmengruppe, »Mero – eine Vision wird Wirklichkeit«, MERO-Vision, April 1972, Nr. 6 (Sonderheft)

Meschke 1989: Hans-Jürgen Meschke, Baukunst und -technik der hölzernen Wölbkonstruktionen. Vom Bogentragwerk zum Stabnetzwerk, (Diss.) Aachen 1989

Meyer 2000: Ulf Meyer, »Fritz Leonhardt 1909–1999«, Bauwelt, 91, 2000, Nr. 3, S. 2

Möller 2005: Eberhard Möller, »Das Prinzip Leichtbau«, in: Winfried Nerdinger (Hrsg.), Frei Otto – Das Gesamtwerk. Leicht bauen – natürlich gestalten, Ausstellungskatalog, Architekturmuseum der TU München 2005, Basel/Boston/Berlin 2005, S. 33–43

Mörsch 1902: Emil Mörsch (Hrsg.), Der Eisenbetonbau. Seine Theorie u. Anwendung, Stuttgart, 3. Aufl., 1907, erstes Erscheinen als Firmenschrift von Wayss & Freytag (Hrsg.) 1902

Mörsch 1958: Emil Mörsch, Brücken aus Stahlbeton und Spannbeton – Entwurf und Konstruktion, Stuttgart 1958

Müller 1988: Rudolf Müller, Vom Sinn des Details. Zum Gesamtwerk von Konrad Wachsmann, Köln 1988

Nerdinger 1993: Winfried Nerdinger (Hrsg.), Bauen im Nationalsozialismus. Bayern 1933–1945, Ausstellungskatalog des Architekturmuseums der Technischen Universität München und des Münchner Stadtmuseums Nr. 9, München 1993

Nerdinger 2002, Winfried Nerdinger, Konstruktion und Raum in der Architektur des 20. Jahrhunderts. Exemplarisch, Ausstellungskatalog, Architekturmuseum der TU München 2002, München u. a. 2002

Nerdinger 2005: Winfried Nerdinger (Hrsg.), Frei Otto. Das Gesamtwerk. Leicht bauen – natürlich gestalten, Ausstellungskatalog, Architekturmuseum der TU München 2005, Basel/Boston/Berlin 2005

Nerdinger 2005.1: Winfried Nerdinger, »Aufbrüche und Kontinuitäten – Positionen der Nachkriegsarchitektur in der Bundesrepublik«, in: Winfried Nerdinger, Inez Florschütz (Hrsg.), Architektur der Wunderkinder. Aufbruch und Verdrängung in Bayern 1945–1960, Salzburg/München 2005, S. 9–22

Nerdinger/Florschütz 2005: Winfried Nerdinger, Inez Florschütz (Hrsg.), Architektur der Wunderkinder. Aufbruch und Verdrängung in Bayern 1945–1960, Salzburg/München 2005

Nerdinger 2010: Winfried Nerdinger (Hrsg.), Wendepunkt/e im Bauen. Von der seriellen zur digitalen Architektur, München 2010

Neumann 2002: Dietrich Neumann, Architektur der Nacht, München/Berlin/London/New York 2002

Noesgen 1976: Jürgen Noesgen, Weitgespannte Flächentragwerke. SFB 64 der Universität Stuttgart. Vorgespannte Seilnetztragwerke – Zum Tragverhalten des quadratischen Netzes mit starrem Rand, Düsseldorf 1976

Otto 1954: Frei Otto, Das hängende Dach, Berlin 1954

Otto 1962: Frei Otto (Hrsg.), Zugbeanspruchte Konstruktionen. Band 1: Gestalt, Struktur und Berechnung von Bauten aus Seilen, Netzen und Membranen, Frankfurt/Berlin 1962

Otto 1972: Frei Otto, »Anmerkungen zur Entwicklung weitgespannter Flächentragwerke mit lichtdurchlässiger Dachhaut«, Plasticonstruction, 2, 1972, Nr. 4, S. 161–166

Otto 1979: Frei Otto, Grundlagen, Mitteilungen des Instituts für Leichte Flächentragwerke 21, Stuttgart 1979

Otto 1988: Frei Otto, Frei Form, Mitteilungen des Instituts für Leichte Flächentragwerke 22, Stuttgart 1988

Otto 1988.1: Frei Otto, Experimente, Mitteilungen des Instituts für Leichte Flächentragwerke 25, Stuttgart 1988

Otto 1992: Frei Otto, Konstruktion, Mitteilungen des Instituts für Leichte Flächentragwerke 23, Stuttgart 1992

Otto 1994: Frei Otto, Alte Baumeister, Mitteilungen des Instituts für Leichte Flächentragwerke 37, Stuttgart 1994

Otto 1995: Frei Otto, Pneu und Knochen, Mitteilungen des Instituts für Leichte Flächentragwerke 35, Stuttgart 1995

Otto 1996: Frei Otto, Frieder Klenk, Das Prinzip Leichtbau, Mitteilungen des Instituts für Leichte Flächentragwerke 24, Stuttgart 1996

Pawley 1990: Martin Pawley, Buckminster Fuller, London 1990

Peter 2000: Jörg Peter, »Fritz Leonhardt 1909–1999. Ein Baumeister«, Deutsche Bauzeitung, 134, 2000, Nr. 2, S. 16

Philipp 2009: Klaus Jan Philipp, »Der Niet als Ornament. Der »Baumeister« Fritz Leonhardt«, in: Joachim Kleinmanns, Christiane Weber (Hrsg.), Fritz Leonhardt 1909–1999. Die Kunst des Konstruierens, Stuttgart/London 2009, S. 12–23

Picon 1997: Antoine Picon, L'art de l'ingénieur. Constructeur, entrepreneur, inventeur, Paris 1997

Pöter 2009: Hans Pöter, »Metallleichtbaukonstruktionen: Früher und heute«, Der Stahlbau, 78, 2009, Nr. 5, S. 288–297

Posener 1980: Julius Posener, »Vorlesungen zur Geschichte der Neuen Architektur II. Die Architektur der Reform (1900–1924)«, Arch+, 12, 1980, Nr. 53, (Sonderheft)

Rasp 1981: Rasp, Hans Peter, Eine Stadt für tausend Jahre. München – Bauten und Projekte für die Hauptstadt der Bewegung, München 1981

Reiss 2011: Hanna Reiss, Das Kuppelmodell des Münchener Hauptbahnhofs geprüft von der Materialprüfungsanstalt Stuttgart, Der Stahlbau, 80, 2011, Nr. 1, S. 10–14

Roland 1965: Conrad Roland, Frei Otto – Spannweiten. Ideen und Versuche zum Leichtbau, Berlin 1965

Roos 2008: Dorothea Roos, Der Karlsruher Architekt Hermann Reinhard Alker. Bauten und Projekte, (Diss.) Karlsruhe 2008 (unveröffentlichtes Manuskript)

Rühle 1969: Herrmann Rühle, Räumliche Dachtragwerke, 2 Bände, Köln 1969

Rüsch 1997: Eckart Rüsch, Baukonstruktion zwischen Innovation und Scheitern. Verona, Langhans, Gilly und die Bohlendächer um 1800, Petersberg 1997

Saul 1999: Reiner Saul, »Fritz Leonhardt als Stahlbrücken-Ingenieur«, Der Stahlbau, 68, 1999, Nr. 7, S. 486–493

Schaechterle 1934: Karl Schaechterle, »Neue Fahrbahnkonstruktionen für stählerne Straßenbrücken«, Die Bautechnik, 12, 1934, Nr. 37, S. 479–483

Schaechterle 1940: Karl Schaechterle, »Rationalisierung im Brückenbau – Stahleinsparung bei Reichsautobahnbrücken«, Die Straße, 7, 1940, Nr. 1, S. 62–63

Schaechterle/Leonhardt 1936: Karl Schaechterle, Fritz Leonhardt, »Leichte Fahrbahndecken auf stählernen Straßenbrücken. Versuchsergebnisse«, Die Bautechnik, 14, 1936, Nr. 18, S. 245–248

Schaechterle/Leonhardt 1937: Karl Schaechterle, Fritz Leonhardt, Die Gestaltung der Brücke, Berlin 1937

Schaechterle/Leonhardt 1938: Karl Schaechterle, Fritz Leonhardt, »Fahrbahnen der Straßenbrücken. Erfahrungen, Versuche und Folgerungen«, Die Bautechnik, 16, 1938, Nr. 23/24, S. 306–324

Schaechterle/Leonhardt 1941: Karl Schaechterle, Fritz Leonhardt, »Hängebrücken«, Die Bautechnik, 19, 1941, Nr. 12/13, S. 1–9, 11–20 und 125–133.

Schädlich 1989: Christian Schädlich, »Der Baustoff Eisen als Grundlage für die Herausbildung qualitativ neuer Baukonstruktionen im 19. Jahrhundert«, in: Rainer Graefe (Hrsg.), Zur Geschichte des Konstruierens, Stuttgart 1989, S. 138–151

Schaper 1949: Gottwald Schaper, Stählerne Brücken, Band 1, Teil 1, Berlin 1949

Schlaich 1992: Jörg Schlaich, »Das Olympiadach in München. Wie war das damals? Was hat es gebracht?«, in: Johann-Karl Schmidt (Hrsg.), Behnisch & Partner. Bauten 1952–1992, Ausstellungskatalog, Galerie der Stadt Stuttgart, Stuttgart 1992

Schlaich/Schuller 1999: Jörg Schlaich, Matthias Schuller, Ingenieurbauführer Baden-Württemberg, hrsg. von der Ingenieurkammer Baden-Württemberg, Berlin 1999

Schmidt 1994: Dietrich-W. Schmidt, »Der Ingenieur und das Schöne. Fritz Leonhardt zum 85. Geburtstag«, Bauwelt, 85, 1994, Nr. 26, S. 1462–1463

Schmidt 2003: Dietrich-W. Schmidt, »Die Baukunst der Türme, Brücken, Tragwerke und der Begriff des Ästhetischen: Fritz Leonhardt (1909–1999), Ingenieurbaukunst in Deutschland, Jahrbuch 2003, Hamburg 2003, S. 120–129

Schneider/Wang 1998: Romana Schneider, Wilfried Wang (Hrsg.), Moderne Architektur in Deutschland 1900 bis 2000. Macht und Monument, Ostfildern-Ruit 1998

Schönemann 1987: Ulrich Schönemann, »Die Schalenbauwerke und -entwürfe von Franz Dischinger«, in: Manfred Specht (Hrsg.), Spannweite der Gedanken. Zur 100. Wiederkehr des Geburtstages von Franz Dischinger, Berlin/Heidelberg/New York 1987, S. 7–33

Schriefers 1999: Thomas Schriefers, Für den Abriss gebaut. Anmerkungen zur Geschichte der Weltausstellungen, Hagen 1999

Schunk 1991: Eberhard Schunk (Hrsg.), Beiträge zur Geschichte des Bauingenieurwesens. Heft 3: Vorlesungen 1990–1991, Stuttgart 1991

Seidler 1986: Franz W. Seidler, Fritz Todt. Baumeister des Dritten Reiches, München/Berlin 1986

Skade 1999: Roger Skade, »Fritz Leonhardt zu Ehren. Ein Preis für Ingenieurbaukunst«, Baukultur, 1999, Nr. 4, S. 38–39

Sobek 2009: Werner Sobek, »Vom Institut für Massivbau zum Institut für Leichtbau Entwerfen und Konstruieren. Das Institut nach der Emeritierung Fritz Leonhardts«, in: Joachim Kleinmanns, Christiane Weber (Hrsg.), Fritz Leonhardt 1909-1999. Die Kunst des Konstruierens, Stuttgart/London 2009, S. 160–163

Specht 1987: Manfred Specht (Hrsg.), Spannweite der Gedanken. Zur 100. Wiederkehr des Geburtstages von Franz Dischinger, Berlin 1987

Specht 1987.1: Manfred Specht, »Dischingers Beiträge zur Entwicklung der Spannbetonbauweise«, in: Manfred Specht (Hrsg.), Spannweite der Gedanken. Zur 100. Wiederkehr des Geburtstages von Franz Dischinger, Berlin u. a. 1987, S. 136

Speer 1969: Albert Speer, Erinnerungen, Berlin 1969

Spieker 2009: Elisabeth Spieker, »Die Planung des Olympiadachs in München. Fritz Leonhardts Mitwirkung und Impulse«, in: Joachim Kleinmanns, Christiane Weber (Hrsg.), Fritz Leonhardt 1909–1999. Die Kunst des Konstruierens, Stuttgart/London 2009, S. 118–125

Stiglat 1994: Klaus Stiglat, »Sie bauen und sie forschen: Bauingenieure und ihr Werk. Fritz Leonhardt«, Beton- und Stahlbetonbau, 89, 1994, Nr. 7, S. 181–188

Stiglat 2004: Klaus Stiglat, Bauingenieure und ihr Werk, Berlin 2004

Süss 1954: Wolfgang Süss, Die Geschichte des Münchener Hauptbahnhofs, Essen 1954

Svensson 1999: Holger Svensson, »Fritz Leonhardts Schrägkabelbrücken«, Der Stahlbau, 68, 1999, Nr. 7, S. 474–485

Svensson 2011: Holger Svensson, Schrägkabelbrücken. 40 Jahre Erfahrung weltweit, Berlin 2011

Svensson/Andrä/Eilzer/Wickbold 2009: Holger Svensson, Hans-Peter Andrä, Wolfgang Eilzer, Thomas Wickbold, »70 Jahre Ingenieurbüro Leonhardt, Andrä und Partner«, in: Joachim Kleinmanns, Christiane Weber (Hrsg.), Fritz Leonhardt 1909–1999. Die Kunst des Konstruierens, Stuttgart 2009, S. 72–85

Tamms/Bonatz 1939: Friedrich Tamms, Paul Bonatz, Arbeiten aus den Jahren 1907 bis 1939, Stuttgart 1939

Tamms/Beyer 1969: Friedrich Tamms, Erwin Beyer, Kniebrücke Düsseldorf. Ein neuer Weg über den Rhein, Düsseldorf 1969

Tang 1987: Mang-Chung Tang, »Die Schrägkabelbrücken – eine Form der externen Vorspannung«, in: Manfred Specht (Hrsg.), Spannweite der Gedanken. Zur 100. Wiederkehr des Geburtstages von Franz Dischinger, Berlin u. a. 1987, S. 167

Troost 1938: Gerdy Troost (Hrsg.), Das Bauen im Neuen Reich, Bayreuth 1938

Voigt 1979: Johann Voigt (Hrsg.), Festschrift zum 150-jährigen Bestehen der Universität Stuttgart, Stuttgart 1979

Voigt 1981: Johann Voigt, Universität Stuttgart. Phasen ihrer Geschichte, Stuttgart 1981

Voigt/May 2010: Wolfgang Voigt, Roland May, Paul Bonatz 1877–1956, Tübingen/Berlin 2010

Voormann/Pfeifer/Trautz 2006: Friedmar Voormann, Matthias Pfeifer, Martin Trautz, »Die ersten geschweißten Stahlbrücken in Deutschland. Über die wechselvollen Anfänge der Schweißtechnik«, Der Stahlbau, 75, 2006, Nr. 4, S. 287–297

Voormann/Schüller 2009: Friedmar Voormann, Matthias Schüller, »Fritz Leonhardt als junger Ingenieur. Frühe Erfahrungen im Großbrückenbau«, Der Stahlbau, 78, 2009, Nr. 6, S. 378–384

Wachsmann 1930: Konrad Wachsmann, Holzhausbau. Technik und Gestaltung, Berlin 1930

Wachsmann 1959: Konrad Wachsmann, Wendepunkt im Bauen, Wiesbaden 1959

Walther 1999: René Walther, »Fritz Leonhardt. Eine Hommage«, Deutsche Bauzeitung, 133, 1999, Nr. 6, S. 136–140

Weber 2009: Christiane Weber, »Fritz Leonhardt's contribution to the construction of the new main station of Munich (1939–942)«, in: Karl-Eugen Kurrer, Werner Lorenz, Volker Wetzk (Hrsg.), Proceedings of the Third International Congress on Construction History, Cottbus, Mai 2009, S. 1485–1492

Weber/Voormann 2009: Christiane Weber, Friedmar Voormann, »Fritz Leonhardt. Erste Bauten und Projekte«, in: Joachim Kleinmanns, Christiane Weber (Hrsg.), Fritz Leonhardt 1909–1999. Die Kunst des Konstruierens, Stuttgart/London 2009, S. 30–47

Weber/Kleinmanns 2009.1: Christiane Weber, Joachim Kleinmanns, »Die unbekannte Seite Fritz Leonhardts. Sein Beitrag zum Stahlbau«, Der Stahlbau, 78, 2009, Nr. 6, S. 371–377

Weber 2011: Christiane Weber, »Der Deutsche Pavillon auf der Weltausstellung 1967 in Montréal«, in: Klaus Jan Philipp (Hrsg.), Rolf Gutbrod. Bauten in den Boomjahren der 1960er, Salzburg 2011, S. 68–83

Weihsmann 1998: Helmut Weihsmann, Bauen unterm Hakenkreuz, Architektur des Untergangs, Wien 1998

Welch Guerra 1997: Max Welch Guerra, »Das Bundeskanzleramt in Berlin. Einen neue Architektur für eine neue Politik?«, in: Architektenkammer Berlin (Hrsg.), Architektur in Berlin 1997, Hamburg 1997

Weller/Tasche/Baatz 2009: Bernhard Weller, Martin Tasche, Julia Baatz, »Die Lamellendächer von Hugo Junkers«, Der Stahlbau, 78, 2009, Nr. 8, S. 537–543

Wilhelm 1985: Karin Wilhelm, Portrait Frei Otto, Architekten heute, Band 2, Berlin 1985

Windisch-Hojnacki 1989: Claudia Windisch-Hojnacki, Die Reichsautobahn. Konzeption und Bau der RAB, ihre ästhetischen Aspekte, sowie ihre Illustration in Malerei, Literatur, Fotografie und Plastik, (Diss.) Bonn 1989

Zellner 1999: Wilhelm Zellner, »Fritz Leonhardt zum 90. Geburtstag«, Der Stahlbau, 68, 1999, Nr. 7, S. 600–601

Zellner 2001: Wilhelm Zellner, »Fritz Leonhardt (1909–1999). Ein Leben als Bauingenieur in der Gesellschaft«, VDI-Gesellschaft Bautechnik, Jahrbuch 2001, Bd. 13, Düsseldorf 2001, S. 289–342

Zucker 1921: Paul Zucker, Die Brücke. Typologie und Geschichte ihrer künstlerischen Gestaltung, Berlin 1921

1935

»Beiträge zum Betonstraßenbau« (mit Karl Schaechterle), Die Bautechnik, 13, 1935, Nr. 22, S. 269–274

1936

»Die konstruktive Gestaltung der Betonfahrbahndecken auf den Reichsautobahnen«, Die Straße, 3, 1936, Nr. 5, S. 143–147

»Die Fußgängerstege über die Reichsautobahn« (mit Karl Schaechterle), Die Straße, 3, 1936, Nr. 11, S. 351–355

»Leichte Fahrbahndecken auf stählernen Straßenbrücken. Versuchsergebnisse« (mit Karl Schaechterle), Die Bautechnik, 14, 1936, Nr. 18, S. 245–248, Nr. 19, S. 261–263

»Betonfahrbahndecken auf den Reichsautobahnen. Erfahrungen, Versuche und Vorschläge«, Die Bautechnik, 14, 1936, Nr. 40, S. 586–592

»Stahlbrücken mit Leichtfahrbahnen. Versteifte Tonnenbleche, Versuche und Ausführungen« (mit Karl Schaechterle), Die Bautechnik, 14, 1936, Nr. 43, S. 626–630, Nr. 45, S. 659–662

1937

Die Gestaltung der Brücken (mit Karl Schaechterle), Berlin 1937

1938

»Fahrbahnen der Straßenbrücken. Erfahrungen, Versuche und Folgerungen« (mit Karl Schaechterle), Die Bautechnik, 16, 1938, Nr. 23/24, S. 306–324

»Die vereinfachte Berechnung zweiseitig gelagerter Trägerroste«, Die Bautechnik, 16, 1938, Nr. 40/41, S. 535

»Die Gründung der Hängebrücke der Reichsautobahn über den Rhein bei Rodenkirchen«, Die Straße, 5, 1938, Nr. 3, S. 70–75

1939

Die vereinfachte Berechnung zweiseitig gelagerter Trägerroste. Das Modellverfahren und Begründung der vereinfachten Berechnung (Dissertation), Berlin 1939

»Der Entwurf einer Reichsautobahnbrücke über den Rhein bei Köln-Rodenkirchen«, Der Deutsche Baumeister, 1, 1939, Nr. 7, S. 24–30

1940

Anleitung für die vereinfachte Trägerrostberechnung mit Hilfstafeln, Formeln und Beispielen, Berlin 1940

»Brücken aus einbetonierten Stahlträgern«, Die Bautechnik, 18, 1940, Nr. 31, S. 359–363

»Hängebrücken I« (mit Karl Schaechterle), Die Bautechnik, 18, 1940, Nr. 33, S. 377–386

»Leichtbau – eine Forderung unserer Zeit. Anregungen für den Hoch- und Brückenbau«, Die Bautechnik, 18, 1940, Nr. 36/37, S. 413–423

»Zum Einsturz der Hängebrücke über die Meerenge von Tacoma«, Fortschritte und Forschungen im Bauwesen (Reihe A), 1940, Nr. 9, S. 10, 20, 28–32

1941

»Hängebrücken II-III« (mit Karl Schaechterle), Die Bautechnik, 19, 1941, Nr. 7, S. 73–82, Nr. 12/13, S. 125–133, 200

»Entwicklungsmöglichkeiten im Leichtbau für den Hoch- und Brückenbau«, Die Straße, 8, 1941, Nr. 1/2, S. 14–20

1942

Der Brückenbau der Reichsautobahnen, Berlin 1942

»Stählerne Baugerüste für den Hochbau«, Fortschritte und Forschungen im Bauwesen (Reihe A), 1942, Nr. 6, S. 9–16

1944

»Die vereinfachte Trägerrostberechnung. Nachweis des Genauigkeitsgrades und Erweiterungen«, Die Bautechnik, 22, 1944, Nr. 19/22, S. 86–91

1947

Künftige Wohnbauweisen. Beitrag eines Ingenieurs, Aufbausonderhefte 1, Stuttgart 1947

»Über die Notwendigkeit einer Maßordnung im Hochbau«, Bauen und Wohnen, 2, 1947, Nr. 3, S. 79–81

»Schüttbauweise in Stahlschalung«, Bauen und Wohnen, 2, 1947, Nr. 10/11, S. 292–301

»Betondachsteine – ohne Dichtungshaut«, Baurundschau, 37, 1947, Nr. 7/8, S. 199–205

»Schüttbauweise in Stahlschalung. Die zunächst vorteilhafteste Bauweise für Wohnungsneubauten«, Baurundschau, 37, 1947, Nr. 11/12, S. 304–311

1948

Die neue Rheinbrücke Köln-Deutz, Köln 1948

»Über den Stand der Wohnbauweisen«, VDI-Zeitschrift, 90, 1948, Nr. 5, S. 129–134, Nr. 6, S. 175–178, Nr. 7, S. 215–218

»Paul Bonatz zum 70. Geburtstag«, Baurundschau, 38, 1948, Nr. 7/8, S. 49–57

»Betonbrücken ohne Lehrgerüst« (mit Hermann Maier), Baurundschau, 38, 1948, Nr. 7/8, S. 169–182

»Zur Normung der Hochbaudecken aus Betonfertigteilen«, Bauen und Wohnen, 3, 1948, Nr. 8/9, S. 213–219

1949

Die Trägerrostberechnung. Genaue und vereinfachte Methoden mit zahlreichen Hilfstafeln, Formeln und Beispielen (mit Wolfhart Andrä), Stuttgart 1949

»Die Schüttbauweise in Stahlgitterschalung«, Neue Baumethoden I, Aufbausonderhefte 8, Stuttgart 1949, S. 39–64

»Über den Stand der Wohnbauweisen«, Der Bauhelfer, 4, 1949, Nr. 9, S. 235–241

»Kostensenkung im Wohnungsbau durch Schüttbauweise in Gitterschalung«, Die Bauzeitung, 41, 1949, Nr. 3, S. 105–113

»Die neue Rheinbrücke in Düsseldorf«, Die Bauzeitung, 41, 1949, Nr. 3, S. 141–143

»Die aussichtsreichen neuen Wohnbauweisen«, Die Bauzeitung, 41, 1949, Nr. 8, S. 429–339

»Einwandfreie Schüttbauweise – Ein ernstes Wort«, Die Bauzeitung, 41, 1949, Nr. 11, S. 667

»Die neue MBB-Leichtträgermassivdecke nach Bölkow«, Die Bauzeitung, 41, 1949, Nr. 12, S. 701–702

»Die neue Straßenbrücke über den Rhein von Köln nach Deutz«, Die Bautechnik, 26, 1949, Nr. 7, S. 193–199, Nr. 9, S. 269–275, Nr. 10, S. 306–315, Nr. 11, S. 331–338

»Dreigelenkbogen für verschiebliche Widerlager. Moselbrücke Trittenheim«, Bauingenieur, 24, 1949, Nr. 10, S. 289–291

»Die neue Köln-Deutzer Straßenbrücke über den Rhein«, VDI-Zeitschrift, 91, 1949, Nr. 20, S. 509–515

»Erfahrungen und Fortschritte mit der Schüttbauweise«, Die Bauwirtschaft, 3, 1949, Nr. 11, S. 252–255

»DIN-Hohlsteindecke mit Betonfertigbalken«, Neue Bauwelt, 4, 1949, Nr. 38, S. 595–596

»Sorgfalt bei der Schüttbauweise«, Neue Bauwelt, 4, 1949, Nr. 45, S. 709

»Hängebrücke Wehlen« (Festschrift, hrsg. von der Gemeinde Wehlen), Wehlen 1949, S. 12–14

1950

Die vereinfachte Trägerrostberechnung (mit Wolfhart Andrä), Stuttgart 1950

»Neue Fugenabdeckung und Geländerbefestigung für Brücken«, Die Bautechnik, 27, 1950, Nr. 3, S. 69–70

»Die Autobahnbrücke über den Rhein bei Köln-Rodenkirchen«, Die Bautechnik, 27, 1950, Nr. 7, S. 225–232, Nr. 8, S. 246–253, Nr. 9, S. 289–295, Nr. 11, S. 351–359

»Brücken aus Spannbeton, wirtschaftlich und einfach. Das Verfahren Baur-Leonhardt. Begründung, Anwendung, Erfahrungen« (mit Willi Baur), Beton- und Stahlbetonbau, 45, 1950, Nr. 8, S. 182–188, Nr. 9, S. 207–215.

»Gedanken zur baulichen Durchbildung von Durchlaufträgern in Verbund-Bauweise«, Bauingenieur, 25, 1950, Nr. 8, S. 284–286

»Die neue Moselbrücke Wehlen«, Bauingenieur, 25, 1950, Nr. 11, S. 421–426, Nr. 12, S. 440–445

»Rationalisierung im Bauwesen«, Der Bau, 3, 1950, Nr. 4, S. 82–85

»Porenbeton – Plattenbauweisen. Auszug aus einem im Oktober vorigen Jahres in Hamburg gehaltenen Vortrag«, Baurundschau, 40, 1950, Nr. 17/18, S. 374–376

1951

Brücken (mit Paul Bonatz), Königstein/Taunus 1951

»Die Autobahnbrücke über den Rhein bei Köln-Rodenkirchen«, Die Bautechnik, 28, 1951, Nr. 8, S. 169–177 (mit Max Schneider), Nr. 10, S. 237–245 (mit Alexis Rudakow, Rudolf Barbré, Louis Wintergerst), Nr. 11, S. 283–291 (mit Hermann Meier), Nr. 12. S. 310–314 (mit Hermann Meier)

»Brücken aus Spannbeton, wirtschaftlich und einfach. Das Verfahren Baur-Leonhardt. Begründung, Anwendung, Erfahrungen« (mit Willi Baur), Beton- und Stahlbetonbau, 46, 1951, Nr. 4, S. 90–92

»Zuschriften zum Aufsatz: Brücken aus Spannbeton, wirtschaftlich und einfach. Erwiderung auf die 1. Zuschrift von Dr.-Ing. E. h., Dr.-Ing. Ulrich Finsterwalder« (mit Willi Baur), Beton- und Stahlbetonbau, 46, 1951, Nr. 5, S. 114–116

»Brücken aus Spannbeton, wirtschaftlich und einfach. Das Verfahren Baur-Leonhardt. Begründung, Anwendung, Erfahrungen. Erwiderung zur Zuschrift von Prof. Dr.-Ing. Dischinger« (mit Willi Baur), Beton- und Stahlbetonbau, 46, 1951, Nr. 6, S. 131–135

»Bericht über amerikanische Versuche an schiefen Platten für Straßenbrücken«, Beton- und Stahlbetonbau, 46, 1951, Nr. 6, S. 138–142

»Vorschlag zur Neuordnung der zulässigen Stahlspannungen für Stahlbeton«, Beton- und Stahlbetonbau, 46, 1951, Nr. 10, S. 222–228

»Neckarkanalbrücke Obere Badstraße, Heilbronn« (mit Willy Stöhr, Hans Gass), Beton- und Stahlbetonbau, 46, 1951, Nr. 12, S. 265–270

»Versuche über Kabelschellen anläßlich des Baues der Autobahnbrücke über den Rhein bei Köln-Rodenkirchen 1938« (mit Hermann Maier), Bauingenieur, 26, 1951, Nr. 2, S. 44–47, Nr. 3, S. 72–74, Nr. 5, S. 132–138, Nr. 7, S. 201–205

»Abhängigkeiten an erdverankerten Hängebrücken als Hilfsmittel für deren Bemessung« (mit Louis Wintergerst, Adolf Hoyden), Bauingenieur, 26, 1951, Nr. 8, S. 230–234

»Grosse Brücken der Welt«, Westermanns Monatshefte, 1951/1952, Nr. 8, S. 15–19

»Neckarkanalbrücke Heilbronn im Zuge der Oberen Badstraße«, Bautechnische Mitteilungen, 18, 1951, Nr. 1, S. 1–14

»Ebene Straßen«, VDI-Zeitschrift, 93, 1951, Nr. 26, S. 835

»Die Hängebrücke über die Mosel bei Wehlen«, VDI-Zeitschrift, 93, 1951, Nr. 21, S. 665–668

»Montage der Stahlkonstruktion der Rheinbrücke Köln-Rodenkirchen«, Der Stahlbau, 20, 1951, Nr. 7, S. 81–84

1952

Die Autobahnbrücke über den Rhein bei Köln-Rodenkirchen, Berlin 1952

»Vorgespannte Betondecken«, Straße und Autobahn, 3, 1952, Nr. 3, S. 97–99

»Was behindert die Einführung rationeller Bauweisen?«, Die Bauzeitung, 44, 1952, Nr. 2, S. 53–54, Nr. 3, S. 85–88

»Neuzeitliches Bauen mit Stahl insbesondere im Industriebau«, Die Bauzeitung, 44, 1952, Nr. 8, S. 281–284

»Reibung von Vorspanngliedern für Spannbeton« (mit Eduard Mönnig), Beton- und Stahlbetonbau, 47, 1952, Nr. 2, S. 42–45

»Frottement des Armatures dans le Béton Précontraint«, La Technique Moderne – Construction, 7, 1952, Nr. 12, S. 378–381

»Architekt und Ingenieur«, Der Architekt, 1, 1952, Nr. 11, S. 214–219

1953

»Neuzeitliches Bauen mit Stahl insbesondere im Industriebau«, VDI-Zeitschrift, 95, 1953, Nr. 2, S. 39–42

»Kontinuierliche Balken aus Spannbeton. Eigenarten und Vorteile durchlaufender konzentrierter Spannkabel«, Die Bautechnik, 31, 1953, Nr. 4, S. 89–96

»Verschiedene Spannbetonbrücken in Süddeutschland. Nach einem Vortrag auf der Betonvereinstagung in Stuttgart am 15. April 1953«, Bauingenieur, 28, 1953, Nr. 9, S. 316–323

»Prestressed Bridge with a Continuous Girder«, Constructional Engineering, 1953, Nr. 8, S. 281–282

»Ein 15-geschossiges Hochhaus in Schüttbauart«, Der Bau und die Bauindustrie, 6, 1953, Nr. 7, S. 127–129

»›Leoba‹-Spannglieder und ihre Anwendung im Brücken- und Hochbau«, Beton- und Stahlbetonbau, 48, 1953, Nr. 2, S. 25–33

»Vorgespannter Skelettbau für die Württembergische Cattunmanufaktur in Heidenheim an der Brenz«, Bautechnische Mitteilungen der Bauunternehmung Heinrich Butzer (Sonderdruck), 20, 1953, Nr. 1, o. S

»Architekt und Ingenieur«, Die Bauzeitung, 45, 1953, Nr. 3/7, S. 239–262

1954

»Die Rosensteinbrücke über den Neckar in Stuttgart. Ein 68 m weit gespannter Rahmen aus Stahlbeton« (mit Reinhard Bauer), Beton- und Stahlbetonbau, 49, 1954, Nr. 3, S. 49–57

»Sechzehngeschossiges Hochhaus in Schüttbeton für das Studentenwerk an der Technischen Hochschule Stuttgart« (mit Karl Deininger), VDI-Zeitschrift, 96, 1954, Nr. 24, S. 814–816

1955

Spannbeton für die Praxis, Berlin 1955

»Donaubrücke Möhringen« (mit Arthur Lämmlein), Beton- und Stahlbetonbau, 50, 1955, Nr. 8, S. 203–210

»Der neuartige Fernsehturm in Stuttgart«, Die Bauzeitung, 60, 1955, Nr. 5, S. 213–216

1956

Vorspannung mit konzentrierten Spanngliedern (mit Willi Baur), Berlin 1956

»Über Spannbetonbrücken, vorzugsweise mit konzentrierten Spanngliedern«, Zement und Beton, 55, 1956, Nr. 5, S. 2–13

»Brückenbau«, VDI-Zeitschrift, 98, 1956, Nr. 17, S. 944–952

»Das Für und Wider der n-freien Bemessung« (mit Hermann Bay, Wolfgang Gaede, Karl Deininger), Beton- und Stahlbetonbau, 51, 1956, Nr. 4, S. 91–92

»Der Stuttgarter Fernsehturm«, Beton- und Stahlbetonbau, 51, 1956, Nr. 4, S. 73–85, Nr. 5, S. 104–111

»Der ›Hermes-Turm‹ auf dem Messegelände in Hannover« (mit Reinhard Bauer, Werner Gabriel), Beton- und Stahlbetonbau, 51, 1956, Nr. 6, S. 121–127

»La torre televisiva di Stoccarda«, Il Cemento, 26, 1956, Nr. 7, S. 12–15

»Gestaltung und technische Erkenntnisse. Beitrag zu einer Kurztagung Tragwerk und Form im Betonbau«, Die Bauzeitung, 48, 1956, Nr. 5, S. 199

1957

»Über neuere deutsche Spannbetonbrücken mit konzentrierten Spanngliedern«, Beton, 69, 1957, Nr. 20, S. 45–54

»Fächerverankerung großer Spannkabel«, Beton, 69, 1957, Nr. 28, S. 55–63

»Neuzeitliche Spannbetonbrücken, insbesondere mit konzentrierten Spanngliedern«, Bauplanung – Bautechnik, 11, 1957, Nr. 7, S. 308–314

»Entwurf eines Leichtbeton-Hängedaches und technische Überlegungen« (mit Wolfhart Andrä), Bauingenieur, 32, 1957, Nr. 9, S. 349–353

»Zur Neubearbeitung der Vorläufigen Richtlinien für das Einpressen von Zementmörtel in Spannkanäle«, Beton- und Stahlbetonbau, 52, 1957, Nr. 12, S. 3–6

»Spannbeton – eine Übersicht über die neuere Entwicklung«, Bauwelt, 48, 1957, Nr. 10, S. 217–218

1958

Brücken aus Stahlbeton und Spannbeton – Entwurf und Konstruktion, hrsg. von Emil Mörsch, 6. neubearb. Auflage, von Herrmann Bay, Karl Deininger, Fritz Leonhardt, Stuttgart 1958

»Vereinfachtes Verfahren zur Messung von Momenteneinflußflächen bei Platten« (mit Wolfhart Andrä, R. Krieger), Bauingenieur, 33, 1958, Nr. 11, S. 407–414

»Fächerverankerung großer Vorspannkabel. 1. Teil Versuche, 2. Teil Auswertung, Bemessung und Beispiele« (mit Wolfhart Andrä), Beton- und Stahlbetonbau, 53, 1958, Nr. 5, S. 121–130, Nr. 9, S. 241–247

»Brückenbau – Jahresübersicht«, VDI-Zeitschrift, 100, 1958, Nr. 18, S. 784–787

1959

»Anfängliche und nachträgliche Durchbiegungen von Stahlbetonbalken im Zustand II. Vorschläge für Begrenzungen und vereinfachte Nachweise«, Beton- und Stahlbetonbau, 54, 1959, Nr. 10, S. 240–247

1960

»Zur Frage der sicheren Bemessung von Zement-Silos« (mit Kuno Boll, Erich Speidel), Beton- und Stahlbetonbau, 55, 1960, Nr. 3, S. 49–58

»Bauen in Rußland. Bericht über eine Studienreise« (mit Wolfgang Zerna), Beton- und Stahlbetonbau, 55, 1960, Nr. 4, S. 81–88

»Stützungsprobleme der Hochstraßenbrücken« (mit Wolfhart Andrä), Beton- und Stahlbetonbau, 55, 1960, Nr. 6, 121–132

»Einfluss des Lagerabstandes auf Biegemomente und Auflagerkräfte schiefwinkliger Einfeldplatten« (mit Wolfhart Andrä), Beton- und Stahlbetonbau, 55, 1960, Nr. 7, S. 151–162

»Über die Zusammenarbeit zwischen Ingenieur und Architekt beim Brückenbau«, Baumeister, 57, 1960, Nr. 6, S. 366–368

»Brückenbau – Jahresübersicht«, VDI-Zeitschrift, 102, 1960, Nr. 18, S. 735–742

1961

»A Simple Method to Draw Influence Lines for Slabs« (mit Wolfhart Andrä), RILEM-Bulletin, 1961, Nr. 6, S. 25–29

»Der Fernmeldeturm in Hannover« (mit G. Greiner), Bauingenieur, 36, 1961, Nr. 11, S. 410–416

»Die Kniebrücke« (mit Louis Wintergerst, Wolfhart Andrä), Brücken für Düsseldorf 1961–1962, hrsg. von der Landeshauptstadt Düsseldorf, Düsseldorf 1961, S. 68–76

»Öl- und Treibstoffbehälter aus Beton«, Beton- und Stahlbetonbau, 56, 1961, Nr. 2, S. 25–32

»Über die Brauchbarkeit von Bleigelenken. Versuchsergebnisse und Erfahrungen – Vorschlag einer neuen Bestimmung« (mit Louis Wintergerst), Beton- und Stahlbetonbau, 56, 1961, Nr. 5, S. 123–131

»Die Mindestbewehrung im Stahlbetonbau«, Beton- und Stahlbetonbau, 56, 1961, Nr. 9, S. 218–223

»Beiträge zur Behandlung der Schubprobleme im Stahlbetonbau. Stuttgarter Schubversuche 1961« (mit René Walther), Beton- und Stahlbetonbau, 56, 1961, Nr. 12, S. 277–290

»Industriebau«, VDI-Zeitschrift, 103, 1961, Nr. 18, S. 811–815

1962

Spannbeton für die Praxis, 2. Auflage, Berlin 1962

Schubversuche an einfeldrigen Stahlbetonbalken mit und ohne Schubbewehrung (mit René Walther), Deutscher Ausschuss für Stahlbeton, Nr. 151, Berlin 1962

Versuche an Plattenbalken mit hoher Schubbeanspruchung (mit René Walther), Deutscher Ausschuss für Stahlbeton, Nr. 152, Berlin 1962

»Beiträge zur Behandlung der Schubprobleme im Stahlbetonbau. Stuttgarter Schubversuche 1961« (mit René Walther), Beton- und Stahlbetonbau, 57, 1962, Nr. 2, S. 32–44, Nr. 3, S. 54–64, Nr. 6, S. 141–149, Nr. 7, S. 161–173, Nr. 8, S. 184-190

»Influence of the Spacing of the Bearings on Bending Moments and Reactions in Single-Span Skew Slabs«, Cement and Concrete Association, 12, 1962, Nr. 99, S. 1–20

»Vom Bau des Elektronen-Synchrotrons (Desy) in Hamburg«, VDI-Zeitschrift, 104, 1962, Nr. 3, S. 100–103

»Neue Verfahren zur Herstellung weitgespannter, mehrfeldriger Balkenbrücken aus Spannbeton« (mit Willi Baur), Beton- und Stahlbetonbau, 57, 1962, Nr. 5, S. 111–117

»Neue Entwicklungen für Lager von Bauwerken, Gummi- und Gummitopflager« (mit Wolfhart Andrä), Die Bautechnik, 39, 1962, Nr. 2, S. 37–50

»Fußgängersteg über die Schillerstraße in Stuttgart« (mit Wolfhart Andrä), Die Bautechnik, 39, 1962, Nr. 4, S. 110–116

»Versuche und Erfahrungen mit neuen Kipp- und Gleitlagern« (mit Wolfhart Andrä, Erwin Beyer, Louis Wintergerst), Bauingenieur, 37, 1962, Nr. 5, S. 174–179

»Brückenbau – Jahresübersicht«, VDI-Zeitschrift, 104, 1962, Nr. 16, S. 749

1963

Schubversuche an Plattenbalken mit unterschiedlicher Schubbewehrung (mit René Walther), Deutscher Ausschuss für Stahlbeton, Nr. 156, Berlin 1963

»Beiträge zur Behandlung der Schubprobleme im Stahlbetonbau. Versuche über den Einfluss des Schubdeckungsgrades und der Art der Schubbewehrung bei Plattenbalken« (mit René Walther), Beton- und Stahlbetonbau, 58, 1963, Nr. 8, S. 184–190, Nr. 9, S. 216–224

»Die Guaiba-Brücken bei Porto Alegre, Brasilien« (mit Wolfhart Andrä), Beton- und Stahlbetonbau, 58, 1963, Nr. 12, S. 273–279

»Load-Balancing Method for Design and Analysis of Prestressed Concrete Structures, Discussion of a Paper by. T. Y. Lin«, ACI Journal, 60, 1963, Nr. 6, S. 1859

»Die Bedeutung von Forschungsergebnissen für die Praxis des Betonbaus«, Die Bauwirtschaft, 17, 1963, Nr. 51/52, S. 1634–1639

»Bericht über die Internationale Konferenz über Windwirkungen auf Bauwerke vom 26. bis 28. Juni in London«, Bauingenieur, 38, 1963, Nr. 9, S. 368–370

»Die Agerbrücke. Eine aus Groß-Fertigteilen zusammengesetzte Spannbetonbrücke« (mit Willi Baur), Die Bautechnik, 40, 1963, Nr. 7, S. 241–245

»Moderne Stahl- und Betonbrücken«, Bericht über die Hauptversammlung 1963 der Forschungsgesellschaft für das Straßenwesen am 6. Dezember 1963 in Wien, hrsg. von der Forschungsgesellschaft für das Straßenwesen im Österreichischen Ingenieur- und Architekten-Verein, Wien 1963, S. 15–54

»Grandes puentes presforzados en europa«, Revista Instituto Mexicano del Cemento y del Concreto, 1, 1963, Nr. 5, S. 29–50

»Industriebau«, VDI-Zeitschrift, 105, 1963, Nr. 16, S. 682–688

1964

Prestressed Concrete. Design and Construction, Berlin 1964

Schubversuche an Durchlaufträgern, Deutscher Ausschuss für Stahlbeton, Nr. 163, Berlin 1964

»Messungen der zeitabhängigen Verformungen von hochbelasteten Wänden aus Bims-Hohlblocksteinen« (mit Eduard Mönnig), Beton- und Stahlbetonbau, 59, 1964, Nr. 2, S. 46–49

»Beiträge zur Behandlung der Schubprobleme im Stahlbetonbau. Schubversuche an Platten mit geschweißten Bewehrungsmatten« (mit René Walther), Beton- und Stahlbetonbau, 59, 1964, Nr. 4, S. 80–86, Nr. 5, S. 105–111

»Ergebnisse von Torsionsversuchen an vorgespannten Hohlkastenträgern« (mit René Walther), Beton- und Stahlbetonbau, 59, 1964, Nr. 10, S. 238–239

»Die Bedeutung von Maßordnung und Toleranzen für die Rationalisierung des Ausbaus«, Die Bauwirtschaft, 18, 1964, Nr. 11, S. 249

»Influence of Ties on the Behavior of Reinforced Concrete Columns. Discussion of the Paper by J. F. Pfister«, ACI Journal, 61, 1964, Nr. 5, S. 1637

»Stresses in End Blocks of a Post-tensioned Prestressed Beam. Discussion of the Paper by Ti Huang«, ACI Journal, 61, 1964, Nr. 7, S. 1645

»Brückenbau – Jahresübersicht«, VDI-Zeitschrift, 106, 1964, Nr. 17, S. 769–774

1965

Betongelenke – Versuchsbericht. Vorschläge zur Bemessung und konstruktiven Ausbildung (mit Horst Reimann), Deutscher Ausschuss für Stahlbeton, Nr. 175, Berlin 1965

»Beiträge zur Behandlung der Schubprobleme im Stahlbetonbau. Schubversuche an Durchlaufträgern« (mit Walter Dilger, René Walther), Beton- und Stahlbetonbau, 60, 1965, Nr. 1, S. 5–15, Nr. 2, S. 35–42, Nr. 4, S. 92–104, Nr. 5, S. 108–123

»Temperaturunterschiede gefährden Spannbetonbrücke« (mit Jörg Peter, Georg Kolbe), Beton- und Stahlbetonbau, 60, 1965, Nr. 7, S. 157–163

»Über die Kunst des Bewehrens von Stahlbetontragwerken«, Beton- und Stahlbetonbau, 60, 1965, Nr. 8, S. 181–192, Nr. 9, S. 212–220

»Die verminderte Schubdeckung bei Stahlbeton-Tragwerken. Begründung durch Versuchsergebnisse mit Hilfe einer erweiterten Fachwerkanalogie«, Bauingenieur, 40, 1965, Nr. 1, S. 1–15

»Long Span Prestressed Concrete Bridges in Europe«, Journal of the Prestressed Concrete Institute, 10, 1965, Nr. 1, S. 62-75

»Moderne Stahl- und Betonbrücken«, Schweizerische Bauzeitung, 83, 1965, Nr. 20, S. 235–332, Nr. 24, S. 421–427

»Reducing the Shear Reinforcement in Reinforced Concrete Beams and Slabs«, Magazine of Concrete Research, 17, 1965, Nr. 53, S. 187–198

»Geschweißte Bewehrungsmatten als Bügelbewehrung. Schubversuche an Plattenbalken und Verankerungsversuche« (mit René Walther), Die Bautechnik, 42, 1965, Nr. 10, S. 329–341

»Industriebau«, VDI-Zeitschrift, 107, 1965, Nr. 17, S. 761–766

1966

Wandartige Träger (mit René Walther), Deutscher Ausschuss für Stahlbeton, Nr. 178, Berlin 1966

»Betongelenke« (mit Horst Reimann), Bauingenieur, 41, 1966, Nr. 2, S. 49–56

»Brücke über den Rio Caroni, Venezuela« (mit Willi Baur, Wolfgang Trah), Beton- und Stahlbetonbau, 61, 1966, Nr. 2, S. 25–38

»Temperaturspannungen in hohen Stahlbetonbauten«, Bauingenieur, 41, 1966, Nr. 6, S. 260–261.

»Large-Span Shells« (mit Jörg Schlaich), IASS Proceedings, 2, 1966, S. 369–376

»Brückenbau«, VDI-Zeitschrift, 108, 1966, Nr. 17, S. 764–769

1967

Hormigon pretensado. Proyecto y Construccion, Madrid 1967

»Zum Stand der Kunst, Stahlbetontürme zu bauen«, Beton, 17, 1967, Nr. 3, S. 73–86

»The Present Position of Reinforced Concrete Tower Design«, IASS Bulletin, 8, 1967, Nr. 29, S. 15–34

»Zur statischen Berechnung« (mit Harald Egger, K. Manniche), Expo '67 Montréal – Deutscher Pavillon, hrsg. vom Bundesschatzministerium, Düsseldorf, 1967, S. 20–22

»Flache Kegelschalen für Antennenplattformen auf Sendetürmen« (mit Jörg Schlaich), Beton- und Stahlbetonbau, 62, 1967, Nr. 6, S. 129–133

»Anregungen zur Bildungspolitik. Vortrag zur Rektoratsübergabe am 5. Mai 1967 an der Technischen Hochschule Stuttgart«, Beton- und Stahlbetonbau, 62, 1967, Nr. 8, S. 177–183

»Beitrag zur Berechnung von Wänden des Großtafelbaues« (mit Erich Cziesielski), Die Bautechnik, 44, 1967, Nr. 9, S. 2–4

1968

Studentenunruhen. Ursachen – Reformen. Ein Plädoyer für die Jugend, Stuttgart 1968

Torsions- und Schubversuche an vorgespannten Hohlkastenträgern (mit René Walther, Otto Vogler), Deutscher Ausschuss für Stahlbeton, Nr. 202, Berlin 1968

»Où en est l'Art de Construire des Tours en Béton armé«, Construction, 23, 1968, Nr. 7/8, S. 301–312, Nr. 11, S. 415–418

»Estimulo para una politica de la education«, Boletin Colegio de Ingenieros de Venezuela, 7, 1968, Nr. 97, S. 50–58

»Aesthetics of Bridge Design«, Journal of the Prestressed Concrete Institute, 13, 1968, Nr. 1, S. 2–19

»Schubversuche an einfeldrigen und zweifeldrigen Stahlbetonbalken mit indirekter Lagerung« (mit René Walther), Beton- und Stahlbetonbau, 63, 1968, Nr. 4, S. 83–89

»Versuche zur Momentenumlagerung an durchlaufenden Platten« (mit René Walther, Walter Dilger), Beton- und Stahlbetonbau, 63, 1968, Nr. 5, S. 110–114

»Der Hamburger Fernmeldeturm. Entwurf und Berechnung des Tragwerkes« (mit Jörg Schlaich), Beton- und Stahlbetonbau, 63, 1968, Nr. 9, S. 193–203

»Der deutsche Pavillon auf der Expo '67 Montreal – eine vorgespannte Seilnetzkonstruktion« (mit Harald Egger, E. Haug), Der Stahlbau, 37, 1968, Nr. 4, S. 97–106, Nr. 5, S. 138–145

»Probleme der Hochschul- und Studienreform«, VDI-Zeitschrift, 110, 1968, Nr. 33, S. 1476–1480, DAI-Zeitschrift, 6, 1968, Nr. 11, S. 20–23

»Die Weiterentwicklung des Verfahrens der Caroni-Brücke, Revue C. Tijdschrift, 4, 1968, Nr. 11, S. 343–352

»Zur Entwicklung aerodynamisch stabiler Hängebrücken«, Die Bautechnik, 45, 1968, Nr. 10, S. 325–336, Nr. 11, S. 372–380

»Massivbau, Leichtbau und Zerferei. Leonhardts Entgegnung auf den Artikel ›Olympiatauziehen‹ im letzten Heft«, Baumeister, 65, 1968, Nr. 2, S. 104–105

1969

»Wasserturm ohne Wärmedämmung. Abminderung von Zwängkräften und Rissebeschränkung« (mit Hansjörg Frühauf, Dieter Netzel), Beton- und Stahlbetonbau, 64, 1969, Nr. 6, S. 129–136

»Möglichkeiten der Entwicklung im Bauwesen«, VDI-Zeitschrift, 111, 1969, Nr. 9, S. 588–590

»Entwurfsbearbeitung und Versuche« (mit Wolfhart Andrä, Louis Wintergerst), in: Friedrich Tamms, Erwin Beyer, Kniebrücke Düsseldorf. Ein neuer Weg über den Rhein, Düsseldorf 1969

»Sources of Cracks in Concrete Structures due to Temperature Gradients and Means for their Prevention« (mit Walter Lippoth), Concrete Constuction, 14, 1969, Nr. 9, S. 347

»Brückenbau – Jahresübersicht «, VDI-Zeitschrift, 111, 1969, Nr. 15, S. 1055–1061

1970

»I ponti strallati di grande luce« (mit Wilhelm Zellner), Construzioni, 19, 1970, Nr. 179, S. 1617–1632

»Shear and Torsion in Prestressed Concrete – Schub und Torsion im Spannbeton«, European Engineering – Europäischer Ingenieurbau, 1, 1970, Nr. 4, S. 157–181

»Diagonal Tension Cracking in Concrete Beams with axial Forces« (mit Ganpat Pandit), Journal of the Structural Division, Proceedings of the American Society of Civil Engineers, 96, 1970, Nr. 6, S. 1243–1246

»Modern Design of Television Towers«, Proceedings Institution of Civil Engineers, 46, 1970, Nr. 7, S. 265–291

»I. Poutres – Cloisons. Structures planes chargées parallèlement à leur Plan moyen, II. Recommandations Internationales du Comité Européen du Béton« (mit Maurice Albiges), Annales de l'Institut Technique du Bâtiment et des Travaux Publics, 23, 1970, Nr. 265, S. 115–172

»Der Preßmuffenstoß für gerippte Bewehrungsstäbe« (mit Werner Fastenau, Volker Hahn), Beton- und Stahlbetonbau, 65, 1970, Nr. 7, S. 168–171

»Das Hyperschalen-Dach des Hallenbades Hamburg-Sechslingspforte. Teil I: Entwurf und Tragverhalten« (mit Jörg Schlaich), Beton- und Stahlbetonbau, 65, 1970, Nr. 9, S. 207–214

»Folgerungen aus Schäden an Spannbetonbrücken« (mit Walter Lippoth), Beton- und Stahlbetonbau, 65, 1970, Nr. 10, S. 231–244

»Technik ist Bildung. Plädoyer für bessere naturwissenschaftlich-technische Bildung und Ausbildung«, VDI-Nachrichten, 49, 1970, Nr. 49, S. 9

1971

»Erfahrungen mit dem Taktschiebeverfahren im Brücken- und Hochbau« (mit Willi Baur), Beton- und Stahlbetonbau, 66, 1971, Nr. 7, S. 161–167

»Professor Dr.-Ing. E. h., Dr.-Ing. Karl Schaechterle †«, Beton- und Stahlbetonbau, 66, 1971, Nr. 9, S. 232

»Aufhängebewehrung bei indirekter Lasteintragung von Spannbetonträgern. Versuchsbericht und Empfehlungen« (mit Rainer Koch, Ferdinánd S. Rostásy), Beton- und Stahlbetonbau, 66, 1971, Nr. 10, S. 233–241

»Torsionsfestigkeit und -steifigkeit von unbewehrten, schlaff bewehrten und vorgespannten Betonstäben nach Versuchen« (mit Manfred Miehlbradt, Max Herzog), Beton- und Stahlbetonbau, 66, 1971, Nr. 10, S. 244

»Verpflichtung zum Schönen als dringende Bauaufgabe«, DAI-Zeitschrift, 9, 1971, Nr. 7/8, S. 149–152

»Stand und Aufgaben der Bauforschung in der Bundesrepublik, Rückblick und Vorausschau«, Berichte aus der Bauforschung, 58, 1971, Nr. 93, S. 15–20

»Sur la Crise de la Société actuelle à la Lumière des Troubles étudiants et de la Formation de l'Ingénieur«, Revue Universelle des Mines, de la Métallurgie, de la Mécanique, des Travaux publics, des Sciences et des Arts appliqués à l'Industrie, 114, 1971, Nr. 1, S. 3–10

»Bauforschung und ihre Verwertung«, Vortrag zur Eröffnung der Deutschen Bauaustellung ›Deubau '71‹ in Essen, Das Bauzentrum, 19, 1971, Nr. 2, S. 38–41

»Sources of Cracks in Concrete Structures due to Temperature Gradients and Means for their Prevention«, Concrete Construction, 16, 1971, Nr. 8, S. 335–336

»La superiorità del ponte strallato per l'attraversamento dello Stretto di Messina« (mit Fabrizio de Miranda), Costruzioni (Milano), 20, 1971, Nr. 186, o. S.

»Brückenbau«, VDI-Zeitschrift, 113, 1971, Nr. 9, S. 1–12

1972

Druck-Stöße von Bewehrungsstäben und Stahlbetonstützen mit hochfestem Stahl St 90 (mit Karl-Theodor Teichen), Deutscher Ausschuss für Stahlbeton, Nr. 222, Berlin 1972

»A Design Procedure for Continuously Reinforced Concrete Pavements for Highways« (Discussion), ACI Journal, 69, 1972, Nr. 12, S. 782–783

»Ensayos a torsión y a esfuerzo cortante de vigas cajón pretensadas« (mit René Walther), Revista Hormigón y Acero, Instituto Eduardo Torroja De La Construccion Y Del Cemento, Costillares, Chamartin, 1, 1972, Nr. 102, S. 45–56

»Nuevas tendencias en el cálculo y proyecto de puentes de grandes luces y de viaductos Vialidad«, Revista de la Direccion de Vialidad, 16, 1972, Nr. 60, S. 1–39

»Seilkonstruktionen und seilverspannte Konstruktionen«, Tagungsbericht 9. IVBH-Kongress in Amsterdam vom 8. – 13. Mai 1972, Zürich 1972, S. 103–125

»Vergleiche zwischen Hängebrücken und Schrägkabelbrücken für Spannweiten über 600 m« (mit Wilhelm Zellner), Tagungsbericht 9. IVBH-Kongress in Amsterdam vom 8. – 13. Mai 1972, Zürich 1972, S. 127–165

»Hohe, schlanke Bauwerke«, Tagungsbericht 9. IVBH-Kongress in Amsterdam vom 8. – 13. Mai 1972, Zürich 1972, S. 213–242

»Große Brücken«, Bild der Wissenschaft, 9, 1972, Nr. 7, S. 692–701

»Torsionsfestigkeit und -steifigkeit von unbewehrten, schlaff bewehrten und vorgespannten Betonstäben nach Versuchen« (mit Manfred Miehlbradt, Max Herzog), Beton- und Stahlbetonbau, 67, 1972, Nr. 5, S. 119–120

»Das Olympia-Dach. Tragverhalten und konstruktive Durchbildung« (mit Jörg Schlaich), Plasticonstruction, 2, 1972, Nr. 4, S. 172–179

»Structural Design of Roofs over the Sports Arenas for the 1972 Olympic Games: some Problems of Prestressed Cable Net Structures« (mit Jörg Schlaich), The Structural Engineer, 50, 1972, Nr. 3, S. 113–119, Nr. 9, S. 375–377

»Cable-suspended Roof for Munich Olympics« (mit Jörg Schlaich), Civil Engineering – ASCE, 42, 1972, Nr. 7, S. 41–44

»Improving the Seismic Safety of Prestressed Concrete Bridges«, Journal of the Prestressed Concrete Institute, 17, 1972, Nr. 6, S. 2–9

»Zur Lage: Veränderungen wollen schwer erkämpft sein. Die technische Intelligenz muss politisch aktiver werden«, Beratende Ingenieure, 2, 1972, Nr. 6, S. 2–3

»Vorgespannte Seilnetzkonstruktionen – Das Olympiadach in München« (mit Jörg Schlaich), Der Stahlbau, 41, 1972, Nr. 9, S. 257–266, Nr. 10, S. 298–301, Nr. 12, S. 367–378

1973

Spannbeton für die Praxis, 3. Auflage, Berlin 1973

Vorlesungen über Massivbau. Teil 1: Grundlagen zur Bemessung im Stahlbetonbau (mit Eduard Mönnig), Berlin/Heidelberg/New York 1973

Vorlesungen über Massivbau. Teil 1: Grundlagen zur Bemessung im Stahlbetonbau (mit Eduard Mönnig), 2. Auflage, Berlin/Heidelberg/New York 1973

Versuche zur Ermittlung der Tragfähigkeit von Zugschlaufenstößen (mit René Walther, Hannes Dieterle), Deutscher Ausschuss für Stahlbeton, Nr. 226, Berlin 1973

Schubversuche an Spannbetonträgern (mit Ferdinánd S. Rostásy, Rainer Koch), Deutscher Ausschuss für Stahlbeton, Nr. 228, Berlin 1973

»Vorgespannte Seilnetzkonstruktionen – Das Olympiadach in München« (mit Jörg Schlaich), Der Stahlbau, 42, 1973, Nr. 2, S. 51–58, Nr. 3, S. 80–86, Nr. 4, S. 107–115, Nr. 6, S. 176–185

»Verpflichtung zum Schönen. Eine kritische Anmerkung von Prof. Dr.-Ing. Fritz Leonhardt«, Beton-Prisma, 10, 1973, Nr. 25, S. 19–20

»Zur Windwirkung auf Gebäude«, Beton- und Stahlbetonbau, 68, 1973, Nr. 1, S. 23

»Massige, große Betontragwerke ohne schlaffe Bewehrung, gesichert durch mäßige Vorspannung«, Beton- und Stahlbetonbau, 68, 1973, Nr. 5, S. 128–133

»Procédé de Construction par Cycles de Bétonnage en Coffrage fixe et Cycles de Poussage«, Annales de l'Institut Technique du Bâtiment et des Travaux Publics, 26, 1973, Nr. 301, S. 47–61

»Brücken«, Der Deutsche Baumeister, 34, 1973, Nr. 3, S. 144

» Brücken – Jahresübersicht«, VDI-Zeitschrift, 115, 1973, Nr. 9, S. 709–717

1974

Ingenieurbau – Bauingenieure gestalten die Umwelt, Darmstadt 1974

Vorlesungen über Massivbau. Teil 3: Grundlagen zum Bewehren im Stahlbetonbau (mit Eduard Mönnig), Berlin 1974

Torsionsversuche an Stahlbetonbalken (mit Günter Schelling), Deutscher Ausschuss für Stahlbeton, Nr. 239, Berlin 1974

»Entwicklung von weitgespannten Schrägkabelbrücken« (mit Wolfhart Andrä, Wilhelm Zellner), in: Erwin Beyer, K. Lange, Verkehrsbauten, Brücken, Hochstraßen, Tunnel. Entwicklungstendenzen aus Düsseldorf, hrsg. von Stadt Düsseldorf, Brücken und Tunnelbauamt, Düsseldorf 1974, S. 78–95

»Latest Developments of Cable-stayed Bridges for Long Spans«, Bygningsstatiske Meddelelser, 45, 1974, Nr. 4, S. 89–143

»Zu den Grenzen der Bauingenieurkunst«, Züblin–Rundschau, 7, 1974, Nr. 5/6, S. 4–8

»Zur konstruktiven Entwicklung der Fernmeldetürme in der Bundesrepublik Deutschland« (mit Jörg Schlaich), Jahrbuch des elektrischen Fernmeldewesens, Band 25, hrsg. von Dietrich Elias, Bad Windsheim, 1974, S. 65–105

»Stahlbeton hat eine große Zukunft«, Beratende Ingenieure, 4, 1974, Nr. 12, S. 16–20

»Geistige und politische Voraussetzungen für integriertes Bauen. Vortrag auf der Jahrestagung der VDI-Gesellschaft Bautechnik in Düsseldorf am 8. Oktober 1973«, VDI-Zeitschrift, 116, 1974, Nr. 1, S. 25–31

»Spannbeton zu neuen Ufern«, Beton- und Stahlbetonbau, 69, 1974, Nr. 10, S. 225–230

»To New Frontiers for Prestressed Concrete Design and Construction«, Journal of the Prestressed Concrete Institute, 19, 1974, Nr. 5, S. 2–17

1975

Vorlesungen über Massivbau. Teil 2: Sonderfälle der Bemessung im Stahlbetonbau (mit Eduard Mönnig), 2. Auflage, Berlin/Heidelberg/New York 1975

»Schubversuche an Spannbetonträgern« (mit Ferdinánd S. Rostásy, Rainer Koch), Bauingenieur, 50, 1975, Nr. 7, S. 249–266

»Einführung in die Studienrichtung ›Konstruktiver Ingenieurbau‹«, Aspekte, 8, 1975, Nr. 1, S. 20–23

»Zusammenarbeit von Architekt und Ingenieur«, Deutsche Bauzeitung, 80, 1975, Nr. 1, S. 8

»Brückenbau« (mit Werner Dietrich), VDI-Zeitschrift, 117, 1975, Nr. 22, S. 1085–1093

1976

Vorlesungen über Massivbau. Teil 3: Grundlagen zum Bewehren im Stahlbetonbau (mit Eduard Mönnig), 2. Auflage, Berlin 1976
Vorlesungen über Massivbau. Teil 4: Nachweis der Gebrauchsfähigkeit, Berlin 1976

Versuche zum Tragverhalten von Druckübergreifungsstössen in Stahlbetonwänden (mit Ferdinánd S. Rostásy, M. Patzak), Deutscher Ausschuss für Stahlbeton, Nr. 267, Berlin 1976, S. 85–107

Zur Mindestbewehrung für Zwang von Außenwänden aus Stahlleichtbeton. Versuche zum Tragverhalten von Druckübergreifungsstößen in Stahlbetonwänden (mit Ferdinánd S. Rostásy, Rainer Koch), Deutscher Ausschuss für Stahlbeton, Nr. 267, Berlin 1976, S. 5–83, 85–107

»Bauen – Herausforderung an Architekt und Ingenieur«, DAI-Zeitschrift, 14, 1976, Nr. 1/2, S. 14–16

»Das Bewehren von Stahlbetontragwerken«, Beton-Kalender, 65, 1976, Nr. 2, S. 701–855

»Bauen als Umweltzerstörung – Eine Herausforderung an uns alle«, Staatsanzeiger für Baden-Württemberg, 25, 1976, Nr. 67, S. 3–4

»75 Jahre ›Beton- und Stahlbetonbau‹ – Rückblick und Ausblick«, Beton- und Stahlbetonbau, 71, 1976, Nr. 1, S. 1–2

»Rissebeschränkung«, Beton- und Stahlbetonbau, 71, 1976, Nr. 1, S. 14–20

»Die Bauphysik – eine Aufgabe des Bauingenieurs«, Die Bautechnik, 53, 1976, Nr. 1, S. 1

»Looking back on 45 Years as a Structural Engineer«, The Structural Engineer, 54, 1976, Nr. 3, S. 87–89, Nr. 11, S. 451–456

»Fundationen für weitgespannte Brücken«, Tagungsbericht 10. IVBH-Kongress, Tokio, 6. – 11. September 1976, S. 187–194

1977

Vorlesungen über Massivbau. Teil 3: Grundlagen zum Bewehren im Stahlbetonbau (mit Eduard Mönnig), 3. Auflage, Berlin/Heidelberg/New York 1977

Vorlesungen über Massivbau. Teil 4: Nachweis der Gebrauchsfähigkeit, Korrigierter Nachdruck, Berlin/Heidelberg/New York 1977

Schubversuche an Balken mit veränderlicher Trägerhöhe (mit Ferdinánd S. Rostásy, Manfred Patzak, Klaus Roeder), Deutscher Ausschuss für Stahlbeton, Nr. 273, Berlin 1977

Schubversuche an Balken und Platten bei gleichseitigem Längszug (mit Ferdinánd S. Rostásy, James G. MacGregor), Deutscher Ausschuss für Stahlbeton, Nr. 275, Berlin 1977
»Umweltbewusstsein und Bauen«, VGB Kraftwerkstechnik, 57, 1977, Nr. 5, S. 355–361

»Ermittlung der Mindestbewehrung von Außenwänden von Leichtbeton« (mit Ferdinánd S. Rostásy, R. Koch), Kurzberichte aus der Bauforschung, 18, 1977, Nr. 3, S. 285–294

»Fußgängerstege zur Bundesgartenschau«, Deutsche Bauzeitung, 111, 1977, Nr. 7, S. 32–37

»Gedanken zur Überwindung der Krise des Architektenberufes« Vortrag im Rahmen des 2. Oberstdorfer Fortbildungskongresses, 30. März 1977, Deutsche Bauzeitschrift, 25, 1977, Nr. 8, S. 1059–1062

»Schub bei Stahlbeton und Spannbeton. Grundlagen der neueren Schubbemessung«, Beton- und Stahlbetonbau, 72, 1977, Nr. 11, S. 270–277, Nr. 12, S. 295–302

»Recommendations for the Degree of Prestressing in Prestressed Concrete Structures«, FIP Notes, 69, 1977, Nr. 7/8, S. 9–14

»Das Versagen der Architekten in künstlerisch-ästhetischer Hinsicht«, Deutsches Architektenblatt, 9, 1977, Nr. 8, S. 631–632

»Crack Control in Concrete Structures«, IABSE Surveys, 4, 1977, Nr. 3, S. 44–77.

»Wert der Schönheit begreifen«, DAI- Zeitschrift, 15, 1977, Nr. 11/12, S. 4–5

»Wenn der Gang der Entwicklung in eine bessere Zukunft führen soll. Gedanken zur Überwindung der Krise des Architektenberufes«, Architektur und Wohnwelt, 85, 1977, Nr. 6, S. 451–455

1978

Vorlesungen über Massivbau. Teil 4: Nachweis der Gebrauchsfähigkeit, 2. Auflage, Berlin/Heidelberg/New York 1978

»Bonatzens Mitwirkung beim Brückenbau«, Paul Bonatz. Gedenkfeier zum 100. Geburtstag, hrsg. von der Universität Stuttgart, 1978, S. 11–16

»Bauen mit Beton – heute und morgen«, Beton, 28, 1978, Nr. 9, S. 317–322

»The Columbia River Bridge at Pasco-Kennewick, Washington, USA« (mit Holger Svensson, Wilhelm Zellner), Proceedings Eighth FIP Congress, London 1978, S. 144–153

»Controllo delle fessurazione nelle strutture in calcestruzzo«, Notiziario AICAP, 5, 1978, Nr. 1, S. 9–20

1979

Vorlesungen über Massivbau. Teil 6: Grundlagen des Massivbrückenbaues, Berlin/Heidelberg/New York 1979

»Die schönheitliche Gestaltung der Brücken. The Aesthetic Appearence of Bridges. La Forme Esthétique des Ponts«, Symposiumsbericht 10. IABSE-Tagung, Zürich 1979, S. 53–63

»Pier Luigi Nervi – ein Vorbild«, Deutsche Bauzeitung, 113, 1979, Nr. 3, S. 10–11

»Rissschäden an Betonbrücken – Ursachen und Abhilfe«, Beton- und Stahlbetonbau, 74, 1979, Nr. 2, S. 36–44

»Zwei Schrägkabelbrücken für Eisenbahn- und Straßenverkehr über den Rio Paraná, Argentinien« (mit Rainer Saul, Wilhelm Zellner), Der Stahlbau, 48, 1979, Nr. 8, S. 225–236, Nr. 9, S. 272–277

»Modellversuche für die Schrägkabelbrücken Zárate–Brazo Largo über den Rio Paraná, Argentinien« (mit Rainer Saul, Wilhelm Zellner), Bauingenieur, 54, 1979, Nr. 9, S. 321–327

1980

Vorlesungen über Massivbau. Teil 5: Spannbeton, Berlin/Heidelberg/New York 1980

»Zur Ingenieurausbildung aus Erfahrung in Lehre und Praxis«, Ingenieure für die Zukunft. Engineers for Tomorrow. Referate, Diskussionen Ergebnisse und Forderungen des Zweiten Internationalen Kongresses für Ingenieurausbildung, Darmstadt, 4. – 6. Oktober 1978, hrsg. von Helmut Böhme, Darmstadt/München 1980, S. 225–258

»Mitwirkung des Betons bei Zugbeanspruchung« (mit R. Koch), Kurzberichte aus der Bauforschung, 21, 1980, Nr. 7, S. 479–483

»Die schönheitliche Gestaltung der Brücken – eine Herausforderung. Von der Notwendigkeit sich mit der Ästhetik von Bauten zu befassen«, Consulting, 12, 1980, Nr. 10, S. 18, 21–22, 25

»Die Betonpylonen und Unterbauten der Schrägkabelbrücken Zárate-Brazo Largo über den Rio Panará (Argentinien)« (mit Rainer Saul, Wilhelm Zellner), Bauingenieur, 55, 1980, Nr. 1, S. 1–10

»Cable-Stayed Bridges« (mit Wilhelm Zellner), IABSE Surveys, 2, 1980, Nr. 13, S. 21–48

»Die Spannbeton-Schrägkabelbrücke über den Columbia River zwischen Pasco und Kennewick im Staat Washington, USA« (mit Holger Svensson, Wilhelm Zellner), Beton- und Stahlbetonbau, 75, 1980, Nr. 2, S. 29–36, Nr. 3, S. 64–70, Nr. 4, S. 90–94

»Der Hüne von Frankfurt. Die Bundespost funkt von hoher Warte«, Das Neue Universum, 97, 1980, S. 65–74

1981

Der Bauingenieur und seine Aufgaben, 2., erw. Auflage des 1974 erschienenen Buches Ingenieurbau – Bauingenieure gestalten ihre Umwelt, Stuttgart 1981

Vorlesungen über Massivbau. Teil 5: Spannbeton, berichtigter Nachdruck, Berlin 1981

»From Past Achievements to New Challenges for Joints and Bearings«, ACI Special Publication, 1981, Nr. 70, S. 735–760

»Pont sur la vallée du Neckar à Weitingen, R. F. A« (mit Wolfhart Andrä), TA. Techniques et Architecture, 1981, Nr. 336, S. 48–49

»Neckartalbrücke Weitingen«, Deutsche Bauzeitung, 115, 1981, Nr. 3, S. 15–17

»Bauen in der Verantwortung vor der Gesellschaft«, Deutsche Bauzeitung, 114, 1981, Nr. 9, S. 1275–1277

1982

Brücken, Bridges. Ästhetik und Gestaltung, Stuttgart 1982

»Bauen in der Verantwortung vor der Gesellschaft« (Festvortrag), 100 Jahre VDI Karlsruhe 1882-1982. Festschrift zum 100jährigen Bestehen, hrsg. vom Karlsruher Bezirksverein im Verein Deutscher Ingenieure, Karlsbad 1982, S. 16–22

»Spannbeton. Und er bewährt sich doch«, Kosmos, 78, 1982, Nr. 4, S. 44–48

1983

»Zur Tragfähigkeit alter Brückenpfeiler mit Natursteinvormauerung«, Bauingenieur, 58, 1983, Nr. 12, S. 447–451

»Die Maintalbrücke bei Gemünden (Main) der Neubaustrecke Hannover – Würzburg« (mit Wilhelm Zellner, Peter Noack), Eisenbahntechnische Rundschau, 32, 1983, Nr. 6, S. 379–386

1984

Baumeister in einer umwälzenden Zeit. Erinnerungen, Stuttgart 1984

Vorlesungen über Massivbau. Teil 1: Grundlagen zur Bemessung im Stahlbetonbau (mit Eduard Mönnig), 3. neubearb. und erweiterte Auflage, Berlin/Heidelberg/New York/Tokio 1984

»Gestaltungsmöglichkeiten von Ingenieurholzbauten«, Bauen mit Holz, 86, 1984, Nr. 1, S. 14–18

»Zu den Grundfragen der Ästhetik bei Bauwerken«, Sitzungsberichte der Heidelberger Akademie der Wissenschaften, 2. Abhandlung, 1984, S. 29–48

»Die Maintalbrücke der Neubaustrecke Hannover – Würzburg bei Gemünden« (mit Ortwin Schwarz), Eisenbahnbau für das 21. Jahrhundert. Streckenausbau bei der DB, hrsg. von der DB-Bahnbauzentrale Frankfurt a. M., Vaduz 1984, S. 40–51

»Brücken zum anderen Ufer«, VDI- Nachrichten, 38, 1984, Nr. 10, S. 26–34

»Towards Better Education of Civil Engineers«, IABSE Proceedings, 81, 1984, Nr. 4, S. 157–172

»Die Sunshine-Skyway-Brücke in Florida USA. Entwurf einer Schrägkabelbrücke mit Verbundüberbau« (mit Reiner Saul, Holger Svensson, Hans-Peter Andrä, Hans-Jürgen Selchow), Die Bautechnik, 61, 1984, Nr. 7, S. 230–238, 305–310

1985

Torsions- und Schubversuche an vorgespannten Hohlkastenträgern (mit René Walther, Otto Vogler), Deutscher Ausschuss für Stahlbeton, Nr. 202, Berlin 1985

»Zum 50. Jahrestag der Reichsautobahnen. Eine verweigerte Richtigstellung«, Deutschland in Geschichte und Gegenwart, 33, 1985, Nr. 4, S. 20–21

»Maßnahmen zur Qualitätssicherung bei neuen Eisenbahnbrücken«, Qualitätssicherung im Brückenbau, hrsg. von der Forschungsgesellschaft für das Verkehrs- und Straßenwesen im Österreichischen Ingenieur- und Architekten-Verein, Wien 1985, S. 41–61

»Zur Behandlung von Rissen im Beton in den deutschen Vorschriften«, Beton- und Stahlbetonbau, 80, 1985, Nr. 7, S. 179–184, Nr. 8, S. 209–215

»Mainbrücke Gemünden – Eisenbahnbrücke aus Spannbeton mit 135 m Spannweite«, Baukultur, 5, 1985, Nr. 6, S. 2–5, 14

1986

Vorlesungen über Massivbau. Teil 2: Sonderfälle der Bemessung im Stahlbetonbau (mit Eduard Mönnig), 3. neubearb. und erweiterte Auflage, Berlin/Heidelberg/New York/London/Paris/Tokio 1986

»Mainbrücke Gemünden – Eisenbahnbrücke aus Spannbeton mit 135 m Spannweite«, Beton- und Stahlbetonbau, 81, 1986, Nr. 1, S. 1–8

1987

»Lohmer, Gerd. Brückenbauer«, Neue Deutsche Biographie, 15, 1987, S. 131–132

»Cracks and Crack Control at Concrete Structures« (mit Ortwin Schwarz), IABSE Proceedings, 109, 1987, Nr. 1, S. 25–44

»Zur Bemessung durchlaufender Verbundträger bei dynamischer Belastung« (mit Wolfhart Andrä, Hans-Peter Andrä, Rainer Saul, Wolfgang Harre), Bauingenieur, 62, 1987, Nr. 7, S. 331–324

»Cable Stayed Bridges With Prestressed Concrete«, PCI Journal, 32, 1987, Nr. 5, S. 52–80

»Neues, vorteilhaftes Verbundmittel für Stahlverbund-Tragwerke mit hoher Dauerfestigkeit« (mit Wolfhart Andrä, Hans-Peter Andrä, Wolfgang Harre), Beton- und Stahlbetonbau, 82, 1987, Nr. 12, S. 325–331

»Planung, Ausschreibung und Vergabe der Maintalbrücke Veitshöchheim« (mit Helmut Maak, Gerd Naumann, Dietrich Hommel), Beton-Stahlbetonbau, 82, 1987, Nr. 8, S. 201–206

1988

Türme aller Zeiten – aller Kulturen (mit Erwin Heinle), Stuttgart 1988

»In die Jahre gekommen – Der Fernsehturm. Vom ›Schandmal‹ zum Wahrzeichen von Stuttgart. Was würde ich heute anders machen?«, Deutsche Bauzeitung, 122, 1988, Nr. 4, S. 62–64

»Cracks and Crack Control in Concrete Structures«, PCI Journal, 33, 1988, Nr. 4, S. 124–145

»Die Herausforderung unserer Zeit an die jungen Bauingenieure«, Schweizer Ingenieur und Architekt, 106, 1988, Nr. 30/31, S. 877–878

»Kritische Bemerkungen zur Prüfung der Dauerfestigkeit von Kopfbolzendübeln für Verbundträger«, Bauingenieur, 63, 1988, Nr. 37, S. 307–310

1989

Towers (mit Erwin Heinle), New York 1989

»Über 100 Meter. Großbrücken der Gegenwart«, Deutsche Bauzeitung, 123, 1989, Nr. 7, S. 20–27

1990

Karl Schaechterle. Ein Leben für fortschrittlichen Brückenbau. Herausragende Ingenieurleistungen in der Bautechnik, hrsg. von VDI-Gesellschaft Bautechnik, Düsseldorf 1990, S. 130–159

»Beginn und Entwicklung des Sonderforschungsbereichs 64«, Leicht und Weit. Zur Konstruktion weitgespannter Flächentragwerke, hrsg. von Günther Brinkmann, Weinheim 1990, S. 1–3

»Der Bauingenieur vor den Aufgaben der Zukunft«, Deutsche Bauzeitung, 124, 1990, Nr. 3, S. 64–71

»Der Bauingenieur vor den Aufgaben der Zukunft«, Ingenieurblatt für Baden-Württemberg, 36, 1990, Nr. 4, S. 163–167

»Türme. Geschichte und Zukunft«, Die Waage, 29, 1990, Nr. 3, S. 90–110

»Hölzerne Brücken« (mit Wolfgang Ruske), Deutsche Bauzeitschrift, 38, 1990, Nr. 6, S. 843–850

1991

»P. L. Nervi – Seine Bedeutung für die deutsche Baukunst«, Baukultur, 11, 1991, Nr. 2, S. 6–9

»Die Mainbrücke Nantenbach. Fachwerkbrücke mit Doppelverbund und Rekordspannweite« (mit Ortwin Schwarz, Reiner Saul), Eisenbahntechnische Rundschau, 40, 1991, Nr. 12, S. 813–819

1992

»Bauen will gelernt sein. Anmerkungen zu Deutsche Bauzeitung, 1992, Nr. 8«, Deutsche Bauzeitung, 126, 1992, Nr. 9, S. 150, 153

1993

Architektur als Ausdruck unserer Zeit, Technik und Kultur, Nr. 6, Düsseldorf 1993

1994

»Sie bauen und forschen. Bauingenieure und ihr Werk« (mit Klaus Stiglat), Beton- und Stahlbetonbau, 89, 1994, Nr. 7, S. 181–188

1996

»Wiederaufbau der Frauenkirche Dresden. Eine Alternative zur Sicherung des Tragwerks«, Beton- und Stahlbetonbau, 91, 1996, Nr. 1, S. 7–12

»The Significance of Aesthetics in Structures«, Structural Engineering International, 6, 1996, Nr. 2, S. 74–76

1997

»The Committee to Save the Tower of Pisa: A Personal Report«, Structural Engineering International, 7, 1997, Nr. 3, S. 201–212

1998

Baumeister in einer umwälzenden Zeit. Erinnerungen, 2. Auflage, Stuttgart 1998

»Gedanken zu Stuttgart 21«, Baukultur, 18, 1998, Nr. 2, S. 10–11

ABKÜRZUNGSVERZEICHNIS

Arge
Arbeitsgemeinschaft

BTU
Brandenburgische Technische Universität

DASt
Deutscher Ausschuss für Stahlbau

DFG
Deutsche Forschungsgemeinschaft

EDV
Elektronische Datenverarbeitung

ETH
Eidgenössische Technische Hochschule

FEM
Finite-Elemente-Methode

GBR
Generalbaurat

IL
Institut für Leichte Flächentragwerke

ILEK
Institut für Leichtbau Entwerfen und Konstruieren

IRB
Informationszentrum Raum und Bau

KdF
Kraft druch Freude

L+A
Leonhardt und Andrä

LAP
Leonhardt, Andrä & Partner

MAN
Maschienenfabrik Augsburg-Nürnberg

MPA
Materialprüfungsanstalt

NRW
Nordrhein-Westfalen

NSBDT
NS-Bund Deutscher Technik

NSDAP
Nationalsozialistische Deutsche Arbeiterpartei

OBR
Oberste Bauleitung der Reichsautobahn

OT
Organisation Todt

RIB
Recheninstitut für das Bauwesen

RM
Reichsmark

RVM
Reichsverkehrsministerium

saai
Südwestdeutsches Archiv für Architektur und Ingenieurbau

SFB
Sonderforschungsbereich

SWR
Südwestdeutscher Rundfunk

TH
Technische Hochschule

VDI
Verein Deutscher Ingenieure

NAMENSREGISTER

OBJEKTVERZEICHNIS

ABBILDUNGSVERZEICHNIS